新塑性加工技術シリーズ 5

プラスチックの加工技術

—— 材料・機械系技術者の必携版 ——

日本塑性加工学会 編

コロナ社

■ 新塑性加工技術シリーズ出版部会

部 会 長	浅 川 基 男 （早稲田大学名誉教授）
副部会長	石 川 孝 司 （名古屋大学名誉教授，中部大学）
副部会長	小 川 　 茂 （新日鉄住金エンジニアリング株式会社顧問）
幹 　 事	瀧 澤 英 男 （日本工業大学）
幹 　 事	鳥 塚 史 郎 （兵庫県立大学）
顧 　 問	真 鍋 健 一 （首都大学東京）
委 　 員	宇都宮 　 裕 （大阪大学）
委 　 員	髙 橋 　 進 （日本大学）
委 　 員	中 　 哲 夫 （徳島工業短期大学）
委 　 員	村 田 良 美 （明治大学）

（所属は 2016 年 5 月現在）

刊行のことば

　ものづくりの重要な基盤である塑性加工技術は，わが国ではいまや成熟し，新たな展開への時代を迎えている．

　当学会編の「塑性加工技術シリーズ」全19巻は1990年に刊行され，わが国で初めて塑性加工の全分野を網羅し体系立てられたシリーズの専門書として，好評を博してきた．しかし，塑性加工の基礎は変わらないまでも，この四半世紀の間，周辺技術の発展に伴い塑性加工技術も進歩を遂げ，内容の見直しが必要となってきた．そこで，当学会では2014年より新塑性加工技術シリーズ出版部会を立ち上げ，本学会の会員を中心とした各分野の専門家からなる専門出版部会で本シリーズの改編に取り組むことになった．改編にあたって，各巻とも基本的には旧シリーズの特長を引き継ぎ，その後の発展と最新データを盛り込む方針としている．

　新シリーズが，塑性加工とその関連分野に携わる技術者・研究者に，旧シリーズにも増して有益な技術書として活用されることを念じている．

　2016年4月

日本塑性加工学会　第51期会長　真　鍋　健　一
（首都大学東京教授　工博）

■「プラスチックの加工技術」専門部会

　部 会 長　　松 岡 信 一（元富山県立大学）
　副部会長　　高 山 哲 生（山形大学）

■ 執筆者

　松 岡 信 一*（元富山県立大学）　1章, 5.11節, Coffee Break（5章）,
　　　　　　　　　　　　　　　　　　6.6節, 7.1節, 7.4節, 7.7節
　中 山 和 郎*（NKリサーチ）　2章, 7.2節, 7.3節, 11章, 付録
　杉 本 昌 隆（山形大学）　3.1節
　高 山 哲 生*（山形大学）　3.2節, Coffee Break（4章）, 6.7節
　松 葉 豪（山形大学）　4章
　安 倍 賢 次（東芝機械株式会社）　5.1節
　長 岡 猛*（長岡国際技術士事務所）　5.2節
　松 田 裕 行（株式会社アイセロ）　5.3節
　山 田 俊 樹*（東洋製缶株式会社）　5.4節, 5.7節
　馬 場 文 明*（三菱電機株式会社）　5.5節, Coffee Break（6章・
　　　　　　　　　　　　　　　　　　9章・10章）
　伊 藤 勝 也（東洋紡株式会社）　5.6節
　辰 巳 昌 典（株式会社プラスチック工学研究所）　5.8節
　秋 元 英 郎（秋元技術士事務所）　5.9節
　山 川 孝 好（ポリマーエンジニアリング株式会社）　5.10節
　多 田 和 弘（三菱電機株式会社）　5.12節
　仲 井 朝 美（岐阜大学）　6.1〜6.5節
　永 澤 茂（長岡技術科学大学）　7.5〜7.6節
　佐 藤 千 明（東京工業大学）　8章
　佐 伯 準 一（有限会社エデュース）　9章
　松 尾 雄 一（三菱電機株式会社）　10.1〜10.3節
　阿 部 知 和（本田技研工業株式会社）　10.4節

　　　　　　　　（*：専門部会委員）（2016年9月現在, 執筆順）

阿部知和夫
今井嘉夫
岩橋俊之
宇都宮直哉
大澤昭二
大谷寛治
大柳　康
小出一毅
古住敏夫
後藤輝正
高田育彦
高橋秀郎
田中勝一
長田　豊司
中村伸之郎
中山　和雄
鳴海　英巳
林　　　博
保木　恒夫
牧野内　昭
松岡　信一
丸橋　吉次
南　　智幸
百島　裕忠
矢野　　宏
山口章三郎
横井　秀俊

（五十音順）

まえがき

　プラスチックは化学工業の発展とともに，多くの期待と可能性を秘めた材料として著しい発展を遂げ，金属材料と肩を並べる基材の一つとなった．

　プラスチックの元祖ともいうべきセルロイドが1869年に誕生し，また，1909年にベークライトの合成に成功し，合成高分子として初のプラスチックが誕生した．これがプラスチックの二大要因（熱可塑性と熱硬化性）の誕生である．

　その後，大規模な近代工業として生産されるようになったのは，第二次世界大戦後のことである．以来，石油化学工業の急激な発展と新しい合成技術の開発により，多彩なプラスチック（樹脂）が市場した．中でもポリスチレン，ポリプロピレン，ポリエチレン，ポリ塩化ビニルは，四大プラスチックと呼ばれている．わが国では，1958年頃から国策の後押しで本格的な生産がスタートし，わずか半世紀余の短期間で目覚ましい躍進を遂げ，1999年にわが国は世界有数のプラスチック王国となった．

　プラスチックは，他素材に見られないすばらしい特性と可能性を秘めた材料として，多くの期待とともに発展してきた．このプラスチックの代表的な特徴は，軽く，強く，耐食性に優れ，その上いかなる大きさの製品も自由自在に，しかも任意の形状に造形できることである．

　例えば，代表的な射出成形では，材料のプラスチックを加熱溶融して型に流し込み，冷却するのみで所要の形状の成形品が大量に生産できる．また，技術の複合化によりきわめて精巧で複雑な形状の部品・製品が得られる．近年では，3Dプリンターやナノ・マイクロ成形が市場を賑わしている一方，既存の

成形プロセス技術の変革と改良が進められている．さらに，社会的ニーズや環境調和に沿ったものづくりが定着し，部材のプラスチック化（軽量化），小型化，高強度化，コスト低減化が一段と図られている．

このように，あらゆる分野で使用されるプラスチックおよびその複合材料は，それを利用する機械，構造物，その他あらゆる産業，工業分野の設計者，技術者などにプラスチックの広範な知識や情報が要求されるようになった．

本書は，プラスチック材料の種類と特性・物性をはじめ，材料の流動特性，状態変化と結晶化，各種成形加工法（射出成形，押出し成形，ブロー成形，熱成形，粉末成形，圧縮・トランスファー成形など）の概要・特徴・応用，複合材料の成形，塑性加工，接合・接着，金型設計とCAE，リサイクル技術および各種材料試験・評価法などについて，基礎から先進技術まで幅広く網羅し，かつわかりやすく記述した．したがって，これからプラスチック材料や成形加工などを学習する方はもとより，日常的な生産や研究の場において，実際に必要となる種々の加工技術やデータなどは，有効に活用できるものと確信する．

本書は，塑性加工技術シリーズ『プラスチックの溶融・固相加工』（1991年）を基に改編した．編集に伴い一部では旧版を加筆修正し，新技術やデータ等の更新を図り利便性を高めた．旧版の著者におかれては，ご了承賜りたくお願い申し上げます．また，多くの専門書を参考にさせていただき，データ等の引用をご快諾いただいた著者の方々には，深く謝意を表するものである．また，限られた紙面の中では説明や資料不足の箇所もあるかと思われるが，ご理解いただきご指導賜れば幸いである．

終わりに，執筆者の方々には，ご多用中にもかかわらず快くお引受けいただき，ここに改めてお礼申し上げる．さらに出版を企画された一般社団法人日本塑性加工学会ならびにコロナ社には謝意を表する．

2016年8月

「プラスチックの加工技術」専門部会長　松岡　信一

目　　次

1.　総　　論

1.1　プラスチックの発展と経緯 …………………………………………………… 1
1.2　プラスチックと金属（材料の科学） ………………………………………… 4
1.3　プラスチック加工と金属加工（加工の形態） ……………………………… 6
1.4　多彩なプラスチック（構造の形態） ………………………………………… 8
引用・参考文献 ………………………………………………………………………… 10

2.　プラスチック材料の種類と特性

2.1　プラスチックの分類 …………………………………………………………… 11
　2.1.1　熱可塑性プラスチックと熱硬化性プラスチック ……………………… 11
　2.1.2　汎用プラスチックとエンジニアリングプラスチック ………………… 14
2.2　おもなプラスチックの特性 …………………………………………………… 19
　2.2.1　汎用プラスチック ………………………………………………………… 19
　2.2.2　汎用エンジニアリングプラスチック（汎用エンプラ） ……………… 28
　2.2.3　特殊エンプラ（スーパーエンプラ） …………………………………… 32
　2.2.4　熱硬化性プラスチック …………………………………………………… 36
引用・参考文献 ………………………………………………………………………… 38

3.　材料の流動特性

3.1　流　動　特　性 ………………………………………………………………… 39

3.2 塑性変形特性 …………………………………………………………… 44
　3.2.1 塑性加工の温度領域 ………………………………………………… 45
　3.2.2 負荷時の変形特性 …………………………………………………… 46
　3.2.3 変形後のひずみ回復特性 …………………………………………… 48
引用・参考文献 ………………………………………………………………… 50

4. 成形による状態変化

4.1 状　態　変　化 ……………………………………………………………… 51
4.2 固化および結晶化 ………………………………………………………… 55
4.3 構　造　発　現 ……………………………………………………………… 59
引用・参考文献 ………………………………………………………………… 62

5. 各種成形方法

5.1 前　処　理 ………………………………………………………………… 64
　5.1.1 乾　　　燥 …………………………………………………………… 66
　5.1.2 混合，混練 …………………………………………………………… 70
5.2 射　出　成　形 ……………………………………………………………… 73
　5.2.1 概　　　要 …………………………………………………………… 73
　5.2.2 射 出 成 形 機 ………………………………………………………… 85
　5.2.3 製品，金型設計 ……………………………………………………… 98
5.3 押 出 し 成 形 ……………………………………………………………… 104
　5.3.1 概　　　要 …………………………………………………………… 104
　5.3.2 成　　形　　機 ……………………………………………………… 106
　5.3.3 押出し成形の理論的解析 …………………………………………… 107
　5.3.4 成形機の設計と成形品品質 ………………………………………… 111
　5.3.5 スクリューの設計 …………………………………………………… 112
　5.3.6 成形ヘッドの設計 …………………………………………………… 116
　5.3.7 各種の押出し成形法とその進歩 …………………………………… 117

5.4 ブロー成形 … 118
5.4.1 概要 … 118
5.4.2 成形の基本現象 … 119
5.4.3 成形法,成形機 … 123
5.5 熱成形（真空・圧空成形） … 125
5.5.1 概要 … 125
5.5.2 熱成形法の種類 … 126
5.5.3 成形機 … 128
5.5.4 材料 … 131
5.5.5 成形技術 … 131
5.5.6 成形品物性 … 134
5.6 延伸成形 … 134
5.6.1 概要 … 134
5.6.2 特徴 … 136
5.6.3 延伸成形法と延伸成形機 … 139
5.6.4 延伸の効果 … 142
5.7 ラミネーション成形 … 144
5.7.1 概要 … 144
5.7.2 押出しラミネーション … 145
5.7.3 ドライラミネーション … 146
5.7.4 無溶剤ラミネーション … 147
5.8 カレンダー成形 … 148
5.8.1 概要 … 148
5.8.2 ロール構成 … 150
5.8.3 製品厚み精度の要因 … 152
5.8.4 カレンダー成形の未来 … 155
5.9 発泡成形 … 156
5.9.1 概要 … 156
5.9.2 発泡成形に用いる発泡剤 … 156
5.9.3 代表的な発泡成形 … 159
5.10 RIM成形 … 163

5.10.1 概　　　要 ………………………………………………… 163
5.10.2 高 圧 注 入 機 …………………………………………… 164
5.10.3 高圧ミキシングヘッド ………………………………… 165
5.10.4 R-RIM 成形およびエアーローディング …………… 166
5.10.5 RIM 成形の未来 ………………………………………… 168

5.11 粉　末　成　形 ……………………………………………… 169
5.11.1 概　　　要 ………………………………………………… 169
5.11.2 粉末成形法の種類と特徴 ……………………………… 169

5.12 圧縮・トランスファー成形 ………………………………… 178
5.12.1 概　　　要 ………………………………………………… 178
5.12.2 トランスファー成形の特徴 …………………………… 178
5.12.3 成　形　工　程 …………………………………………… 180
5.12.4 成　形　装　置 …………………………………………… 184

引用・参考文献 ……………………………………………………… 185

6. 複合材料の成形

6.1 複合材料の創製 ……………………………………………… 188
6.2 複合の目的と効果 …………………………………………… 189
6.3 強化複合のしくみ …………………………………………… 191
6.4 熱硬化性プラスチックの成形方法と特徴 ………………… 193
　6.4.1 オープンモールド（開放型）法 ……………………… 193
　6.4.2 クローズドモールド（密閉型）法 …………………… 195
6.5 熱可塑性プラスチックの成形方法と特徴 ………………… 198
　6.5.1 中　間　材　料 …………………………………………… 198
　6.5.2 プ レ ス 成 形 …………………………………………… 199
　6.5.3 引抜き成形法 …………………………………………… 201
　6.5.4 液体複合材成形 ………………………………………… 202
　6.5.5 ハイブリッド成形 ……………………………………… 203
6.6 複　合　鋼　板 ……………………………………………… 203

6.7 ナノコンポジットの成形 ………………………………………………… 205
　6.7.1 ナノ充てん材 ……………………………………………………… 205
　6.7.2 ナノコンポジットの成形方法 …………………………………… 206
引用・参考文献 …………………………………………………………………… 207

7. 塑 性 加 工

7.1 鍛 造 加 工 …………………………………………………………………… 208
　7.1.1 加　工　法 ………………………………………………………… 208
　7.1.2 特　　　徴 ………………………………………………………… 209
　7.1.3 加　工　例 ………………………………………………………… 210
　7.1.4 関連技術（転造加工） …………………………………………… 211
7.2 押出し加工 …………………………………………………………………… 213
　7.2.1 固体押出しの種類 ………………………………………………… 213
　7.2.2 加　工　法 ………………………………………………………… 214
　7.2.3 加　工　条　件 …………………………………………………… 215
　7.2.4 特　　　徴 ………………………………………………………… 216
7.3 引抜き加工 …………………………………………………………………… 217
　7.3.1 引抜き加工法の種類 ……………………………………………… 217
　7.3.2 特　　　徴 ………………………………………………………… 220
7.4 圧 延 加 工 …………………………………………………………………… 221
　7.4.1 加　工　法 ………………………………………………………… 221
　7.4.2 特徴と加工例 ……………………………………………………… 223
　7.4.3 異方性とその対策 ………………………………………………… 224
7.5 せん断加工 …………………………………………………………………… 225
　7.5.1 種　　　類 ………………………………………………………… 225
　7.5.2 熱可塑性プラスチックのせん断加工 …………………………… 225
　7.5.3 複合材料のせん断加工 …………………………………………… 226
7.6 曲 げ 加 工 …………………………………………………………………… 229
7.7 深絞り加工 …………………………………………………………………… 230

7.7.1 加工法 ……………………………………………… 230
7.7.2 特徴と絞り性 ………………………………………… 232
引用・参考文献 ………………………………………………… 233

8. 接着・接合

8.1 機械的締結 ………………………………………………… 236
8.2 融着接合 …………………………………………………… 236
 8.2.1 加熱方法による分類 …………………………………… 237
 8.2.2 融着接合と材料 ………………………………………… 238
8.3 接着剤を用いた接合 ……………………………………… 239
 8.3.1 接着剤の種類と特徴 …………………………………… 239
 8.3.2 プラスチック材料の接着 ……………………………… 239
 8.3.3 接着工法 ………………………………………………… 241
引用・参考文献 ………………………………………………… 242

9. 金型設計とCAE

9.1 射出成形のCAEシステム ……………………………… 243
9.2 プラスチック流動シミュレーションの経過と現状 …… 245
9.3 プラスチック流動シミュレーションの理論 …………… 246
 9.3.1 充てん解析 ……………………………………………… 246
 9.3.2 保圧解析 ………………………………………………… 249
9.4 プラスチック流動シミュレーションの適用例 ………… 251
引用・参考文献 ………………………………………………… 252

10. リサイクル

10.1 プラスチックリサイクル ……………………………… 254

10.2 プラスチックリサイクルのLCA……………………………………………255
10.3 家電製品のプラスチックリサイクル……………………………………257
   10.3.1 解体分離の可能な成形品のリサイクル………………………258
   10.3.2 解体分離の困難な成形品のリサイクル………………………259
10.4 自動車のプラスチックリサイクル………………………………………261
   10.4.1 自動車リサイクルの現状………………………………………262
   10.4.2 バンパーのリサイクル技術……………………………………263
   10.4.3 自動車部品へのリサイクルプラスチックの適用状況………264
   10.4.4 自動車部品へのリサイクルプラスチックの課題……………266
引用・参考文献……………………………………………………………………266

11. 試験・評価方法

11.1 材料試験方法………………………………………………………………268
   11.1.1 標　準　化………………………………………………………268
   11.1.2 比較可能なデータ………………………………………………272
   11.1.3 分子量，成形性…………………………………………………274
   11.1.4 熱　的　性　質…………………………………………………275
   11.1.5 機　械　的　性　質……………………………………………276
11.2 成形品の評価方法…………………………………………………………277
   11.2.1 基　本　性　能…………………………………………………277
   11.2.2 物理化学的特性…………………………………………………277
   11.2.3 表　面　特　性…………………………………………………278
   11.2.4 光　学　特　性…………………………………………………278
   11.2.5 電　気　的　特　性……………………………………………279
   11.2.6 環境試験，耐久性………………………………………………279
引用・参考文献……………………………………………………………………280

付　　録……………………………………………………………………………281
索　　引……………………………………………………………………………286

1 総　　論

1.1　プラスチックの発展と経緯

　化学工業の発達とともに著しく進展してきたプラスチック（plastics）は，あらゆる分野，産業で利用され，工業材料（または機械材料）として確固たる地盤を築いた．プラスチックは日常生活品をはじめ自動車・車両，航空・宇宙，海洋開発および原子力分野に至るまで幅広く用途が拡大した．その応用例を**表 1.1** に示す．

　プラスチックが化学工業の発展とともに大規模な近代工業として生産されるようになったのは，第二次世界大戦後のことである．以来，半世紀足らずの短期間で目覚ましい躍進を遂げ，1990 年代後半から 2000 年にかけて，日本は生産量で世界有数のプラスチック王国となった．

　プラスチックが金属やセラミックなどの素材に見られないすばらしい特性と成形加工性を秘めた材料として，多くの期待とともに急速に発展してきた．プラスチックの代表的な特徴は，軽く，強く，耐食性に優れ，その上，いかなる大きさの製品も自由に成形加工でき，任意の形状に造形できることである．その代表的な成形法として，射出成形，押出し成形，圧縮成形などがある．その後，成形技術も日進月歩の進化を遂げ，"21 世紀の成形革命" と謳われる画期的な 3D（三次元）プリンターが市場し，一躍，プラスチック造形技術の雄となった．

表1.1 プラスチックの応用例（工業用製品）とおもな成形法[1]†

応用分野	応用事例	適用材料 / おもな成形法
機構部品 構造部品	歯車，カム，ピストン，ローラ，バルブ，羽根（ポンプ，ファン），ロータ，洗濯機の羽根，各シール	熱硬化性（フェノール樹脂） 熱可塑性（汎用・特殊エンプラ） 射出成形，押出成形
軽機構部品 装飾部品	ノブ，ハンドル，バッテリケース，配線用クランプ，装飾品，カメラボデー，管継手，眼鏡フレーム，自動車ハンドル，工具類の取っ手	熱硬化性（フェノール樹脂） 熱可塑性（汎用プラ） 射出成形
小型ハウジング 小型中空体	受話機・ケース，フラッシュライト・ケース，スポーツ用ヘルメット，ヘッドライト枠，事務器ハウジング，電動工具ハウジング，ポンプハウジング	熱硬化性（フェノール樹脂） 熱可塑性（汎用プラ，特殊エンプラ） 射出成形
大型ハウジング 大型中空体	ボート船体，オートバイ座席，コンバイン類座席，大型器具ハウジング，通信機ハウジング，圧力容器，タンク，浴槽，導管，冷蔵庫内箱	熱可塑性（汎用プラ，特殊エンプラ） FRP，FRTP， 射出成形，押出成形，ブロー成形，発泡成形，ハンドレイアップ成形，スタンピング加工
光学部品 透明部品	安全眼鏡，眼鏡レンズ，オプチカルファイバ，テールライトレンズ，安全カバー，冷蔵庫たな，メータ類カバー，透明標識，調理器具，スノーモービル風防	熱可塑性（特殊エンプラ） 射出成形，押出成形，熱成形
対摩耗部品	歯車類，ブッシュ，軸受，すべり面用板，各種すべり路，ロールカバー，産業機械用車輪，ローラスケート車輪	熱硬化性（フェノール樹脂，ポリウレタン） 熱可塑性（特殊エンプラ） 射出圧縮成形，押出成形

3Dプリンターの研究は，1980年代はじめ日米両国で始まり，当初は積層成形やラピッドプロトタイピング（rapid-prototyping，素早い試作）と呼ばれた．最初に積層造形として光造形法を考案したのは，名古屋工業技術試験所，名工試（当時）の小玉秀男氏（1980年）であり，数年後，米国のチャック・ハル氏が知的財産権を取得（1986年）した．その後，市場を眺めながら技術の改良を重ね，2012年に入り格安の3Dプリンター登場で急テンポに普及した．ディジタルデータから三次元の立体物を造形できることで，プリンター開発の高度化と多面的活用が強調される．今後は，材料の幅が広く，より強度の高いFDM（fused deposition modeling，熱溶融積層法）技術によるラピッドマニュファクチャリング（迅速な製造）時代になることが予測される．

　一方，既存の材料にいろいろな特性や機能を付与して，単体では得られないまったく新しい性質や機能をもった製品・部品が創製できるポリマーアロイ，ポリマーブレンド，繊維強化法などの諸技法は，ニーズも広範となり，より確実的で実証性の高い技法の開発が求められている．

Coffee Break

プラスチックと合成樹脂の相違

　樹脂には，天然樹脂（天然ゴム，松ヤニ，絹など）と合成樹脂があり，一般に後者をプラスチックと呼んでいる．プラスチックとは，熱や圧力などによって可塑性（力を加えると変形し，除荷しても形状が保たれる性質．金属の塑性変形と類似の性質）を示し，任意の形に成形・加工できる高分子物質の総称である．これらにはポリエチレン（PE），ポリ塩化ビニル（PVC），ポリカーボネート（PC）などの熱可塑性プラスチックと，フェノール樹脂（PF），エポキシ樹脂（EP）などの熱硬化性プラスチックに大別される．「プラスチック」は用語として曖昧な点も多く，合成樹脂と同義である場合や，あるいは原料の合成樹脂が成形・硬化した製品をプラスチックと呼称するなど，多様な意味で用いられている．したがって，英語で標記（論文等）する場合は，特定の材料や製品を扱わない限り，"Plastics" よりも "Resin" あるいは "Polymer" のほうが誤解をまねかない．

---

† 肩付き数字は，章末の引用・参考文献を表す．

1.2 プラスチックと金属（材料の科学）

　プラスチックは，化学依存度が大きく，化学工業技術によって生産・創製される．それゆえ構成分子の種類，組合せ，配列，構造などによって無限に近いプラスチックの出現やその改質の可能性を秘めている．

　プラスチックは金属に比べ，軽い，錆びない（耐食性），耐薬品性に強いなど，大きな長所がある反面，熱にはきわめて弱い．材料によって異なるが，単体の熱可塑性プラスチックはおおよそ100℃前後で軟らかくなり，さらに温度を高め，約170〜220℃で流動する性質を有する．これは金属と比べてきわめて低い温度域で成形加工（成形温度または加工温度）が容易にできることを示している．

　軽さの点では，プラスチックの比重は鉄の1/8〜1/6にすぎない．この比重は無機物や有機物などの充てんや添加により広範に調整できる．例えば，ポリマーアロイ，ポリマーブレンドあるいは繊維強化プラスチック（FRP）などの複合化技術によって任意に調整でき，さらに発泡させることにより極端に小さくできる．また，軽さのわりにある程度強い．プラスチック材料の強さをほかの材料と比較する場合には，通常，比引張強さ（＝引張強さ/比重）を用いる．図1.1に各種材料の比引張強さの一例を示す．

　プラスチックの力学的な強さは，金属に比べてはるかに低いが，ガラス，カーボン，ボロン，アラミド等の繊維で補強した繊維強化プラスチックでは強度が格段に増加し，Al合金やTi合金などと同等のものもある．例えば，繊維強化熱可塑性プラスチック（FRTP）は，構造用鋼や黄銅と同程度であり，繊維強化熱硬化性プラスチック（FRTS）は，クロムモリブデン合金鋼などに匹敵する．

　金属が空気中の酸素や水分で錆が発生し，酸やアルカリで腐食されるのに対し，プラスチックはまったく影響がなく，格段に強い．しかし，この化学的な強さがリサイクル技術や廃棄物処理を難しくし，悩みを生んだ．また，金属は自由に動く電子を有しているが，プラスチックの構造は，このような電子が存

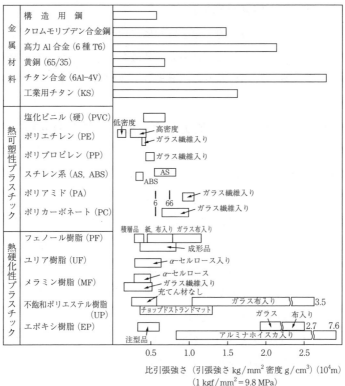

図 1.1 プラスチックの比引張強さ[2)]

在しないため電流を通しにくい(電気絶縁性).これに対して独創的な発想から,ポリアセチレンにヨウ素などを加え,指向性をもった特定の導電性高分子が開発され,ノーベル化学賞(筑波大名誉教授・白川英樹氏,2000年)に輝いた.

プラスチックは優れた特質を有する反面,熱にきわめて弱い難点がある.プラスチックの熱膨張係数は鉄鋼に比べて10倍以上に及ぶ.また環境温度の変化にも敏感に作用し,精密さを要求される製品・部品には概して不向きである.例えば,熱可塑性プラスチックでは100℃前後で変形するものが多く,温度の上昇とともに溶ける.見方を変えると,低い温度で溶けることは成形加工性が良いことにつながる.また,プラスチックが燃えることは,金属や無機材料に比べて不利な点が多く用途面で制約される.さらに燃焼時に有毒なガスや

煙がでることも大きな問題である.

　一般にプラスチックの力学的な強さは金属に比べ弱い．しかし，プラスチックには金属やセラミックなどにない多くの特徴を有し，なかでも「軽量，耐食性，易成形性，美観」は絶対的なものであり，強度の弱さを補って余りある．

1.3　プラスチック加工と金属加工（加工の形態）

　プラスチックは，金属に比べて格段に低い温度で溶融することから，成形加工がきわめて容易であり，素材（材料）や製品の種類によって多くの加工法がある．金属（炭素鋼）は融解温度が約1500～1600℃の溶解炉から連続鋳造で製品化するが，プラスチックはその1/8～1/7程度の成形温度で造形する．

　プラスチックの原形態である粉末を，加熱した金型に挿入して圧縮あるいは回転して成形するもの（圧縮成形，回転成形），粉末やペレットを加熱し溶融して金型へ注入するもの（射出成形），金型内のスクリューで押出して棒やパイプにするもの（押出し成形），空気を吹き込んで中空のボトルを作るもの（ブロー成形），あるいは圧延してフィルムやシートなどを作る（ラミネーション成形，カレンダー成形）など，成形が自由自在でしかも工程が単純できわめて短時間に成形できる．金属材料に比べてはるかに簡単な設備・装置で複雑な形状の製品を均質かつ大量生産できる．

　図1.2のように，成形材料を加熱し，流動状態にして成形（賦形(ふけい)）する方法には，圧縮成形，射出成形，押出し成形などがあり，これらを一次加工と呼ぶ．一次加工品を再加工する場合，熱成形（真空成形，圧空成形），塑性加工，機械加工などがあり，これを二次加工と呼んでいる．前者を代表する射出成形法は，金型に忠実，高精度で安定した製品が得られることから，あらゆる分野の製品・部品の製造に威力を発揮している．さらにエンジニアリングプラスチックや複合材料に加えて3Dプリンターの市場によって，金属やセラミックの代替あるいは新規分野への参入など熱い戦いが続いている．

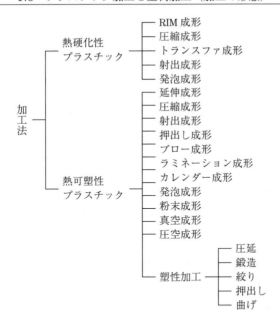

図1.2 プラスチック加工法の種類

　一方，金属加工は，鋳造，溶接，塑性加工（圧延，鍛造など），切削，粉末成形などがあり，所要の目的の製品を得るため技術的，経済的にもっとも有効な方法を採用する．中でも塑性加工技術は，原材料の一次加工から最終製品の二次加工まで幅広く利用されており，従来，切削加工で生産していたものを塑性加工に移行した結果，コスト低減および量産化につながった例も多い．

　プラスチックの二次加工の中で塑性加工（7章参照）は，金属材料と同様に加工できるが，一次加工のみで得られない多くの利点がある場合のみ有効である．例えば，金属加工で採用されている冷間（常温）塑性加工が適用できれば応用範囲も一段と広がる．しかし，冷間でプラスチック材料の引張を試みても，荷重を取り除くと同時に弾性回復（スプリングバック）により元の形状近くまで復元（回復）する．また，荷重を加えたまま放置すると時間とともに変形（クリープ変形）するため，特別な場合を除き実用化されていない．これに対し，熱間（温間）塑性加工は，素材を加熱する際の温度制御などで難しさは

あるが，製品の強度や寸法精度に不安がないため実用化された例もある．

このように，金属で採用されている冷間塑性加工法が適用できれば応用範囲も一層拡大し，コスト低減やリサイクルにも貢献することができる．日常的にプラスチックと金属は宿命的なライバルとして取り上げられ比較されるが，構造や特性（物性）の違った物質であり，それぞれの加工形態も異なるため適材適所に有効活用することが望ましい．また将来，これらの諸技術が融合し斬新な加工技術が誕生することも間近であろう．

1.4　多彩なプラスチック（構造の形態）

金属の結晶は，規則正しく並んだ原子配列を有し，その原子間を自由電子（伝導電子）の移動によって結合（金属結合）を作る．これに対して，プラスチック（合成樹脂）は，原子の共有結合により分子を構成する高分子化合物である．

通常，分子量が約 10 000 以上の物質を高分子化合物と呼び，中でも人工的に

Coffee Break

FRP

　2011 年 10 月に世界初の商業運航した米国ボーイング社の B787 の機体には多くの FRP が使用され，最新鋭のテクノロジーが凝縮されている．ここでは炭素繊維強化プラスチック（CFRP）が使用されており，特殊な条件で焼いた直径 5 μm の炭素繊維の糸を束ね，樹脂と重ね合わせて焼き固めて作ったもので，引張強さは鉄の 9 倍あり，軽くて強い（ゴルフクラブ，釣竿，ボートなどにも使われている）．この結果，大幅な軽量化が実現でき，燃費は約 20 % も向上した．また，この素材の強度を不安に感じた一整備士（USA）が，材料のサンプルをハンマーで叩き壊し検証を試みたが，破壊はおろか，き裂も生じなかったため，その強さに納得したと風の便りに聞いたことがある．他方，機内ではアルミ合金構造部材に付着する水滴や結露が一番嫌われ，絶えず水分除去装置を作動し乾燥状態を保っている．この点，耐腐食性に優れた CFRP の機体であれば，湿度も制御でき，機内は快適である．

1.4 多彩なプラスチック（構造の形態）

合成された化合物（ポリエチレンやナイロンなど）を合成高分子化合物という．

一般に，構造材料としてのプラスチックは，加熱による性質の違いから熱可塑性プラスチック（thermoplastic-resin, TP）と熱硬化性プラスチック（thermosetting-resin, TS）に大別される．前者は，加熱により軟化・流動し，冷却後は外力を取り除いてもその形を保持する．代表的な材料にポリエチレン（PE），ポリプロピレン（PP），ポリ塩化ビニル（PVC），ポリエチレンテレフタレート（PET）などがある．これらは，成形サイクルが短く，多量生産に向いており，日用品，家電製品，電気部品，機械部品をはじめ食料用品，飲料容器など多種多様に利用されている（表1.1参照）．これに対し後者は，製造過程で不溶化し，再加熱しても融解しない．代表的な材料にユリア（UF），メラミン（MF），エポキシ（EP）などがある．これらは，熱や触媒によって硬化し，化学反応によって三次元網目構造となり，不溶・不融性の物質に変化する．耐熱性，耐薬品性に優れ，力学的な強さも高く，耐摩耗部品，機構部品および食器類に多用される．

また，熱可塑性プラスチックは，直鎖状高分子の集合体であり，熱硬化性プラスチックの網目状架橋構造と異なり，耐薬品性や熱変形温度（荷重たわみ温度）などの面で劣ることが多い．その関係例を**図1.3**に示す．

熱可塑性プラスチックの中で，力学的な強さや耐熱性などから分類すると，汎用プラスチック，エンジニアリングプラスチック，特殊エンジニアリングプラスチックに分けられる．汎用プラスチックは価格も比較的安価で，食料用品，一般構造用材料など広範に使用されている．汎用プラスチックに対して，力学的な強さが高く，耐熱性，耐薬品性に優れたものをエンジニアリングプラスチック（エンプラと呼称）と呼び，工業用材料をはじめ機械部品や構造用部材などに利用される．さらに力学的な強さ，耐熱性，耐摩耗性，難燃性，長期安定性などに優れたものを特殊エンジニアリングプラスチック（特殊エンプラと呼称）と呼ぶ．ポリイミド（PI），ポリエーテルエーテルケトン（PEEK），ポリテトラフルオロエチレン（PTFE）などが該当する．

10 1. 総　論

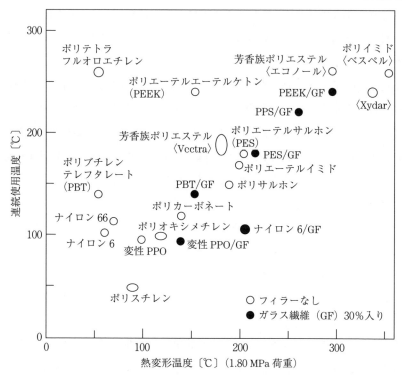

図1.3　熱可塑性プラスチック（エンジニアリングプラスチック）の連続使用温度と熱変形温度の関係[3]

引用・参考文献

1) 松岡信一：図解 プラスチック成形加工, (2002), 2, コロナ社.
2) 小林昭：プラスチック構造材料, (1969), 56, 工業調査会.
3) 日本塑性加工学会編：プラスチック成形加工データブック, (1988), 34, 日刊工業新聞社

2 プラスチック材料の種類と特性

プラスチックの成形加工で用いられる高分子材料には，多くの種類があり，さらに，それぞれの材料には，成形用途に応じて多くのグレードが用意されている．大別すると，熱可塑性プラスチックと熱硬化性プラスチックがあり，これらをベースにして，各種の添加剤や充てん材・強化材（フィラー）を混合したコンパウンド，また，ガラス繊維や炭素繊維で強化した複合材料，さらに成形材料どうしをブレンドしたポリマーブレンド・ポリマーアロイがある．これらは，それぞれの特徴を生かして，繊維，フィルム，シート，成形品として，また，ゴム状の柔軟な製品から，剛性の高い構造体，さらには発泡製品などに成形され，さまざまな分野で，部品，部材，あるいは最終製品として利用されている．

2.1 プラスチックの分類

2.1.1 熱可塑性プラスチックと熱硬化性プラスチック
〔1〕 熱 可 塑 性

成形材料として使われるプラスチックとしては，熱可塑性の材料と熱硬化性の材料がある．前者は架橋構造をもたない線状または分岐構造をもつ高分子量のポリマーであり，固体状態から加熱すると，液体状態（融液）となり流動化し，射出成形や押出し成形などが可能となる．

熱可塑性プラスチックでは，こうした固体から液体への状態変化は可逆的なものであり，この現象を利用して溶融成形が行われる．プラスチックを構成する高分子鎖が凝集して結晶化した領域を含む結晶性材料と，非晶鎖のみから構成される非晶性材料とがあり，これらは熱的特性も異なる．非晶性の材料で

は，ガラス転移温度（T_g）より高い温度になると，液体状態になり，急速に流動化が開始する．結晶性の材料では，T_g を超えると，弾性率は階段状に低下するが，結晶領域が存在するため固体状態である．融点（T_m）を超えると，粘性の高い液体状態（融液）となる．

図 2.1 および **図 2.2** は，非晶性プラスチックと結晶性プラスチックの動的

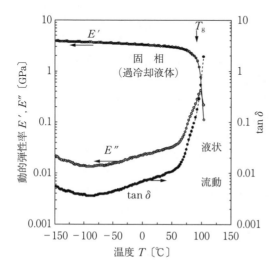

E'：動的貯蔵弾性率，
E''：動的損失弾性率，
$\tan\delta$：動的損失係数

図 2.1 非晶性プラスチックの動的粘弾性曲線の例（試料：ポリスチレン）

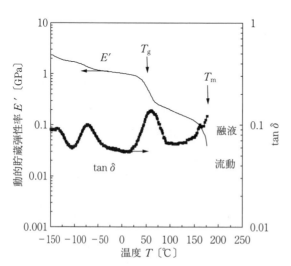

図 2.2 結晶性プラスチックの動的粘弾性曲線の例（試料：ポリアミド 12）[1]

粘弾性曲線を示しており，温度の上昇とともに状態が変化する様子を知ることができる．それぞれの例として，ポリスチレン（PS）およびポリアミド12（PA12）について，動的貯蔵弾性率（E'）および動的損失係数（$\tan \delta$）の温度依存性を示した．

ここに示した動的粘弾性測定は，DMA（dynamic mechanical analysis）とも呼ばれ，試験片に周期的（例えば，正弦波）に変化する応力を加え，応答としての周期的に変化するひずみを求める．動的応力／動的ひずみの関係から動的複素弾性率（$E^* = E' + iE''$）が得られ，その実数部 E' は，振動の1サイクルで蓄えられるエネルギーに比例し，動的貯蔵弾性率と呼ばれる．また，虚数部 E'' は，熱として発散するエネルギーに関係し，動的損失弾性率と呼ばれる．動的応力と動的ひずみの間の位相差 δ から，損失係数 $\tan \delta$（$= E''/E'$）が求まる．これらの粘弾性パラメーターの温度変化を測定することで，弾性率の温度変化が求まる．E' の温度分散（急激な減少），E'' および $\tan \delta$ のピークは，局所的な分子運動が開始する温度，ガラス転移温度（T_g），結晶の融解温度（T_m）に対応しており，これらから材料の状態変化を知ることができる．

〔2〕 **熱 硬 化 性**

熱硬化性プラスチック成形材料は，比較的低分子量で，液状または固体状で供給される．成形時には，硬化剤や重合開始剤が用いられ，加熱する過程で架橋反応あるいは非可逆的な化学反応により硬化が進む．反応が進み硬化すると，再加熱しても，熱可塑性プラスチックのように流動しないので，再成形はできない．

熱硬化性プラスチックは，ポリマー鎖間が共有結合で結ばれ，三次元的な架橋構造（網目構造）を形成しているので，耐クリープ性に優れ，硬化した材料は過酷な温度環境でも，特性が維持され，電気絶縁材料など，幅広い用途がある．各種の充てん材や強化材（フィラー）を添加，混合して成形されることも多く，ガラス繊維（GF），炭素繊維（CF）やアラミド（全芳香族ポリアミド）繊維で強化した複合材料（コンポジット）は，構造材料として利用される．

2.1.2 汎用プラスチックとエンジニアリングプラスチック

〔1〕 分　　　類

熱可塑性プラスチックは，耐熱性，機械的性質，経済性などによって，汎用プラスチックとエンジニアリングプラスチック（エンプラ）とに分類されてきた[2),3)]．**図2.3**に示すように，それぞれに分類されるプラスチックも，ブレンドや共重合，複合化により，ポリマーアロイや複合材料（ポリマーコンポジット）として利用されることが多い．

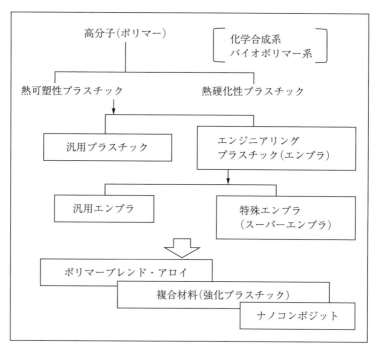

図2.3 プラスチックの分類[1)]

ほかの材料と比較して，高分子材料の特徴は，同じ化学構造でも，分子量が数百のものから数百万のものがあり，分子量の分布もあることが挙げられる．この分子量と分子量分布は，溶融状態での流動特性にも影響し，成形品の特性に影響を与える．プラスチックの溶融成形加工で，それぞれの材料が示す流動特性は，成形の良否にかかわる大きな要因の一つであり，各成形方法に適した

分子量および分子量分布をもつグレードが選択される.

　プラスチックの国内生産量のうちで，汎用プラスチックの割合は大きく，日用品，文房具，住宅材料や家電等にも広く利用されている．その中でも特に，ポリエチレン（PE），ポリプロピレン（PP），ポリ塩化ビニル（PVC）やポリスチレン（PS）の生産量が多い．

　一般的に，耐熱性が100℃以上で，50 MPa以上の強度を示すプラスチックは，エンプラと呼ばれている[4].エンプラはさらに汎用エンジニアリングプラスチック（汎用エンプラ）と特殊エンジニアリングプラスチック（特殊エンプラまたはスーパーエンプラ）とに分類されている（図2.3）．エンプラのうちでも，ポリアミド（PA），ポリカーボネート（PC），変性ポリフェニレンエーテル（m-PPE）やポリブチレンテレフタレート（PBT）の生産量が多く，これらの用途は多岐にわたっている．

〔2〕基 本 構 造

　表2.1〜表2.3には，汎用プラスチック，汎用エンプラおよび特殊エンプラとして区別されているおもなプラスチックを分類して，略号および基本となる化学構造や結晶性／非晶性の別を示した．

　これらの材料については，数多くの解説，ハンドブック等[2〜9]が出版されており，それぞれの材料系についての詳細を知ることができる．成形材料として用いられるのは，ここで示したポリマーの化学構造で表される単体の原料に加えて，分岐構造を導入したものや，共重合体（コポリマー）も多い．

　また，成形材料には溶融成形時に必要な成形助剤（滑剤，可塑剤および相溶化剤など），安定剤や酸化防止剤などが添加される．さらに，用途に応じて，難燃剤，耐電防止剤や紫外線吸収剤なども使用され，数多くのグレードやコンパウンドが上市されている．それぞれの材料のもつ性質に加えて，物性向上のために，充てん材，強化材や結晶核剤を混合したコンパウンドもある．最終製品に対する要求性能によって，材料選択と適切なグレードの選択が行われる．

　図2.4には，一般的に利用されている各種材料について，引張強さと弾性率を汎用プラスチックとエンプラとに分類して示した．プラスチックの物性

2. プラスチック材料の種類と特性

表 2.1 汎用プラスチックの名称と基本構造

名　称	略号	化学構造	備　考
ポリエチレン	PE	$+\!\!\!\!+\!CH_2-CH_2\!+\!\!\!\!+_n$	●
ポリブテン	PB	$+\!\!\!\!+\!CH_2-CH\!+\!\!\!\!+_n$ 　　　　　　　| 　　　　　C_2H_5	●
ポリプロピレン	PP	$+\!\!\!\!+\!CH_2-CH\!+\!\!\!\!+_n$ 　　　　　　　| 　　　　　CH_3	●
ポリ塩化ビニル	PVC	$+\!\!\!\!+\!CH_2-CH\!+\!\!\!\!+_n$ 　　　　　　　| 　　　　　Cl	○
ポリスチレン	PS	$+\!\!\!\!+\!CH_2-CH\!+\!\!\!\!+_n$ 　　　　　　　| 　　　　　C₆H₅	○
アクリロニトリル-ブタジエン-スチレン	ABS	$+\!\!\!\!+(CH_2-CH)_l-(CH_2-CH=CH-CH_2)_m-(CH_2-CH)_o\!+\!\!\!\!+_p$ 　　　　　|　　　　　　　　　　　　　　　　　　　　　　　| 　　　　C₆H₅　　　　　　　　　　　　　　　　　　　CN	○
スチレン-アクリロニトリル	SAN	$+\!\!\!\!+(CH_2-CH)_n-(CH_2-CH)_m\!+\!\!\!\!+_p$ 　　　　　|　　　　　　　　　　| 　　　C₆H₅　　　　　　　　CN	○
ポリメタクリル酸メチル	PMMA	CH_3 　　　　　　　　| $+\!\!\!\!+\!CH_2-C\!+\!\!\!\!+_n$ 　　　　　　　　| 　　　　　$CO-O-CH_3$	○
ポリビニルアルコール	PVAL	$+\!\!\!\!+\!CH_2-CH\!+\!\!\!\!+_n$ 　　　　　　　| 　　　　　OH	●
ポリ酢酸ビニル	PVAC	$+\!\!\!\!+\!CH_2-CH\!+\!\!\!\!+_n$ 　　　　　　　| 　　　　$O-CO-CH_3$	○
エチレン酢酸ビニル共重合体	EVAC	$+\!\!\!\!+(CH_2-CH_2)_n-(CH_2-CH)_m\!+\!\!\!\!+_p$ 　　　　　　　　　　　　　　　　　| 　　　　　　　　　　　　　　$O-CO-CH_3$	○
ポリ塩化ビニリデン	PVDC	Cl 　　　　　　　| $+\!\!\!\!+\!CH_2-C\!+\!\!\!\!+_n$ 　　　　　　　| 　　　　　　　Cl	●
ポリエチレンテレフタレート	PET	O　　　O 　　　　||　　　|| $+\!\!\!\!+O-C-C_6H_4-C-O-CH_2-CH_2\!+\!\!\!\!+_n$	●

注　○：非晶性　　●：結晶性

2.1 プラスチックの分類

表2.2 汎用エンプラ(エンジニアリングプラスチック)の名称と基本構造

名 称	略 号	化学構造	備 考
ポリアミド6	PA6	$\left[\begin{array}{c}H\\|\\N\end{array}-(CH_2)_5-\underset{\underset{O}{\|\|}}{C}\right]_n$	●
ポリアミド66	PA66	$\left[\begin{array}{c}H\\|\\N\end{array}-(CH_2)_6-\begin{array}{c}H\\|\\N\end{array}-\underset{\underset{O}{\|\|}}{C}-(CH_2)_4-\underset{\underset{O}{\|\|}}{C}\right]_n$	●
ポリアミド12	PA12	$\left[\begin{array}{c}H\\|\\N\end{array}-(CH_2)_{11}-\underset{\underset{O}{\|\|}}{C}\right]_n$	●
ポリオキシメチレン(ポリアセタール)	POM	$[CH_2-O]_n$	●
ポリカーボネート	PC	$\left[O-\bigcirc-\underset{\underset{CH_3}{\|}}{\overset{\overset{CH_3}{\|}}{C}}-\bigcirc-O-\underset{\underset{O}{\|\|}}{C}\right]_n$	○
変性ポリフェニレンエーテル	m-PPE	$\left[\underset{\underset{CH_3}{\|}}{\overset{\overset{CH_3}{\|}}{\bigcirc}}-O\right]_n$	○
ポリブチレンテレフタレート	PBT	$\left[O-\underset{\underset{O}{\|\|}}{C}-\bigcirc-\underset{\underset{O}{\|\|}}{C}-O-(CH_2)_4\right]_n$	●
ポリ(4-メチルペンタ-1-エン)(ポリメチルペンテン)	PMP	$\left[CH_2-\underset{\underset{CH_2-CH(CH_3)_2}{\|}}{CH}\right]_n$	●
ポリふっ化ビニリデン	PVDF	$\left[CH_2-\underset{\underset{F}{\|}}{\overset{\overset{F}{\|}}{C}}\right]_n$	●

このほか
　ガラス繊維強化PET(PET-GF)
　超高分子量ポリエチレン(PE-UHMW)

注 ○:非晶性　●:結晶性

表2.3 特殊エンプラの名称と基本構造

名称	略号	化学構造	備考
ポリスルホン	PSU	$-\left[-\bigcirc-SO_2-\bigcirc-O-\bigcirc-\underset{CH_3}{\overset{CH_3}{C}}-\bigcirc-O-\right]_n$	○
ポリエーテルスルホン	PESU	$-\left[-\bigcirc-SO_2-\bigcirc-O-\right]_n$	○
ポリフェニレンスルフィド	PPS	$-\left[-\bigcirc-S-\right]_n$	●
ポリエチレンナフタレート	PEN	$-\left[-\underset{O}{\overset{O}{C}}-\bigcirc\!\!\bigcirc-\overset{O}{C}-O-(CH_2)_2-O-\right]_n$	●
ポリアリレート	PAR	$-\left[-O-\bigcirc-\underset{CH_3}{\overset{CH_3}{C}}-\bigcirc-O-\overset{O}{C}-\bigcirc-\overset{O}{C}-\right]_n$	○
ポリアミドイミド	PAI	$-\left[-R-\underset{}{\overset{H}{N}}-\overset{O}{C}-\bigcirc-\underset{}{\overset{}{N}}\right]_n$	○
ポリエーテルイミド	PEI	$-\left[-N-\bigcirc-O-\underset{CH_2}{\overset{CH_2}{C}}-O-\bigcirc-N-\bigcirc-\right]_n$	○
ポリエーテルエーテルケトン	PEEK	$-\left[-O-\bigcirc-O-\bigcirc-\overset{O}{C}-\bigcirc-\right]_n$	●
ポリイミド	PI	$-\left[-N\underset{}{\overset{}{\bigcirc\!\!\bigcirc}}N-Ar-\right]_n$	○
ポリテトラフルオロエチレン	PTFE	$-\left[-\underset{F}{\overset{F}{C}}-\underset{F}{\overset{F}{C}}-\right]_n$	●
液晶ポリマー	LCP	HO-◯-COOH　パラヒドロキシ安息香酸を共通モノマーとした芳香族ポリエステル	

注　○：非晶性　　●：結晶性

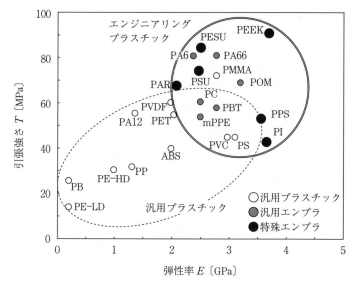

図 2.4 各種プラスチックの引張強さと弾性率 [1]

は，グレードにより，また，成形加工条件により，さらには成形時に発現する高次構造により影響を受けるので，図に示した値は目安である．プラスチックは，柔軟な性質を示すものから，剛性が高く，また引張強さが高いものまで幅広い特性を示しており，選択の自由度も大きいことがわかる．

2.2 おもなプラスチックの特性

2.2.1 汎用プラスチック

〔1〕 **PE**

ポリエチレン（PE）の国内年間（2015年）生産量は261万トンであり，世界中でも最も多く利用されているプラスチックである．直鎖状の高密度ポリエチレン（PE-HD）と分岐構造をもつ低密度ポリエチレン（PE-LD）がある．後者のうちで，短鎖の直鎖状分岐をもつものは，線状低密度ポリエチレン（PE-LLD）として区別される．PEは結晶性であり，結晶化度も高いが，分岐構造

のある PE は，PE-HD に比べて，結晶化度が低く，密度も低い．JIS K 6922-1「プラスチック―ポリエチレン（PE）成形用及び押出材料―第1部：呼び方のシステム及び仕様表記の基礎」では，PE 成形材料を密度およびメルトフローレイト（MFR）で3種，16種類に分類し，それぞれの密度を以下のように定めている（注：$1\,000\,{\rm kg/m^3}=1\,{\rm g/cm^3}$）．

　1種（低密度 PE）：910 ≦ 密度〔${\rm kg/m^3}$〕< 930

　2種（中密度 PE）：930 ≦ 密度〔${\rm kg/m^3}$〕< 942

　3種（高密度 PE）：942 ≦ 密度〔${\rm kg/m^3}$〕

　PE-HD はブロー成形で，容器類（灯油缶など）やフィルムに，また，射出成形で日用品，調理用品，玩具，容器類やコンテナーなどに成形される．化学

Coffee Break

グリーンプラスチック

　今日まで，プラスチックのほとんどは，化石燃料をおもな原料として，安価に，また，大量に生産され，消費されてきた．廃棄プラスチックの自然環境への影響を懸念して，プラスチックのリサイクル技術と社会システムが進展し，また，生分解性プラスチックが開発されてきた．生分解性の高分子としては，微生物由来のポリエステルや植物由来の多糖類（セルロース，でんぷんなど），動物由来の多糖類，たんぱく質があり，一部，プラスチックとして利用されてきた．

　化学合成される脂肪族ポリエステル（PCL，PBS，PLLA）やポリエステルカーボネートの一部は生分解性を示し，これらの用途開発が進められている．ポリ乳酸（PLLA）は，トウモロコシなどのでんぷんから発酵法により得られる乳酸を経由して合成されることから，バイオベースのプラスチックとして注目されてきた．前述の生分解性プラスチックに加えて，石油系プラスチックの原料，または一部の原料をバイオマスから誘導することで，バイオマスプラスチック（またはバイオプラスチック）としての開発が盛んに行われるようになった．具体的には，ひまし油由来のポリアミドをはじめ，大豆やひまし油由来のポリオール，サトウキビ由来のバイオ PE，サトウキビ由来のエチレングリコールからのバイオ PET などがある．非可食性のバイオマスの利用も進んでおり，今後も再生可能な原料を使ったグリーンケミストリーの研究開発が期待され，バイオプラスチックの開発からも目が離せない．

プラント部品や電気部品など,用途も広い.さらに,押出し成形により,チューブ,管(配水管など),フィルム,シート,結束テープやネットなどに加工される.

PE-LDは軟質で,柔軟な包装材料に多く用いられている.電気絶縁性に優れ,電線被覆やチューブ類の利用も多い.

分子量の違いは,融液の流動特性や成形品の結晶化度,機械的性質にも影響する.100万以上の分子量をもつ超高分子量ポリエチレン(PE-UHMW)は,低温でも強靭（きょうじん）な特性を示し,耐衝撃性に優れていることから,エンプラに分類される.優れたしゅう動特性などから,特異な用途に応用され,人工関節のしゅう動面にも使われている.**図2.5**には,PE-UHMW,PE-HD,PE-LDのDMA曲線を比較して示した[10].室温から融解温度までの機械特性には大きな差が見られる.

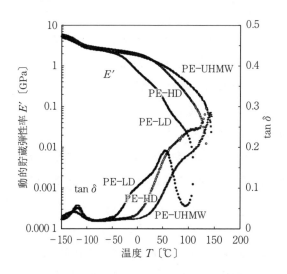

図2.5 PEの動的粘弾性曲線:PE-UHMW,PE-HD,PE-LDのE'および$\tan \delta$の温度依存性の比較[10]

[2] PP

ポリプロピレン(PP)には,三つの立体規則性(イソタクチック,シンジオタクチック,およびアタクチック)があるが,汎用的に使用されている材料は,イソタクチック(アイソタクチック)PPである.**図2.6**に示したPPの

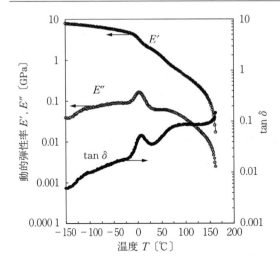

図 2.6　PP の動的粘弾性曲線

動的粘弾性曲線[10]にも見られるように，0℃付近に T_g があり，また，50℃を超えた温度に結晶分散がある．PE-HD の融解温度（T_m）が約 132℃であるのに対して，PP の T_m は約 160℃であり，PE に比較して常用耐熱温度が高い．

PP はプラスチックの中で，特に低い密度（約 $0.9\,\text{g/cm}^3$）を有し，フィラメントやフィルム，射出成形による成形品（自動車部品，電気部品，コンテナー，容器類），押出し成形品など，用途が広い．分子量や MFR により，各成形方法に適したグレードがあり，用途に応じて選択される．

エチレン-プロピレンコポリマーもあり，コポリマー含有率が増すと，透明性，柔軟性および耐衝撃性が向上する．自動車の内装部品やバンパーなどにも利用される．

〔3〕 **PVC，PVDC**

ポリ塩化ビニル（PVC）は，硬質塩ビあるいは軟質塩ビとして利用される．無可塑ポリ塩化ビニルは PVC-U，可塑化ポリ塩化ビニルは PVC-P と略号で示される．

硬質 PVC は，PE や PP に比べて剛性が高く，水道管やシート，板などの用途が多い．成形時に安定剤（加工時の劣化，分解を防ぐ作用および長期使用時の安定性の維持）や耐衝撃性改良剤も用いられる．硬質 PVC の動的粘弾性曲

線（図 2.7）は，典型的な非晶性材料であることを表している．動的貯蔵弾性率（E'），動的損失弾性率（E''）および動的損失（$\tan\delta$）の温度依存曲線で，$-50\,℃$ 付近に分子鎖の部分的な分子運動によるローカル分散が見られる．室温から T_g（約 $80\,℃$）付近までは，貯蔵弾性率に大きな変化はない．

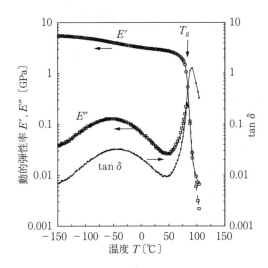

図 2.7 硬質 PVC の動的粘弾性曲線

軟質 PVC は，可塑剤を混練した，または共重合による内部可塑化した材料で，フィルム，シート，複合フィルム，塩ビレザーとして加工され，用途も幅広い．

ポリ塩化ビニリデン（PVDC）は，結晶性で，T_m は約 $200\,℃$ であり，塩素を含む化学構造から密度（約 $1.7\,\mathrm{g/cm^3}$）が高く，また，難燃性である．15～20 % のコポリマー成分を含む材料が多く利用される．規則的な分子構造から，ガスバリア性，水蒸気バリア性に優れ，食品包装用途のフィルムに用いられる．

〔4〕 **PS，SAN，ABS**

汎用に利用されているポリスチレン（PS）は，立体規則性のないアタクチック PS である．典型的な非晶性プラスチックで，硬く，透明性，表面光沢が良好である．成形時の寸法安定性もよい．日用品，台所用品，玩具，容器類や照明器具などに多く利用されている．また，発泡 PS は食品用トレー，緩衝材や

断熱用途に利用される．PSフィルムを二軸延伸したフィルムは，透明性や光沢性に優れ，包装用途に利用される．PSにゴム成分を加えて，耐衝撃性を改良した耐衝撃性ポリスチレン（PS-HI）は，テレビの外装にも使われる．図2.8にPSとPS-HIの動的粘弾性曲線を比較した．PS-HIには，低温（－90℃付近）にゴム相のT_gに由来する分散があり，それ以降の貯蔵弾性率は，PSのT_g（約90℃）まで大きな変化はない．

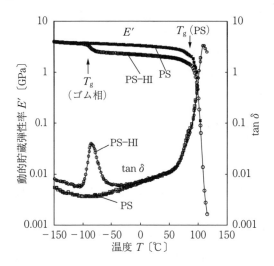

図2.8 PSおよびPS-HIの動的粘弾性曲線

汎用のPSは立体規則性をもたないが，立体規則性のあるシンジオタクチックPSが開発されており，結晶性でT_mも高く，耐熱性のあるエンプラとして注目されている．

PSに対して，耐熱性と剛性とを改良したスチレン-アクリロニトリルコポリマー（SAN）がある（AS樹脂とも呼ばれる）．非晶性で透明性であり，PSに比較して，耐油性や耐薬品性が改良される．射出成形，押出し成形，ブロー成形などで，日用品，文具，電気部品などに汎用的に利用される．

ABSは，耐衝撃性と剛性がバランスしており，アクリロニトリル（A），ブタジエン（B），およびスチレン（S）のこれらの3モノマーの比率を変えることで，柔軟性や低温での靱性なども調整されたグレードが上市されている．機

械的性質のバランスがとれていることから，汎用エンプラに分類される場合もある．

図2.9に示したABSの動的粘弾性曲線には，PS-HIと同様に，低温（-90℃付近）にポリブタジエンのT_gに基づく分散が見られる．この分散温度を過ぎると，T_g近傍まで，貯蔵弾性率の大きな変化はない．ABSは非晶性で，薄橙色で，表面光沢もある．

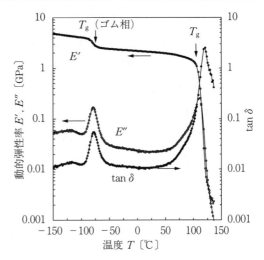

図2.9 ABSの動的粘弾性曲線

OA機器のハウジング，自動車内装部品，機構部品，電気器具，住宅建材，文具や玩具など，幅広く利用される．

〔5〕 PMMA

ポリメタクリル酸メチル（PMMA）は非晶性プラスチックで，透明性に優れ，硬く，耐候性もある．ポリカーボネート（PC）に比較して軽く（密度：$1.17\,\mathrm{g/cm^3}$），また，PSに比較すると衝撃に強いので，透明性を必要とする用途に広く利用される．図2.10に，PMMAのE'，E''の温度依存性と測定周波数の依存性を示した[10),11)]．T_gは105℃付近で，100℃よりやや低い温度まで，常用連続使用が可能である．用途として，車両や航空機の照明

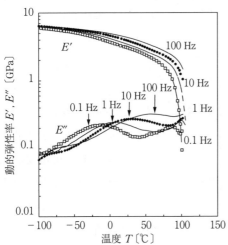

図2.10 PMMAの動的粘弾性曲線[10)]
（測定周波数：0.1〜100 Hz）

器具が挙げられる．押出し成形によるシート，管，棒状などの長尺物の成形や，射出成形によるレンズの成形も行われる．染料や顔料による着色も容易である．また，注型して重合を行う，モノマーキャスト法もあり，大面積の成形も可能で，グレージングの用途も注目される．

〔6〕 **PET**

ポリエチレンテレフタレート（PET）は，衣料用ポリエステル繊維，フィラメント，PET ボトルとして大量に使用されており，身近な材料の一つである．PET は添加剤なしに成形が可能で，ブロー成形により，飲料用ボトルに成形される．リサイクル性にも優れている．シート，トレー，工業用フィラメントなど幅広い用途があり，分子量の指標となる固有粘度 η でグレード分けされ，用途や成形法により選択される．繊維やフィルムは押出し成形後に延伸，熱処理されることで，強さが著しく増す．二軸延伸したフィルムは，配向結晶化[12]により，透明性に加えて，強靭で優れた特性を発揮し，機能性フィルムのベースとして利用される．

ガラス繊維（GF）強化した PET-GF は，電気・電子用途に利用され，汎用エンプラに分類される．**図2.11** は，射出成形した PET，PET-GF の動的貯蔵弾性率 E' の温度依存性曲線を比較して示した．GF の含有量が増すと，弾性率が著しく改善されている．PET は結晶性であるが，結晶化速度が遅く，溶融状態から急冷されると非晶性となる．図中で，PET-A は非晶性で，T_g（約 70 ℃）付近を超えると，急激に軟化している．一方，ガ

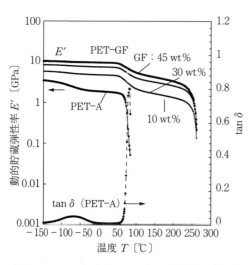

図2.11 PET および PET-GF の動的粘弾性曲線
（図中の数字は，ガラス短繊維 GF の含有率）

ラス短繊維で強化した PET-GF は,成形時に結晶化しており,T_g を超えても,貯蔵弾性率は高く,T_m(約 260 ℃)で融解する.

〔7〕 **脂肪族ポリエステル(生分解性プラスチック)**

ポリカプロラクトン(PCL),ポリエチレンサクシネート(PES),ポリブチレンサクシネート(PBS),ポリ乳酸(PLA)などの脂肪族ポリエステルは,生分解性プラスチックとしての特徴を有する[13].土壌中や海水中の微生物によって分解されやすく,また,水分の存在下で加熱により加水分解が加速される.ポリ乳酸は,D-体とL-体があるが,繊維,フィルム,成形品としては,一般に,L-体の PLLA が利用される.また,分子量や結晶化度が力学的性質に影響することが知られている[14].

いずれの材料も結晶性であり,T_g および T_m は,PCL < PES < PBS < PLLA の順に高い.これらの生分解性プラスチックは押出し成形や射出成形が可能で,成形方法,用途によって,分子量および分子量分布あるいは共重合比の異なるグレードが選択される.このうち,PCL は柔軟性と耐衝撃性を示し,外観は白色不透明である.T_m は 60 ℃でほかの材料と比べてかなり低い.モノフィラメント,フィルムやシートに容易に成形することができる.PBS の T_m は約 115 ℃で,弾性率は PE-LD に近い.フィルムやシートに成形が可能で,袋類,農業用マルチフィルムに利用され,中空成形,射出成形も可能である.PLLA は結晶化速度が遅く,溶融成形で急冷すると非晶性となり,室温での弾性率は,PS や PMMA に近いが,結晶化することで耐熱温度も T_m 近傍にまで上昇する.延伸による性能改善や天然繊維や無機フィラーを複合・配合することも行われる.

図 2.12 には,脂肪族ポリエステルの PCL,PBS および PLLA の動的粘弾性曲線を比較して示した.E' の変化および $\tan\delta$ のピークから,PCL < PBS < PLLA の順に,T_g および T_m が高くなっていることがわかる.

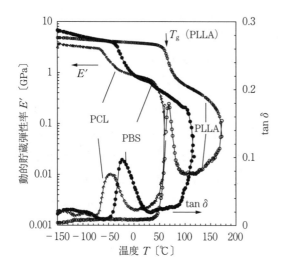

図 2.12 脂肪族ポリエステル（PCL，PBS および PLLA）の動的粘弾性曲線

2.2.2 汎用エンジニアリングプラスチック（汎用エンプラ）

エンジニアリングプラスチックの中でも，ポリアミド（PA），ポリオキシメチレン（POM）やポリカーボネート（PC）などは，汎用エンプラとして分類される．生産量も比較的多い．これら 3 種類のプラスチックを，三大汎用エンプラと呼ぶこともある．

〔1〕 **PA**

ポリアミド（ナイロン）（PA）は，分子鎖中にアミド基 -NH-CO- を有しており，結晶性で，機械的特性に優れ，耐衝撃性や耐摩擦摩耗性も良好であり，機構部品，歯車やローラなどにも応用される．PA6 や PA66 のほか，PA46，PA11，PA12，PA610 や PA612 など，さらにそれらのコポリマーがあり，種類も多い．PA のもつアミド基は，分子鎖間の NH 基と CO 基の間で水素結合を形成する．このために，分子鎖中の窒素原子間の炭素数によって，T_m や吸水率が変化し，物性への影響も異なる．

分子鎖中に芳香環をもつ半芳香族性 PA（PAMXD6，PA6T など）もある．なお，全芳香族ポリアミドはアラミドと呼ばれ，高強度・高弾性率を有するアラ

ミド繊維として利用されている.

〔2〕 POM

ポリオキシメチレン（ポリアセタール）(POM) は，結晶性で，白色不透明な外観を示す．アセタールホモポリマーとアセタールコポリマーがある．高い強さ，硬さ，剛性など，バランスのとれた機械的特性を有し，耐疲労性，耐クリープ性，耐摩擦摩耗性に優れる．吸水率も低く，吸湿による寸法変化も少ない．射出成形による成形品は自動車部品，電気・電子部品などの用途があり，押出し成形によるシートや板も利用される．機構部品として，歯車類，軸受けやしゅう動部品にも利用される．

図2.13には，POM の動的粘弾性曲線を示す．-70 ℃付近に T_g に由来する分散があり，弾性率が階段状に変化し，+70 ℃付近までは，貯蔵弾性率に大きな変化はなく，120 ℃付近をピークとする結晶分散 (α_c) があり，170 ℃以上に T_m を示している．

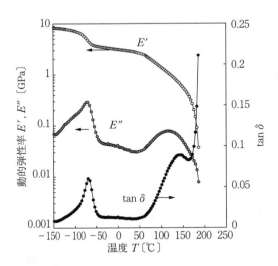

図2.13　POM の動的粘弾性曲線

〔3〕 PC

ポリカーボネート (PC) は非晶性で，優れた透明性を有する．一般に，物性にバランスがとれており，T_g は約 150 ℃で，耐熱性も高く，耐衝撃性に優

れ，強靱な材料である．射出成形，押出し成形やブロー成形の材料として，PCのもつ特徴が生かされ，用途が広がっている．光学材料として利用され，流動性を改良したグレードが，光ディスク基板にも用いられている．さらに，ヘルメットなどの保安部品，バッテリケースなどの用途がある．ABSやポリブチレンテレフタレート（PBT）とのブレンドでも，PCの耐熱性や耐衝撃性などの特徴が生かされている．

図2.14には，PCの動的粘弾性曲線を示した．$-100\,°C$をピークとするブロードなβ分散がある．$-30\,°C$から$140\,°C$の範囲では，貯蔵弾性率はなだらかな変化を示し，T_g（約$150\,°C$）を過ぎると軟化する．

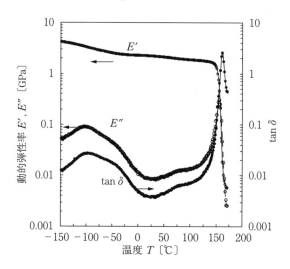

図2.14　PCの動的粘弾性曲線

〔4〕 **PPE**

ポリフェニレンエーテル（PPE）は，非晶性で高耐熱性の材料である．PPEはPSとの相溶性があり，アロイ化することで，耐熱性をやや下げて，成形加工性を改良した変性PPE（m-PPE）がエンプラとして利用されている．機械的性質，耐候性および寸法安定性に優れており，OA機器のハウジングや自動車部品への利用も多い．PS-HIやPAとのブレンドがある．

図2.15には，PA／PPEアロイの動的粘弾性曲線[15]をPA66と比較して示し

た. PPE と PA とは，非相溶性であり，それぞれの分散ピークが存在する．PA/PPE の損失弾性率 E'' の温度依存性曲線には，PA の T_g に起因する分散ピークが 77 ℃ に，PPE の T_g は約 200 ℃ に観察される．260 ℃ を超えると PA66 の融解に伴い流動する．

〔5〕 **PBT**

ポリブチレンテレフタレート (PBT) は，PET とともに結晶性の芳香族ポリエステルであり，T_g は 50〜60 ℃ で，T_m は PET よ

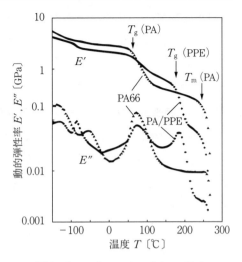

図 2.15　PA/PPE アロイと PA66 の動的粘弾性曲線 [15]

りやや低く，約 220 ℃ である．PET と比較して結晶化速度が早く，成形サイクルは短く，生産性の面で特徴がある．図 2.16 に示した PBT の動的粘弾性曲線には，−100 ℃ 付近に γ 分散，約 50 ℃ に T_g に起因する α 分散があり，200 ℃ で融解を示している．

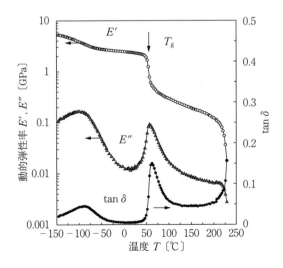

図 2.16　PBT の動的粘弾性曲線

射出成形では，GF強化したグレードが使われることが多く，GF強化により，荷重たわみ温度も上昇する．電気・電子分野や自動車分野で，スイッチ類，コネクター類や外装類に利用されている．

2.2.3 特殊エンプラ（スーパーエンプラ）

生産量の規模はそれほど大きくはないが，物性面，特に耐熱性，高温での機械的特性や電気的特性の面で特徴を有し，特殊エンプラに分類されている材料がある（表2.3）．電気・電子機器，自動車や医療器具などの部品として先端産業分野で欠くことのできない材料となっている．

図2.4に示したように，特殊エンプラの弾性率および引張強さは，汎用プラスチックや汎用エンプラと比較して高い値をもつ．これらの数値は，グレードにより，また，成形加工条件により幅がある．つぎに，特殊エンプラの代表的なものについて，その特徴の概略を示す．

〔1〕 **PSU**，**PESU**

ポリスルホン（PSU）にはいくつか種類があるが，おもに芳香族ポリスルホンがプラスチックとして利用される．PSUは非晶性であり，透明で，琥珀色を呈している．耐酸性，耐アルカリ性，耐熱性や寸法安定性に優れている．耐加水分解性があり，熱湯や蒸気と接する調理器具にも用いられる．滅菌・殺菌処理が可能で，医療器具にも用途がある．

芳香族のポリエーテルスルホン（PESU）もプラスチックとして重要な材料である．PESUは非晶性であり，琥珀色を呈し，透明である．T_gは約225℃であり，高い耐熱性と強靱性をもち，耐薬品性にも優れている．複写機部品，カメラ部品やコネクター類のほか，食品工業分野でも利用される．

〔2〕 **PPS**

ポリフェニレンスルフィド（PPS）は，結晶性で耐薬品性にも優れる．線状と架橋型の2種類がある．フィラーを混合し，あるいはGF強化で使われることが多い．耐熱性（T_mは285℃），電気的性質により，コネクター，自動車用電装部品や工業用部品などに用いられる．

〔3〕 PAR

全芳香族ポリエステルの中でも,サーモトロピックな液晶性を示すポリエステルは,LCPとして区別し,非晶性の全芳香族ポリエステルをポリアリレート (PAR) と呼ぶことが多い.二価フェノールと芳香族ジカルボン酸（テレフタール酸およびイソフタール酸）の重縮合体として合成される.

図2.17の動的粘弾性曲線に見られるように,-90℃にブロードなβ分散があり,耐衝撃性に優れ,強靱な材料である.耐熱性であり,193℃にT_gに由来するα分散がある.

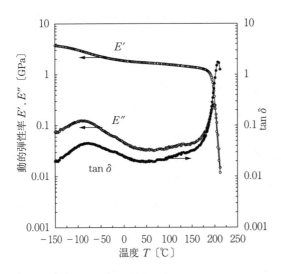

図2.17 PARの動的粘弾性曲線

〔4〕 PAI, PEI, PI

エンプラの中でも高耐熱性を示す材料群である.アミド基とイミド基を有するPAI（T_gは約275℃）,エーテル基とイミド基を有するPEI（T_gは約215℃）,芳香環とイミド基からなるPIがある.PIには,非熱可塑性と熱可塑性がある.いずれも耐熱性を必要とする成形品に用途展開されている.PAIの連続使用温度は250℃で,歯車類や軸受けにも利用される.PEIは耐熱性,難燃性や耐放射性に特徴をもっている.

〔5〕 **PEEK**

ポリエーテルエーテルケトン（PEEK）の T_g（約143℃）および T_m（334℃）はきわめて高く，耐熱性とともに耐薬品性にも優れた材料である．成形品は，機構部品にも使われ，押出し成形によるフィルムやシートは，電気・電子用途にも使われる．アウトガスや溶出物もなく，真空機器の部品や純水製造装置の配管などにも使用される．GF強化グレードやCF強化グレードもあり，さらに耐熱性や高い強さの必要な部材に利用される．

図2.18に，PEEKとPESの動的粘弾性曲線を比較して示した．PEEKは結晶性で，T_gで弾性率が階段状に変化し，330℃を超すと，融解して流動する．PESは非晶性でT_gの230℃を超えると，流動している．いずれも低温からT_gまでは，貯蔵弾性率に大きな変化はない．

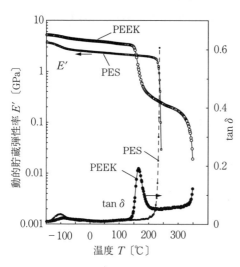

図2.18 PEEKとPESの動的粘弾性曲線

〔6〕 **LCP**

高い強さをもち，耐熱性の材料の開発には，分子鎖中に剛直鎖を導入する手法が用いられるが，分子鎖が剛直になるほど，成形温度が高くなり，成形や加工が困難となる．サーモトロピック液晶ポリマー（LCP）は，剛直性を生かしながら，融液での液晶状態を利用することで，流動性が改善され，射出成形や押出し成形が可能となっている．LCPは，一般に，パラヒドロキシ安息香酸を共通のモノマーとして含み，分子構造により，Ⅰ，ⅡおよびⅢ型に分かれ，耐熱性は，Ⅰ＞Ⅱ＞Ⅲ型の順で，Ⅰ型は，300℃以上の耐熱性がある．成形加工時のせん断流動により，液晶相が高度に配向するために，冷却後の成形品には著しい異方性が現れる．射出成形では，この異方性を低く抑えるために，

GF 短繊維，CF 短繊維やフィラーを充てんしたグレードが多く使われる．

図 2.19 には，異なる共重合成分から成る LCP の動的粘弾性曲線を比較して示した．図中の A および B は II 型に分類される LCP で，C は III 型に分類される LCP である．いずれも高弾性率と耐熱性に特徴を示している．

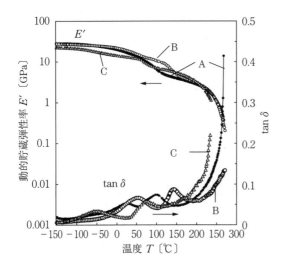

図 2.19 LCP の動的粘弾性曲線

〔7〕 ふっ素系

ポリテトラフルオロエチレン（PTFE）は，耐薬品性や耐熱性に優れ，機械的性質や電気的性質も 250℃ まで長期的に安定である．非粘着性で摩擦係数が低いことから，しゅう動部品やライニングに利用される．射出成形や押出し成形が困難なために，通常，成形は粉末成形（圧縮成形，ラム押出しやペースト押出し）による．PTFE は炭素とふっ素原子だけの構成である（—CF_2-CF_2—）$_n$ の構造をもつが，PTFE の成形性を改良した材料として，PFA，FEP，PCTFE や ETFE などがあり，いずれも耐薬品性や電気絶縁性に特徴がある．

このほか，多くのふっ素系ポリマーがあり，それぞれの特性が製品へ活かされている．（—CH_2-CF_2—）$_n$ の構造をもつポリふっ化ビニリデンは，汎用エンプラに分類されている．

2.2.4 熱硬化性プラスチック

熱硬化性プラスチックは成形時に硬化すると，熱を加えても液状にはならないので，熱可塑性プラスチックに比べて，耐熱性に優れている[7]．さらに，力学的性質や電気的性質が生かされて，電気・電子機器，機械，自動車，船舶，航空機や住宅資材などのさまざまな分野で使用されている．表2.4に，おもな熱硬化性プラスチックの種類を示す．これらの材料の硬化には，重縮合反応や重付加反応が用いられる．

熱硬化性プラスチックは，ベースとなる材料に，GF，CF，アラミド繊維や

Coffee Break

プラスチック製品のマーク

日用品や電気部品，自動車部品には，さまざまなプラスチックが使われている．こうした成形品やプラスチックの部品類を見ると，

＞ABS＜

のような，材料の種類を識別するためのマークが付いている．日本工業規格では，JIS K 6999で，プラスチック製品の識別および表示の方法を定めており，プラスチック製品表面に，逆くさび形括弧で記号や略号を挟んで表示することが行われる．例えば，ポリカーボネート（PC）を製品に表示する場合，＞PC＜とし，PCとABSのポリマーブレンドの場合には，＞PC＋ABS＜であり，PETにガラス繊維（GF）を30質量％混合している場合には，＞PET-GF30＜と表示することが行われる．

また，プラスチックの容器や袋類では，別のマークを見かける（図1）．

図1 材料識別マークおよび容器包装識別マーク

これらの例は，材料識別マークおよび容器包装識別マークである．プラスチック廃棄物の効率的な分別や収集の促進のためにマーキングするもので，容器包装リサイクル法および資源有効利用促進法は，事業者に対して識別標示の義務を定めている．

天然繊維などの強化繊維や充てん材（無機フィラーや木粉）を複合して，コンポジットとして利用されることが多い．強化繊維は，短繊維，長繊維，編み物・織物やマットなどが使われ，多彩である（詳細は，6章を参照）．熱硬化性プラスチックは，それぞれの化学的な組成によって，耐熱性，機械的性質や電気的性質も異なり，用途に応じて組成と成形方法が選択される．また，充て

表2.4 熱硬化性プラスチックの種類

硬化反応	種類	略号	備考	関連規格（JIS）
重縮合	フェノール樹脂	PF	ノボラック形とレゾール形がある． 用途：成形材料，積層板，接着剤． 射出成形，トランスファー成形で，電気用，耐熱用途，食器用途などに成形．	K 6915 K 6915-1 K 6915-2
	ユリア樹脂	UF	ユリアとホルムアルデヒドの反応によるプリポリマー．無色で透明． 配線器具，ボタンなどの用途，成形品，接着剤，塗料．	K 6916 K 6916-1 K 6916-2
	メラミン樹脂	MF	メラミンとホルムアルデヒドの反応によるプリポリマー． 硬度，耐きずつき性，難燃性．	K 6917 K 6917-1 K 6917-2
	シリコーン樹脂	SI	主鎖にシロキサン結合をもつ． 圧縮成形，射出成形，トランスファー成形．	K 6249 (SI ゴム)
重付加	ポリイミド樹脂	PI	分子内にイミド結合をもつ． 耐熱性，高温下での耐摩擦摩耗性． PI は熱硬化性ではなく，非可塑性とも呼ばれる．	C 6472 C 6490 C 6493 C 6523
	エポキシ樹脂	EP	エポキシ基の開環による三次元化． 電気絶縁性，耐熱性，耐薬品性． 用途：電気・電子用部品，回路基板など．	K 6929-1 K 7238 K 7238-2
	不飽和ポリエステル樹脂	UP	主鎖に不飽和結合とエステル結合をもつ． FRP の用途，注形による化粧板．	K 6919
	ジアリルフタレート樹脂	DAP	ジアリルフタレートのプリポリマー． オルソタイプとイソタイプがある． 耐熱性，寸法安定性，電気絶縁性に優れる．	K 6918
	ポリウレタン	PUR	ジイソシアネートとジオール（またはポリオール）の反応によるウレタン結合をもつ． 反応射出成形 (RIM)，発泡成形にも用いられる．	K 1557 -1～-7 K 1603 -1～-5

注1：JIS C 6472, C 6490, C 6493, C 6523 はプリント積層板の規格
注2：JIS K 1557 はポリオールの試験方法，JIS K 1603 は芳香族イソシアネートの試験方法

ん材,強化材,強化繊維の種類と形体およびその含有率によって物性値が大幅に変化,あるいは向上する[16].熱硬化性プラスチックは,硬化反応を利用して,接着剤,ワニス,塗料,コーティングやライナーなどにも広く使われている.

引用・参考文献

1) 中山和郎:塑性と加工, **56**-658 (2015), 930-935.
2) 高分子素材センター:エンプラ読本, (1990).
3) 高分子素材センター:続エンプラ読本, (1991).
4) エンプラ技術連絡会:エンプラの本 第4版, (2004).
5) 安田武夫:エンジニアリングプラスチック活用ガイド(1991), 日刊工業新聞社
6) 化学工業日報社:エンジニアリングポリマー, (1996), 化学工業日報社
7) Modern Plastics & Harper, C.A. ed.:Modern Plastics Handbook, (1999), McGraw-Hill.
8) 日本塑性加工学会編:プラスチック成形加工データブック 第2版, (2002), 日刊工業新聞社.
9) プラスチック成形加工学会編:図解プラスチック成形材料, (2011), 森北出版.
10) 中山和郎:塑性と加工, **49**-567 (2015), 269-274.
11) Nakayama, K., Simon G.P. ed.:Polymer Characterization Techniques and Their Application to Blends (2003), 68-95, Oxford University Press.
12) 中山和郎・海藤彰:高分子学会編,高分子をならべる 高分子加工 one point-4, (1993), 26-29, 共立出版.
13) 中山和郎:機械の研究, **58**-1 (2006), 95-100.
14) Pergo, G., Cella, G.D. & Bastiou, C.:J. Appl. Polym. Sci., **59**-1 (1996), 37-43.
15) Tanaka, K. & Nakayama, K.:Adv. Composite Mater., **5**-3 (1996), 169-183.
16) 宮入裕夫編:FRP試験マニュアル, (1989), 日本規格協会.

3 材料の流動特性

　熱可塑性プラスチックを用いた製品の多くは，溶融成形で作られる．この成形過程で金型に流れる溶融材料は，成形温度や圧力などを無視することはできない．材料の構成分子構造，分子量および分子量分布などの熱運動に粘度が大きく関係し，この大小で成形品の物性，機械的な強さおよび寸法精度などに影響を与える．ここでは，基本的な二次元流れについて概説し，また三次元流動の解析では，いろいろなシステムが開発され成形予測や最適設計などに威力を発揮している現状を紹介する．

　塑性加工による流動特性は，金属材料の引張・圧縮試験で見られる応力-ひずみ線図が一致する現象は，プラスチック材料では見当たらない．プラスチックは，材料の物性をはじめ加工温度，ひずみ速度などによって変形抵抗や変形能が著しく異なる．ここでは、各種の材料について基本的な機械的性質について概説する．

3.1 流動特性

　熱可塑性プラスチック製品の大多数は，射出成形，押出し成形，ブロー成形などの溶融成形法で作られている．これらの溶融成形法は，ペレット状のプラスチックの溶融・流動・賦形・冷却固化の過程による．

　溶融プラスチックの流れは，工学的な立場からいくつかの仮定が導入され，簡略化された連続，運動，エネルギーの式で表される．一般に溶融プラスチックは非圧縮性，非ニュートン流体として扱い，厚さ方向の流れを無視した狭い隙間の平板間の非定常，非等温二次元および二次元流れが解析される[1]．解析に際して，流れは層流とし慣性力と重力は粘性力に比べて十分に小さく無視し

壁面での滑りはないものとする．平面方向の熱伝導は厚さ方向に比べ十分に小さく無視する．流路厚みが小さい場合には厚み方向の熱の伝わりだけを解析したいわゆる2.5次元解析が可能であるが，成形品厚みが大きい場合や複雑な形状を有する場合はより厳密な三次元解析が行われる．

これらの仮定により，射出成形のような固定境界内の流れは**図3.1**の直行座標系（x，y方向が流れ方向，z方向が流れと直角方向）において連続の式（式 (3.1)），運動の方程式（式 (3.2), (3.3)），エネルギー式（式 (3.4)）で表される．

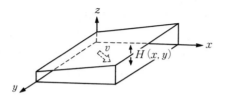

図3.1 狭い隙間の平板間の流れ

$$\frac{\partial v_x}{\partial x} + \frac{\partial v_y}{\partial y} = 0 \tag{3.1}$$

$$-\frac{\partial P}{\partial x} - \frac{\partial \tau_{zx}}{\partial z} = 0 \tag{3.2}$$

$$-\frac{\partial P}{\partial y} - \frac{\partial \tau_{zy}}{\partial z} = 0 \tag{3.3}$$

$$\rho C_P \left(\frac{\partial T}{\partial t} + v_x \frac{\partial T}{\partial x} + v_y \frac{\partial T}{\partial y} \right) = k \frac{\partial^2 T}{\partial z^2} + \eta \dot{\gamma}^2 \tag{3.4}$$

ここで，vは速度，Pは圧力，τはせん断応力，$\dot{\gamma}$はせん断速度，Tは温度，tは時間である．材料物性値として，ρは密度，C_Pは比熱，kは熱伝導率，ηはせん断粘度である．

流れは式 (3.1) ～ (3.4) と材料の応力とひずみ（速度）の間の一般的関係を記述する構成方程式を支配式として解かれる．なお，通常の射出成形の金型内の流れでは，式 (3.4) の移流項（左辺の第2, 3項）とせん断発熱項（右辺の第2項）を無視してもメルトフロント（流れの先端）の進み方や圧力分布の

計算結果には，影響が微小であることがわかっている．

流れのみを扱うときには，構成方程式として粘度式が解析に用いられる．成形品の残留応力などの計算にはしばしば Leonev モデルが用いられ，それを含めた構成方程式の概要については文献 2)～4)を参照されたい．温度がガラス転移温度より十分に高いとき（特に結晶性プラスチック），一般に粘度は非ニュートン性と温度依存性を考慮し，指数則とアレニウスの式を組み合わせた次式で近似し，解析に用いられる．

$$\eta(\dot{\gamma}, T) = a\dot{\gamma}^b \exp\left(\frac{c}{T}\right) \tag{3.5}$$

ここで，a, b, c は材料に固有な係数で，実験的には粘度測定により求まる．また，低せん断速度域（$10\,\mathrm{s}^{-1}$ 以下）の粘度も含めて記述するために次式が用いられることもある．

$$\eta(\dot{\gamma}, T) = \frac{\eta_0(T)}{1 + C(\eta_0 \dot{\gamma})^{1-n}} \tag{3.6}$$

ここで，$\eta_0(T) = B \exp(T_b/T)$，$T_b$ は粘度の温度依存性に関するパラメーター，η, C, B は材料定数である．

さらに，粘度の圧力依存性をも考慮すれば式 (3.6) において

$$\eta_0(T, P) = B \exp\left(\frac{T_b}{T}\right) \exp(\beta P) \tag{3.7}$$

ここで，β は材料定数である．

射出成形の金型内のプラスチックの流れはせん断速度が $10^2 \sim 10^6\,\mathrm{s}^{-1}$ であるので高せん断速度域に適した粘度の記述式が重要となるが，式 (3.5) で実用上は十分なことが多い．射出成形の保圧過程の流れの解析には，圧力依存性を加味した式 (3.7) が有用であるが，測定が困難なため粘度測定データが少ないのが現状である．また，温度がガラス転移温度に近い場合には粘度の温度依存性は式 (3.5) の代わりに WLF 式が用いられる．

CAE 解析では，計算の高速性と計算の安定性の点から上式のような単純な構成方程式が用いられるが，粘弾性や非線形現象を扱うために微分型構成方程

式(例えば,Giesekus モデル,PTT/Phan-Tien, Tanner モデル)や積分型構成方程式(K-BKZ/Kaye-Bernstein, Kearsley, Zapas モデル)のような粘弾性構成方程式が用いられる.

押出し成形やブロー成形におけるダイ内流れの解析では,流れが低せん断速度($\sim 10^2\,\mathrm{s}^{-1}$)であるため厳密には式(3.6)の適用が好ましいが,この場合でも実用上流れが経験するせん断速度範囲の式(3.5)で差し支えないケースが多い.

溶融プラスチックのせん断粘度は,通常キャピラリー粘度計,円錐円板粘度計などによって測定される.キャピラリー粘度計によるポリプロピレン(PP)の粘度測定例を図 3.2 に示す.キャピラリー粘度計では L/R(L:管長,R:管の半径)の異なる 2 種以上のキャピラリーを用い,キャピラリーの入口,出口における圧力損失を Bagley の方法によって補正し,Rabinowitch 補正で粘度せん断速度の関係($\eta \sim \dot{\gamma}$)を一般化する.これらのデータから式(3.5)の係数を得る.

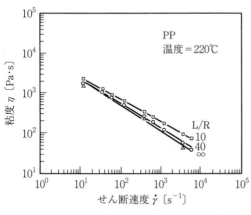

図 3.2 PP の粘度($L/R = \infty$:補正値)[5]

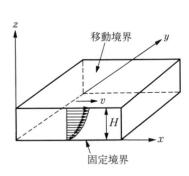

図 3.3 ドラッグフロー（平行平板間の例）[6]

成形機の加熱筒内(スクリュー溝内)の流れ,電線被覆押出し時の流れなどでは,上述の圧力差のみによって生じる流れ(プレッシャーフロー)のほかに境界が移動することによって流れ(ドラッグフロー)が生じる.このようなド

ラッグフローを伴う非ニュートン流体の流れは以下のように取り扱うことにより解析できる．**図3.3**に示すように片板がx方向にvで移動する狭い隙間Hの平板間における流れの支配式は次式となる[3]．

$$\frac{\partial}{\partial x}\left(\frac{H^3}{12\bar{\mu}}\frac{\partial P}{\partial x}\right) + \frac{\partial}{\partial y}\left(\frac{H^3}{12\bar{\mu}}\frac{\partial P}{\partial y}\right) = -\frac{vH}{2} \tag{3.8}$$

ここで，$\bar{\mu}$は等価ニュートン粘度である[7]．左辺はプレッシャーフローを，右辺はドラッグフローを表す．この式は一般にポアソン方程式と呼ばれるもので，変分法によりFEM（有限要素法）へ定式化され数値解を得ることができる．右辺をゼロとおけば式（3.8）は式（3.1）～（3.3）と等価となる．

ブロー成形におけるパリソンのインフレーション過程や溶融紡糸では，プラスチックの伸長流れが，プラスチックの変形を支配している[8],[9]．その解析のためには伸長粘度を測定する必要がある．伸長粘度のデータはせん断粘度のそれに比べれば少ないものの，一般に行われるようになってきた．**図3.4**に伸長レオメーターの一例を示す[10]．定常伸長粘度のゼロ伸長速度値（η_{E0}）は，ゼロせん断速度粘度（η_{S0}）の3倍である．

$$\eta_{E0} = 3\eta_{S0} \tag{3.9}$$

式（3.9）はTroutonの関係式と呼ばれている．高密度ポリエチレン（PE-HD）の伸長粘度測定例を**図3.5**に示す[11]．このような長時間緩和成分を有するプラスチック溶融体では，あるひずみでひずみ硬化と呼ばれる非線形挙動を示し，式（3.9）が成り立たない．

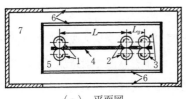
（a）平面図

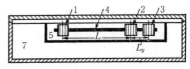
（b）側面図

1：ロータリークランプ（力計測側），2：ロータリークランプ（駆動側），3：ガイドローラー，4：試料，5：オイルバス（内側），6：ガラス窓，7：オイルバス（外側）

図3.4 伸長レオメーター[10]

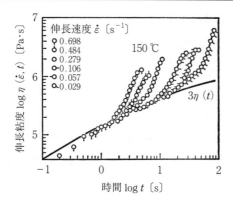

図 3.5 PE-HD の伸長粘度 [11]

円筒状のチューブ（パリソンという）を等価下で内圧 ΔP で膨らませる場合を考える．変形支配式は次式となる [12]．

$$\Delta P - \frac{\sigma}{R}\left(2 - \frac{\delta}{R}\right) - \rho \ddot{R}\delta = -\int_R^S \frac{\tau_{rr} - \tau_{\theta\theta}}{r} dr \qquad (3.10)$$

ここで，$2R$ は内径，$2S$ は外径，δ は厚さ，σ は表面張力，ρ は密度である．

この式と粘弾性の構成方程式を組み合わせることによってパリソン径の時間変化を求めることができる．伸長粘度は図 3.5 に示したようにひずみ速度，時間，温度の関数であって，いくつかの構成方程式が提案されている [3),4)]．

ブロー成形の解析は，伸長粘度の測定が普及し，粘弾性構成方程式を用いた CAE により行われている [13]．

3.2 塑性変形特性

プラスチックの板材を深絞り用鋼板などと同じようにプレス成形したり，また，棒材を切断して作ったプラスチックのビレットを常温で鍛造加工することは可能であろうか．答は「どちらも可能」である．ではなぜ実際の生産現場で塑性加工が使われないのであろうか．

それは，プラスチックの塑性変形が分子鎖の解きほぐしや再配列によって起こるため，（1）材料流れが金属の場合ほど自由でなく変形特性が複雑である

ため,加工度を十分大きくとれない場合があること,(2)弾性回復が大きいため塑性加工製品の形状精度が悪く,しかも経時変化,温度変化によって形状がさらに悪くなること,などによる.

プラスチックの塑性加工法は,溶融成形法に比べれば,機械装置は簡単なプレスですみ,また,一成形サイクルに要する時間も短く,魅力的な加工法であるが,上記のような問題点を解決しない限り実用化は難しいであろう.したがって,プラスチックの塑性加工は,すでに実用化された特別な場合を除いて,一般にはまだ研究段階にあるといえる.

3.2.1 塑性加工の温度領域

図 3.6 にポリ塩化ビニル(PVC)とポリエチレン(PE)の引張降伏応力の温度依存性を示す.PVC では温度の上昇とともに 50 ℃近辺から急激に降伏応力が下がり始め,70 ℃で 0 になる.すなわち,PVC はガラス転移温度 T_g = 70 ℃以上で降伏点をもたず流動することになる.一方,PE は溶融温度 T_m = 140 ℃が降伏現象を示す限界温度となる.

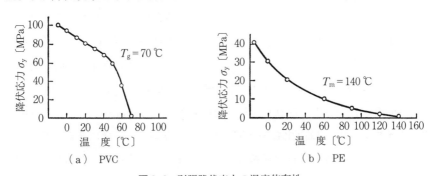

図 3.6 引張降伏応力の温度依存性

一般に,プラスチックは常温付近で粘弾塑性体であり,温度上昇とともに降伏応力が下がり,非晶性材料では T_g,結晶性材料では T_m を越えると粘弾性流体になる.通常 T_g あるいは T_m 以下の温度で行う成形を塑性加工と呼ぶ.なお,熱硬化性プラスチックはほとんど塑性変形を示さないので,塑性加工の対象にはならない.

3.2.2 負荷時の変形特性

〔1〕 引張と圧縮の応力-ひずみ関係

常温で引張試験を行うと，プラスチックはその種類によって個性的な変形を

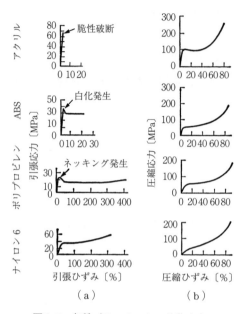

図3.7 各種プラスチックの公称応力-公称ひずみ線図[14),15)]

する．**図3.7**（a）は引張における公称応力-公称ひずみ線図である．降伏点付近の線図の形状，破断伸びの大きさなどが四種の材料によって大きく異なっている．それぞれの線図がもつ特徴は，変形にともなって試験片に生じる見かけ上の特性と密接なつながりをもつ．

アクリル（PMMA）は降伏点をもたず脆性破断する．ABSは降伏点で試験片に引張方向に直角に白いしまを生じ，ひずみの増加とともにしまの数が増加してやがて平行部全域が白化してしまう．ポリプロピレン（PP）では降伏後試験片の一部にくびれが生じ，ひずみの増加につれてくびれが平行部を伝わる，いわゆるネッキング現象を示す．ナイロン（PA）は白化もネッキングも生じないで，一様に変形する．

図3.7（b）は同じ材料の圧縮における公称応力-公称ひずみ線図を示す．興味あることは，引張試験では顕著であった材料の個性が消え四種の材料が同じような線図になってしまうことである．引張で脆性破断したPMMAが圧縮では大きなひずみまで破断せずに変形すること，引張で白化を生じたABS，ネッキングを生じたPPのいずれもが，それらを生じず一様に塑性変形していることは注目に値する．

〔2〕 温度の影響

図3.8にアクリルの引張および圧縮の各温度における応力-ひずみ線図を示す．引張，圧縮ともに，温度が高くなるにつれて弾性率が小さく，降伏応力が小さくなる．特に引張において温度の影響は顕著で，50℃を境に，それ以下の温度では脆性破断を，それ以上の温度ではネッキングを生じる．しかし圧縮試験では低温でも脆性破断を起こさず，-36℃でも塑性変形を示す．このような温度の影響は，各プラスチックについても類似の傾向である．

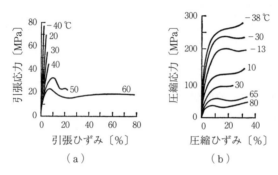

図3.8 アクリルの各温度における
応力-ひずみ線図[16),17)]

〔3〕 ひずみ速度の影響

一般にプラスチックの変形は，ひずみ速度の大きいほうが弾性率，降伏応力がともに高くなる．変形に対するひずみ速度の影響は温度の影響とよく似ており，速度が速くなることは温度が低くなることに相当する．

〔4〕 塑性変形に伴う異方性の発達

図3.9はPP板材を圧延し，異なる3段階の圧下率において圧延後の材料の異方性を測定した結果である．図は圧延方向に対して平行，45°，90°方向に切り出した試験片の引張降伏応力を示したものである．素材の状態ではほとんど等方性であった板が，圧延に伴い圧延方向に強度が急速に増加し，直角方向は減少する．ここでは圧延の例を示したが，一般に異方性は分子鎖の配向によるもので，異方性の発達は塑性変形履歴に依存する．

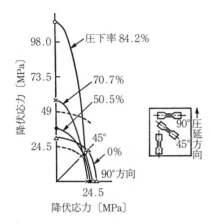

図3.9 PP板材の圧延における面内異方性の発達[18]

3.2.3 変形後のひずみ回復特性

〔1〕経時回復

プラスチックは金属に比べて弾性係数が小さくスプリングバックが大きい．

スプリングバックは除荷と同時に起こるひずみ回復であるが，プラスチックではさらに時間とともに進む回復現象がある．図3.10はPE圧縮試験片のひずみを除荷後，常温で時間を追って測定したグラフで，縦軸上の〇印が圧縮によって与えたひずみの値を表す．この試験片は除荷直後に大きなひずみ回復を

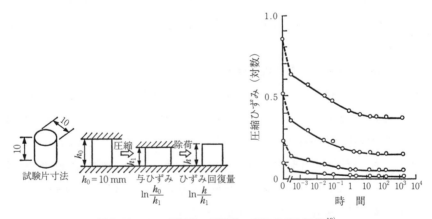

図3.10 PEの圧縮後の試験片の経時ひずみ回復[19]

3.2 塑性変形特性

示し，その後も時間とともに回復が進むが，100時間ほど経過すると回復はほとんど停止する．また，ひずみ回復量は与えたひずみ量によっても大きく変化することがわかる．

〔2〕 **温度による回復**

ひずみ回復は温度が高くなるとさらに激しくなる．特に非晶性プラスチックでは，変形後，T_g 以上の温度環境に置くと，ひずみがほぼ100%回復する現象がある．図3.11はPMMAの試験片を異なる温度で圧縮し（圧縮温度 T_c）

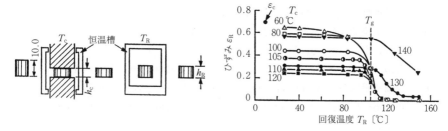

図3.11　異なる圧縮温度 T_g で圧縮試験を行った PMMA 試験片の各温度 T_R におけるひずみ回復[20]

Coffee Break

MFR・MVR

熱可塑性プラスチックの粘度を簡易的に表す指標として，メルトフローレート（MFR）やメルトボリュームレート（MVR）がある．元々はメルトインデックス（MI）と呼称されていたが，現在はMFRと呼ばれている．この値の求め方は日本工業規格（JIS）によって規格化されており，材料によって測定条件が定められている．測定原理は，円筒シリンダー内に一定温度で熱可塑性プラスチックを溶融し，おもりを載せたピストンによってダイから溶融したプラスチックを押し出す．一定時間にプラスチックが出てくる流量を測定し，単位時間当りの体積であればMVR〔cm^3/10 min〕，重量であればMFR〔g/10 min〕となる．

ちなみにMVRに溶融密度を掛けるとMFRが求められる．MFRは，プラスチックメーカーが公表している熱可塑性プラスチック材料の物性表に必ず記載されており，プラスチックの成形加工に携わる技術者にとって，重要な指標として扱われている．

その試験片を常温で5日間放置した後，一定温度にセットした炉に1時間入れて（回復温度 T_R）回復後のひずみを測定したものである．T_g（= 105 ℃）以下で圧縮した試験片では回復温度を T_g 以上にすると，ほとんど100％ひずみが回復し，圧縮前の試験片形状にもどってしまうことがわかる．

引用・参考文献

1) 岡田有司・中野　亮・瀬戸雅宏・山部　昌：成形加工，**24**-97（2012）．
2) 高橋雅興：日本レオロジー学会誌，**16**-2（1988），53．
3) 高橋雅興：日本レオロジー学会誌，**21**-218（1993）．
4) 日本レオロジー学会編：講座・レオロジー，（1992），高分子刊行会．
5) 大柳　康：エンジニアリングプラスチック，(1985)，65，森北出版．
6) 松岡孝明ほか：第34回高分子学会予稿集，**34**-4（1985），1097．
7) Tadmor, Z. et al.：Principles of Polymer Processing,（1979），195, John Wiley & Sons.
8) 小山清人：日本レオロジー学会誌，**19**-174（1991）．
9) 篠原正之：日本レオロジー学会誌，**19**-118（1991）．
10) 升田利史郎ほか：日本レオロジー学会誌，**16**-3（1988），111．
11) 篠原正之：第36回レオロジー討論会講演要旨集，(1988)，150．
12) Ryan, M. E. et al.：Polym. Eng. Sci, **22**-17（1982），1075．
13) Tanifuji, S., Kikuchi, T., Takimoto, J. & Koyama, K.：Polym. Eng. Sci., **40**-8（2000），1878-1893．
14) 牧野内昭武ほか：塑性と加工，**10**-104（1969），656
15) 牧野内昭武ほか：塑性と加工，**11**-112（1970），332
16) Brown, D. W.：Handbook of Engineering Plastics,（1946），London
17) 藤野誠二ほか：電気試験所彙報，**21**-11（1957），817
18) 赤岩捷夫ほか：昭和45年度塑性加工春季講演会講演論文集，(1970)，71
19) 牧野内昭武ほか：第20回塑性加工連合講演会講演論文集，(1969)，153
20) 牧野内昭武ほか：塑性と加工，**20**-222（1979），618

4 成形による状態変化

熱可塑性プラスチックの溶融体は比較的大きな容積圧縮性を有し，この性質は温度以外の圧力によっても変化する．例えば，結晶性プラスチックは融点，非結晶性プラスチックはガラス転移温度近傍で，その性質が大きく変わる．この状態を三次元的に表示したものが $p-v-T$ 状態曲線である．それぞれの関係は個々の材料によって異なるが，総じて，T_m，T_g 近傍で圧力を加えると結晶化や相転移が生じやすくなる．ここでは成形温度と状態変化，結晶化および構造発現について概説する．

4.1 状態変化

成形加工を対象とした材料の状態変化は，室温から成形温度領域にわたる比容積 v と温度 T の関係で示される．図4.1は結晶性材料と非晶性材料の大気圧のもとでの $v-T$ 曲線を示す．結晶性材料では室温から漸次温度を上げていくと，熱による膨張と結晶組織の融解を生じて v は指数的に大きくなり，材料特定の溶融温度 T_m に達すると結晶はなくなり，非晶領域となり $v-T$ 曲線上でほぼ明瞭な折点を発現する[1],[2]．

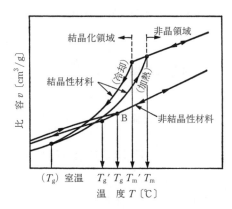

図4.1 熱可塑性材料の結晶性・非晶性材料の比容-温度関係説明図[1]

成形加工は T_m 以上 50～100℃の温度領域で行われる．これに対して非晶性材料は結晶組織がないため，単に熱膨張直線で示されるが，T_m に代わるガラス転移温度 T_g があり，T_g で直線が折れ曲がる．T_g を境としてガラス領域（T_g 以下）とゴム領域（T_g 以上）への相変化をもたらす．非晶性材料の成形加工は T_g 以上 50～100℃の温度領域で行われる．

したがって，実際の成形加工では溶融状態または易流動状態で金型で賦形（形状の付与）したのち室温まで冷却固化して製品化するので，v-T 曲線を高温側から低温側に移行し，T_m，T_g を経て相変化することになる．この場合，過渡現象のため冷却速度の相違によって T_m，T_g は多少の相異を生じる．

成形加工においては，材料の温度変化による容積変化が著しく大きいため，単に金型に流し込んだだけでは精度の良い製品を得ることができず，外圧を加える必要がある．射出成形における保圧工程がこれで，高い射出圧力を最終的に加えて賦形圧を高めることが必要となる．したがって，成形加工では上記 v-T 曲線の圧力依存性を考慮に入れることが重要である．すなわち，成形加工の諸現象を理解し解析するには p-v-T 特性が把握されなければならない．

一般に，溶融ないし易流動状態にあるプラスチックは，著しい粘弾性的性質を示し圧縮性にも富んでいる．この性質は反面成形加工条件の幅を広げているほか成形品物性が大幅に変化するもとになっている．圧縮性は次式のように表される．

$$\text{体積弾性係数}：K = \frac{pv_T}{\Delta v} \quad [\text{Pa, kgf/cm}^2] \tag{4.1}$$

$$\text{体積圧縮係数}：\beta = -\left(\frac{\Delta v}{p}\right) \cdot \left(\frac{1}{v_T}\right) \quad [\text{kgf/cm}^2]^{-1} \tag{4.2}$$

ただし，v_T は温度 T における大気圧下での容積，Δv はその温度での加圧力 p による容積変化とする．

図 4.2 は種々の材料の β と T の関係を示す[1] もので，β は一般に非晶性材料で小さく（$2\sim6\times10^{-5}$ $[\text{kgf/cm}^2]^{-1}$），結晶性材料で比較的に大きい値（$4\sim40\times10^{-5}$ $[\text{kgf/cm}^2]^{-1}$）を示し，いずれも温度が高いほど大きくなる傾向

を示している.

これら p-v-T の関係を表すのに,**表4.1**に示すような状態方程式が提唱[3]されている.これらのうち Spencer & Gilmore の式が最も一般に用いられ,材料定数 π, ω, R のデータベースがすでに用意され,保圧冷却工程の解析に用いられている.

図4.3は Spencer & Gilmore の状態変化をポリアセタールに例をとって示したものであ

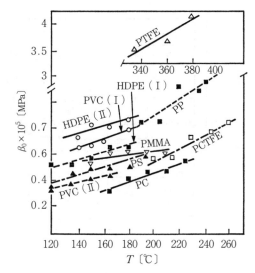

図4.2 β の温度依存性と材料比較[1]

り,**図4.4**は高密度ポリエチレンを例とした p-v-T を三軸直角座標で表した状態曲面について示すものである.図中に示す線は,加圧と除圧による比容変化経路を示し,圧力変化による多少の時間的遅れ現象も表している[4)〜6)].一般に圧力が高くなるほど T_m, T_g のいずれも高温側に移行するため,常圧では

表4.1 種々の状態方程式[3]

(1)	Spencer & Gilmore 式	$(p+\pi)(v-\omega)=RT$	π:内部圧力 [kgf・cm^{-2}] ω:比容積 [cm^3・g^{-1}] R:ガス定数と分子量による定数
(2)	Tait 修正式	$1-\dfrac{v(T,p)}{v(T,0)}=0.0894\ln\left[1+\dfrac{p}{B(T)}\right]$ $B(T)=B_0\exp(-B_1 T)$	B_0: B_1: } 材料定数
(3)	Kamal & Levan	$\rho(T,p)=\rho_{00}+\left(\dfrac{\partial p}{\partial p}\right)_{p=0}\cdot T+(a+bT)p$ $+\dfrac{1}{2}(c+dT)p^2$	ρ_{00}:$p=0$ $a,\ b$: $c,\ d$: } 材料定数
(4)	その他	$v(T,0)=a_0+a_1 T+a_2 T^2$ 〔$T<T_\mathrm{m}$ のとき〕 $v(T,0)=v_0\exp+(\alpha_1 T)$ 〔$T>T_\mathrm{m}$ のとき〕 〔ポリエチレンに適用〕	a_i: α_1: } 材料定数

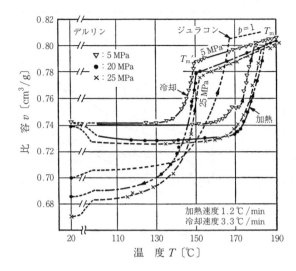

図4.3 定圧温度変化法によるポリアセタール（デルリンおよびジュラコン）の加熱・冷却時の各定圧に対する $v-T$ 曲線[3]

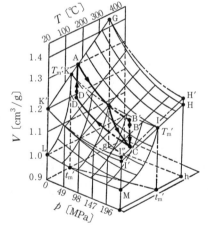

GHIK：平衡状態曲面
GH'I'K：瞬間状態曲面
T_mT_m'ML：結晶化曲面
T_m-T_m'：溶融点
A ：初期点
B' ：加圧瞬間
B ：加圧平衡
C ：加圧結晶化点
D' ：除圧瞬間
D ：除圧平衡
D→A：結晶融解

図4.4 状態曲面[4]〜[6]

T_m 以上の溶融状態でも，圧力を加えることによって T_m 以下となり結晶化（圧力誘起結晶化）を生じることもある（T_m 近くで著しい）．

この現象は射出成形でゲート近くでの高圧下固化するような場合に，結晶化が発現する現象などに関連している．これら溶融圧縮性が比較的大きいことは，超高射出圧力による成形収縮率の改善や $p-v-T$ 特性を利用した射出成形

加工およびレンズなどの厚肉成形，残留ひずみを嫌う CD 成形のような射出圧縮加工法などへ応用されている．

図 4.5 は非球面レンズ成形加工に用いられたポリメタクリル酸メチル (PMMA) の射出圧縮加工の v-T 曲線を用いた解析例について示した[7]．

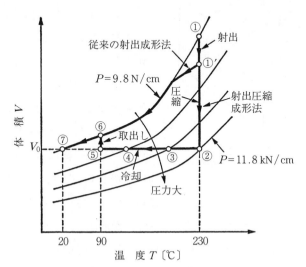

従来の射出成形法
　①→①′→⑥→⑦　　①′と⑦の体積差がひけになる
射出圧縮成形法
　①→①′→②→③→④→⑤→⑥→⑦　　②と⑦の体積差なし

図 4.5 射出圧縮成形法の概念図[7]

4.2 固化および結晶化

4.1 節で述べたように冷却過程で T_g あるいは T_m を通過することによって固化することになるが，その際の材料の冷却速度と圧力状態によって室温に至る容積変化の経路を異にする．**図 4.6** は状態局面上で示す種々の加工法の経路を結晶性材料を例にとって示すものである．これらのうち，圧縮成形を取り上げると，溶融領域にある初期状態（A_1）から圧力を加えて金型内に流動させ，賦形終了（B_1）から型開き状態（C_1）を経て，成形品が取り出され室温

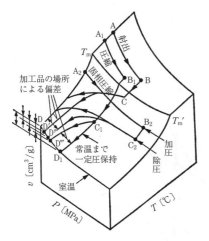

図4.6 結晶材料における状態曲面による諸成形加工法の状態変化特性説明図

(D_1) まで空中放冷される．

この場合に $C_1 \rightarrow D_1$ 至る間に金型壁面から冷却されるため金型接触面と中心部とでは冷却速度に著しい差を生じる．この冷却速度の相違は室温に戻った状態で比容積の不均一性，いわゆる充てんひずみをもたらす起因となる．

金型面との接触による冷却速度は成形品表面ではきわめて急速であるが，中心部では緩慢であるため，結晶性材料では結晶組織に差が生じる．図4.7は高密度 PE を例にとった球晶の生成と成長について示す．すなわち，初めに結晶核ができ，それを原点として均一温度条件下では放射状に板状結晶（ラメラ）が形成し，ついには球晶構造を発現する（中心部分）．しかし壁面近くでは，冷却速度が速いため一方向の結晶の成長が阻止され，いわゆるトランスクリスタルとなって表面層に存在するよ

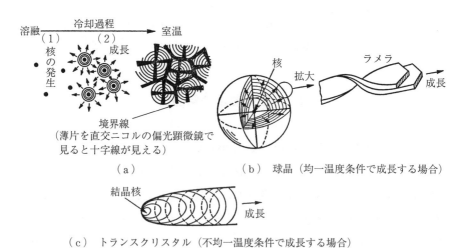

図4.7 球晶の生成（高密度 PE）

うになる．特に冷却速度が非常に速く，流動速度が大きい表面に近いところでは，配向した分子鎖が緩和する前に結晶化が開始し，分子鎖が高度に配向した構造が観測されることがある．このような配向構造は分子量が高くなるほど，観測されやすくなっている[2),8),9)]．

したがって，同一材料であっても表層部と中心部とでは諸物性に差をもたらす．これは成形品肉厚が3mm程度を境として機械的な強さが異なった傾向を示す原因の一つになっている．また，このほかに金型との接触面に生じるせん断に基づいた分子配向層の発現も，成形品特有な表面冷却ひずみおよび配向ひずみの発生原因となっている．

最近の高機能あるいは高性能成形品では，要求精度がきわめて高く，そのために成形品の残留ひずみやその変形・曲がり・反りといった面で特に注意が払われるようになってきた．一般に成形品に残留するひずみには，**表4.2**に示すように充てんひずみ，配向ひずみおよび冷却ひずみの3種に分類できる．そしてそれらの生成因は体積ひずみ（圧縮），流動せん断による分子配向ひずみ（引張），金型接触面での冷却ひずみが挙げられるほか，発生過程と発生場所な

表4.2 射出成形品に残留するひずみの種類とその生成要因[1)]

種類	生成因	発生過程	発生場所	成形条件との関連（代表）
充てんひずみ	体積圧縮，ひずみ凍結	保圧状態	ゲート部（主として）	流動圧，保持圧
配向ひずみ	流動せん断，応力凍結	流動充てん状態	ゲート部，表層部	肉圧，流動圧，速度，金型温度
冷却ひずみ	温度こう配によるひずみ	冷却状態	表層部，肉厚変化部	肉厚，形状，流動圧と金型温度

種類	熱処理による変形性	機械的特性値変化*		
		σ_t	k_c	HV
充てんひずみ	膨張	下（上）	下（上）	硬（軟）
配向ひずみ	流れ方向に収縮	上（下）流れ方向に	上（下）（〃）	軟（硬）（〃）
冷却ひずみ	—	—	—	—

* σ_t, k_c, HV は引張強さ，衝撃強さ，ビッカース表面硬さ
（　）内は熱処理後の特性値変化を示す

どは表に示されるような特性をもっている[1]．

特に最近では成形収縮の予測シミュレーションが試みられ，上記した状態変化特性と応力緩和理論などの導入によってそれを可能にしている．比容積変化特性から計算される理論収縮率 $\bar{\lambda}$ は一般に次式で示される（ただし，結晶化による収縮と分子配向がない場合）．

$$\bar{\lambda}=1-\sqrt[3]{\Delta v} \tag{4.3}$$

図4.8は一般用ポリスチレン（GPS）を例として，射出成形金型内圧と容積

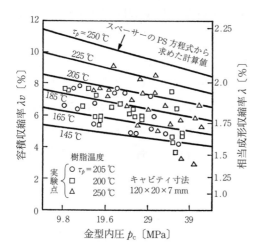

図4.8　GPSの $\bar{\lambda}$ と λ_V との対比図[1]

Coffee Break

結晶核剤

　熱可塑性プラスチックを射出成形する場合，材料は加熱されて溶融体となり，金型内に流し込んで所定の形状に賦形し，冷却・固化した後に成形品となる．熱可塑性プラスチックの中には，PPやHDPEに代表されるように，固化時に結晶化が生じる．この結晶固化が遅いと成形サイクルが長くなり量産性が低下する．この場合に，結晶化を促進する結晶核剤を添加することが多い．結晶核剤を添加することで，結晶核剤の表面で不均一核生成が生じる．これが結晶核生成を促し，結晶化がより短時間で進行すると考えられている．結晶核剤は，有機・無機を問わないが，条件として結晶化を促進させたいプラスチックとのぬれ性が良好であることが挙げられる．

収縮率およびその理論値との相関性について示す[1]ものである.

4.3 構造発現

高密度ポリエチレン射出成形品の分子構造および内部結晶構造を示すと図4.9のようである[10].前述したように中心部に形成される球晶を対象としてその微細構造を漸次拡大して示す.このような構造の発現は材料の種類,分子量,分子量分布,加工条件などで異なり,それに従って物性値が異なってくる.流動に伴う分子配向は,その起因の一つとして流動先端における噴水効果が挙げられる[1].

これは図4.10に示すように,流動先端部(メルトフロント)で中心部分の流速が速いために融液が中心部から壁面方向に流動する現象であり,これによって先端部で流動分子が延伸され分子配向が達成される.そしてこの配向分子がさらに壁面方向に移動することによって表層部に配向層が形成される.最近ではCAEの手法を用いてこの現象を数値解析する試みがなされ,実測値と比較的一致した結果が得られている.

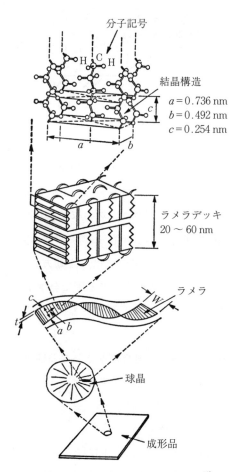

図4.9 ポリエチレンの内部結晶構造[10]

4. 成形による状態変化

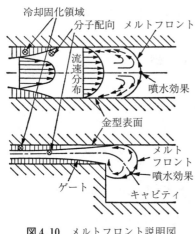

図4.10 メルトフロント説明図
(噴水効果)

また分子配向はゲート近辺で著しく発達し，流動距離の長い部分で少なくなる．同一成形品の断面部での分子配向は，実際の成形品では壁面から少し内部に入った所が最大となる傾向を示す．

これら表層部での分子配向は，液晶ポリマー (LCP) の成形品ではより複雑になっている．**図4.11** は LCP の平板成形品における各部での断面状態について示す[11]ものであり，金型接触面に生じる流動スキン，マージナルレイヤー，せん断レイヤー，コアレイヤーの内部構造の発生状況について示す．これらを概略的に見ると，分子配向層が著しいスキン層と分子配向が発達しないコア層に大別され，その厚みなどから分配則を用いて機械的な強さや成形収縮率を予測することも試みられている (**図4.12**)．

また，LCP の場合には，流動方向に繊維状結晶構造体 (fibril) が強く配向するため，2流が合わさる所に発生するウェルドラインの密着性が著しく低下し，その部分の強度低下が著しくなる (**図4.13**)．さらに紡糸プロセスや繊維状のカーボンナノチューブをブレンドさせた系ではシシケバブ構造が観測される．シシ構造は延伸鎖晶からなる繊維，プラスチックの高強度化に寄与する部分であり，シシ構造からエピタキシャル的に成長したラメラ晶からなるケバブ構造より形成されている．プラスチックの高強度化には分子の配向制御が非常に重要となる[12),13)]．

これ以外に構造的に問題となるものは，ポリマーアロイ，ポリマーブレンドおよび繊維状あるいはフレーク状充てん材を混入した場合の充てん材配向，充てん材の均一分散性および界面親和性などが挙げられる．

4.3 構造発現

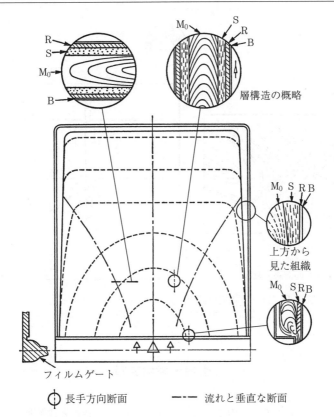

（B：流動スキン，R：マージナルレイヤー，S：せん断レイヤー，M_0：コアレイヤー）

図 4.11 LCP 平板成形品の流動パターンと内部組織[11]

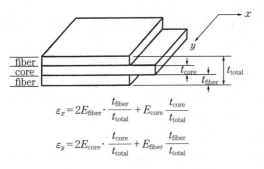

$$\varepsilon_x = 2E_{fiber} \cdot \frac{t_{fiber}}{t_{total}} + E_{core} \frac{t_{core}}{t_{total}}$$

$$\varepsilon_y = 2E_{core} \cdot \frac{t_{core}}{t_{total}} + E_{fiber} \frac{t_{fiber}}{t_{total}}$$

図 4.12 LCP 成形の引張弾性係数

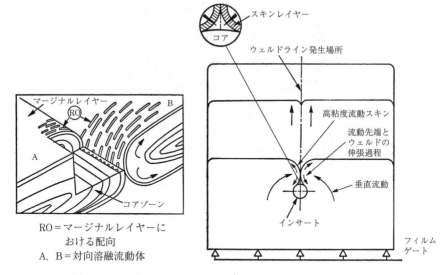

図4.13 LCP平板成形品の中央部近くにあるインサートによって生じるウェルドラインの形成説明図[11]

引用・参考文献

1) 大柳康：エンジニアリングプラスチック―その特性と成形加工―，(1985), 50–114, 森北出版.
2) Strobl, G. R. 著・深尾浩次・宮本嘉久・田口健・中村健二訳：高分子の物理（改訂新版）―構造と物性を理解するために―, (2010), シュプリンガー・ジャパン
3) Tadmor, Z. et al.：Principles of Polymer Processing, (1979), 136, John Wiley & Sons.
4) 大柳康ほか：工学院大学研, **16** & **18**（1964, 1965), 17, 9.
5) 山口章三郎ほか：高分子化学, **28**–315（1971), 623.
6) Oyanagi, Y. et al.：Pressure Effects on Rheological Behavior of Melt Polymers, 工学院大研, **62**（1987), 52.
7) 中島康夫ほか：素形材, **29**–11（1988), 18.
8) Seki, M., Thurman, D. W., Oberhauser, J. P. & Kornfield, J. A.：Macromolecules, **35**–7（2002), 2583–2594.

9) 小島盛男：目で見る結晶性高分子入門，(2006)，137-157，アグネ技術センター
10) Menges, G.：Werkstoffkunde der Kuststoffe, (1984), 44, Carl Hanzer, München.
11) Menges, G. et al.：Int. Polym. Processing, **2** (1987), 2.
12) Kimata, S., Sakurai, T., Nozue, Y., Kasahara, T., Yamaguchi, N., Karino, T., Shibayama, M. & Krnfield, J. A.：Science, **316**–5827 (2007), 1014–1017.
13) Matsuba, G., Ito, C., Zhao, Y., Inoue, R., Nishida, K. & Kanaya, T.：Polymer J., **45** (2013), 293–299.

5 各種成形方法

プラスチックの成形加工法は多種多様であり，代表的な射出成形では，成形材料を加熱溶融して型に流し込み冷却するのみで，所要の形状と寸法の成形品が大量に作られる．特に近年ではいろいろな技術の複合化により，きわめて精巧で形状の複雑な部品や製品が得られる．

一方，既存の材料にいろいろな機能や特性を付与して，材料の性質改善を図る技術も注目され，単一体では得られないまったく新しい性質，機能をもった製品が製造できる．

ここでは，成形加工の前に必ず行う前処理（乾燥・混練等）工程をはじめ，汎用性の高い射出成形，押出し成形，ブロー成形，熱成形（真空・圧空成形），発泡成形，粉末成形，圧縮・トランスファー成形などについて，それぞれ成形法，成形加工特性，製品例および最新技術を概説する．

5.1 前 処 理

前処理とは，成形材料を射出成形，押出成形，中空成形などの各種成形工程に供給するにあたり，あらかじめ必要とする工程で，成形を高品質かつ，効率的に行い，材料や最終製品に付加価値を付与する工程の総称である．前処理に含まれる範囲の概要を**図5.1**に示す．プラスチック原料メーカーの供給するポリマーに着色剤，ガラス繊維などの強化材，改質剤などの各種添加物を計量・混合する工程，必要によりニーダー，二軸混練押出し機で溶融混合または混練してペレット化する工程，吸湿した材料に対して必要な乾燥工程や異物除去工程などである．成形時に発生する不良品およびスプルー，ランナーなどの再生利用のための粉砕工程を前処理の一部とすることもある．

5.1 前処理

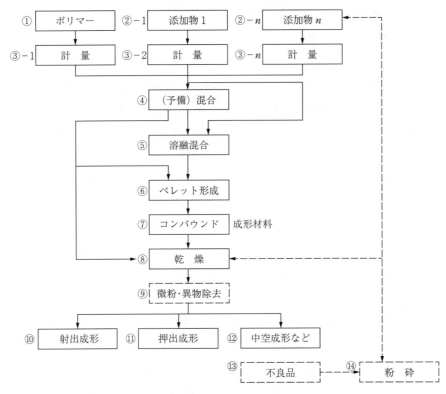

図 5.1　前処理の概要

プラスチック原料メーカーが供給する材料は，PVC を除きほとんどが図 5.1 の ①〜⑥ の工程を経て作られたコンパウンドである．このコンパウンドを用いてさらにそれぞれの最終用途に最適なコンパウンドを，成形メーカーのレベルでも容易に作り出すことができ，経済上の収益改善や生産性向上につなげられる点がプラスチック成形加工の大きな特徴である．前処理の範囲から若干離れるが異種ポリマーの溶融混合により作られるポリマーアロイは複数ポリマーの利点を組み合わせた性能設計が可能で，単一材料では達成できない要求性能を発現させる手法として確立されている．本節では主として射出，押出し，中空成形などの溶融成形の前処理としての乾燥，混合について述べる．

5.1.1 乾　　　燥
〔1〕概　　要

プラスチック成形材料すなわちコンパウンドは若干の吸湿性をもつ．材料メーカー出荷時は乾燥状態であっても，輸送中，保管中あるいは成形機ホッパー内での吸湿により成形不良を起こすことがある．射出成形を例にとると，材料の吸湿により成形品表面に気泡，銀条などの欠陥を生じる．さらに，PET，PBTのようにエステル結合をもつ材料では溶融温度で加水分解による分子量低下が瞬間的に起こる．これは成形品物性の著しい低下をひき起こす．コンパウンドに含まれる添加物の中にも吸湿により高温での障害を生じるものがある．

したがって，溶融成形に使用するコンパウンドは十分乾燥して成形機に供給する必要がある．バレル中間のベントポートから揮発成分の分離除去ができるベント押出し機，ベント射出成形機を利用すると，乾燥工程を省略できる．ただし，この場合でも加水分解を生じる材料では特殊な場合を除き乾燥させるのが望ましい．成形材料の含水率や成形可能な許容含水率は環境，成形機，成形条件で異なるが，目安を**表 5.1**[1)]に示す．

成形材料の乾燥では初期含水率が低い値なので，乾燥速度は材料内での水の拡散に支配される．ペレットを半径 r の球，材料温度一定，拡散係数 D' 一定，水分率 c，ペレット表面での平衡水分率 C_e，初期水分率 C_0，平均水分率 $\bar{c}$，時間 t として，式 (5.1) の拡散方程式を解いたものが式 (5.2) となる[2)]．

$$\frac{\partial c}{\partial t} = \frac{2D'}{r}\frac{\partial c}{\partial r} + D'\frac{\partial^2 c}{\partial r^2} \tag{5.1}$$

$$\frac{\bar{c} - C_e}{C_0 - C_e} = \frac{6}{\pi^2}\sum_{i=1}^{\infty}\frac{1}{i^2}e^{-\left(\frac{\pi^2 i^2 D t}{r^2}\right)} \tag{5.2}$$

式 (5.2) はペレットが小さいほど平衡水分率 C_e に到達する時間が短いことを示す．C_e は材料表面において材料に含まれる水分による蒸気圧により決まり，周囲の空気に含まれる水の蒸気分圧が前記蒸気圧より低いことが除湿が進行する条件である．平衡蒸気圧は水単独の蒸気圧と材料内の含水率に比例するので，乾燥温度が高いほど C_e は低い値となる．一方，乾燥後の含水率を低

5.1 前処理

表5.1 各種材料の乾燥温度と乾燥時間

区分	プラスチック名	乾燥条件 乾燥温度〔℃〕	乾燥条件 乾燥時間〔h〕	初期水分率〔%〕**	成形所要水分率〔%〕**	乾燥機種別 通気	乾燥機種別 除湿	乾燥機種別 箱型
汎用プラスチック	ABS	80〜	2〜	0.2〜0.4	0.07	○	◎	◎
	AS	80〜	2〜	0.2〜0.3	0.07	◎	◎	◎
	PS	70〜80	1〜2	0.1〜0.2	0.07	◎	◎	◎
	PE	60〜80	1〜2	0.1〜0.2	0.07	○	—	○
	PP	60〜80	1〜2	0.1〜0.2	0.07	○	—	○
	PVC	60〜70	1〜2	0.1〜0.2	0.07	○	—	○
	PMMA*	80〜90	3〜	0.2〜0.4	0.07	○	◎	◎
エンジニアリングプラスチック	PA*	80〜	4〜6	0.5〜2.0	0.1	×	◎	—
	PC*	120〜	2〜4	0.1〜0.2	0.02	○	◎	○
	PBT*	130〜	3〜4	0.2〜0.4	0.02	○	◎	○
	FR-PET*	130〜	4〜5	0.2〜0.4	0.02	○	◎	○
	POM	80〜	2〜	0.2〜0.4	0.02	○	◎	○
	PPS	130〜180	1〜3	0.1〜0.2	0.05	○	◎	○
	PEEK*	150〜	3〜	0.5〜	0.06	×	◎	—
	PPO*	80〜110	2〜4	0.1〜	0.02	○	◎	○

*プラスチックの乾燥時間は条件により異なる　　**目安値
◎:最適, ○:適, ×:不適

く抑えるためには乾燥に用いる空気の湿度を低くして水の蒸気分圧を下げる必要がある.

〔2〕装　　置

成形用として実用される乾燥機には，（a）箱形熱風乾燥機，（b）通気式ホッパードライヤー，（c）除湿式ホッパードライヤー，（d）真空電熱式乾燥機などがある．

図5.2[1]は（b）の例で，ヒーターにより昇温した空気をホッパ下部から供給し材料粒子の間隙を通過させて材料加熱と乾燥を行う．材料内の水分が拡散により材料表面に移動後，乾燥空気中に放出されるので，材料のホッパー内通過時間を一定に保つ工夫が必要である．材料がペレットのほかに粉砕品（リサイクル原料）を含むことも多く空気排出口には粉塵分離機構が不可欠である．

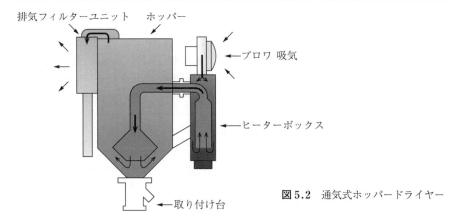

図5.2 通気式ホッパードライヤー

PET，PBTなどの加水分解による劣化を生じる材料では成形機に供給するときの含水率を50～200 ppm以下にする必要がある．

図5.2のように大気をそのまま加熱する方式の場合，乾燥中の劣化や材料軟化によるブロック化などの障害を起こさない程度の低い温度条件では，平衡蒸気圧が低く乾燥が進行しない．このことは梅雨期のように高湿度の場合にも当てはまる．**図5.3**[3)]はホッパーに入る空気の露点と乾燥効果を示す例である．高度の乾燥効果が必要なときは乾燥剤などにより，あらかじめ脱湿して露点を下げた乾燥空気を加熱し，材料と接触させると有効である．**図5.4**[1)]には脱湿部で吸着した水分を加熱除去しながら吸着材の連続再生を行い，安定的な低露点除湿乾燥を実現した除湿乾燥機のフローを示す．最近では成形機の稼働状況に合わせ過乾燥を防止し，適正乾燥させる省エネ型の制御シ

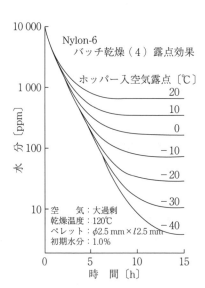

図5.3 乾燥空気露点によるナイロン6の乾燥効果（計算値）

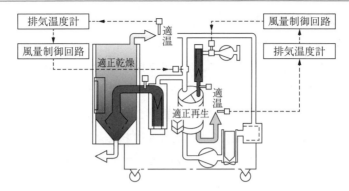

図5.4 省エネ型除湿乾燥機

ステムを装備した設備も広く採用されている．

また，近年では供給材料としてペレット原料のほかに，成形不良品やスプルー，ランナー，トリミングロスなどを粉砕したリサイクル材を再利用するケースが増えている．成形品の高度化，高精度化に伴い供給原料の清浄度が求められるようになってきており，同一原料であっても微粉やフロス（繊維状屑(くず)）は製品品質を低下させるため，原料供給系の末端でこれら原料に含まれる微粉や異物除去の必要性が高まっている．一例として**図5.5**[4)]に輸送エアーを利用した簡易式の微粉除去装置を示す．

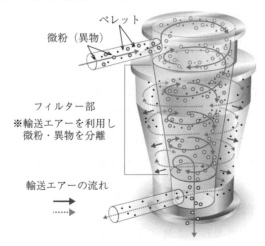

図5.5 微粉（異物）除去装置

5.1.2 混合，混練

〔1〕概　　　要

混合，混練は多くの工業分野における基本操作の一つで用語の定義には多少の幅がある．ここで，混合とは図 5.1 の（4）に相当する，粉粒体どうしまたは粉粒体に液状添加物を粉粒体の状態で混ぜ合わせる操作をいう．これに対し粉粒体を破砕，溶融させて混ぜ合せを行う操作を混練という．広義での混合は二つ以上の成分があるとき，どの部分からサンプリングしても同一組成となるようにすることをいう．

これは構成している成分の物理変化の少ない状態，すなわち，粒度減少を伴わずに成分の分布状態を均一化する（単純）混合と溶融体を介して凝集体の破壊応力以上の応力を作用させて構成成分の大きさを減少，細分化を行う分散混合に分類できる．プラスチックの成形では着色用顔料や，強化剤としての無機・有機繊維，各種機能性フィラーなどの副資材を添加することがよく行われる．このような材料の混練では分散混合作用の付与が重要である．

〔2〕混　合　度

単純混合の良さを示す混合度 M は規定された表示法はないが，不偏分散 σ^2 を用いるのが一般的で理解しやすい．混合物の任意の点から N 個の試料を採り，それぞれの中の着目成分濃度を c_i，試料濃度の平均値を $\bar{c}$ とすると

$$\sigma^2 = \frac{1}{N-1} \sum_{i=1}^{N} (c_i - \bar{c})^2 \tag{5.3}$$

混合が進んで着目成分の分布が一様になると σ^2 は減少するが，その値は混合比，すなわち $\bar{c}$ により異なるので完全混合状態のとき $\sigma^2 = \sigma_r^2$ として $M = \sigma^2/\sigma_r^2$ で混合度を表す．これが 1 に近いほど混合がよい．σ_r^2 は母集団の粒子数と N が十分大きいとき，各試料中の粒子数を n とすると，$\sigma_r^2 = \bar{c}(1-\bar{c})/n$ となる．

〔3〕条　痕　間　隙

プラスチックの溶融成形では $R_e \ll 1$ で，混合は層流状態でせん断，伸長変形，分流，位置交換により行われる．Mohr らは層流混合を条痕間隙 r により

解析した．図 5.6 のモデルにより体積 $V=LWH$，条痕により囲まれる総面積 $A=2nHW$ から，$r=2V/A$ を得る．これに図示のようなせん断ひずみ γ を与えると γ の増加とともに界面 A も増大し条痕間隙 r が減少する．図中に点線で囲った大きさの試料をランダムに採取したことを想定すると変形後の混合度 M は明らかに改善されているのがわかる．界面 A の増大はせん断の作用方向により変化する．界面に垂直なベクトルとせん断流れの方向との角度を α とすると，γ の値が十分大きいときは，変形前を $A=A_0$ とすると $A=A_0/\cos\alpha$ となる．$\alpha=90°$，すなわち界面がせん断流れに平行なときは混合は起こらない．

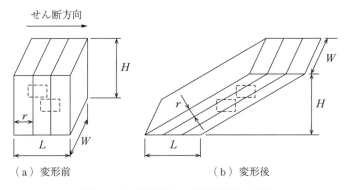

図 5.6 せん断変形による条痕間隙の変化

〔4〕 分 散 混 合

溶融体中の凝集体を破砕，細分化を行う分散混合のモデルとして流体中の二球ダンベルモデルがある（Tadmor の理論）．単純せん断流れの中に半径 r_1，r_2 の二球が隣接して一体となっているときに二球を分離する力が流体から働く．分離力は二球中心を結ぶ線が流れと 45°のとき最大となる．流体のニュートン粘度を μ，せん断速度 $\dot{\gamma}$，せん断応力 τ，分離力 $F_{\max}$ とすると

$$F_{\max} = 3\pi\mu\dot{\gamma}r_1r_2 = 3\pi\tau r_1 r_2 \tag{5.4}$$

二球の結合が破断分離する力を F_C とすると，$F_{\max} > F_C$ のとき分散混合が可能となる．流体が伸長流のときは二球中心線が流れと平行のとき最大となり，伸長ひずみ速度を $\dot{\varepsilon}$ とすると分離力 $F'_{\max}$ は次式で示される．

$$F'_{\max} = 6\pi\mu\dot{\varepsilon}r_1r_2 \tag{5.5}$$

$F'_{max} = 2F_{max}$，すなわち，伸長流はせん断流より分離混合上有利なことを示している．分散混合を有効に行うためにはF_{max}を大きくとることが必要で，粘度μが大きくなる低温条件のもと，高せん断速度で混練を行う工夫がなされている．また，分散相の粒径rが小さくなるとF_{max}は小さくなり分散混合は困難になる．

〔5〕 混合機および混練機

プラスチック成形材料用にも多くの種類がある．大別するとバッチ式，連続式，機械的可動部をもつものともたないものがある．**表5.2**に分類例を示す．

表5.2 各種混合（混練）装置

混合（混練）装置	用途	形式	
リボンブレンダー	①	バッチ	動力形
タンブルミキサー	①	バッチ	動力形
ヘンシェルミキサー	①	バッチ	動力形
バンバリーミキサー	②	バッチ	動力形
コンティニュアスミキサー	②	連続	動力形
コニーダー	②	連続	動力形
単軸スクリュー押出し機	③	連続	動力形
二軸スクリュー押出し機	②③	連続	動力形
スタティックミキサー	④	連続	静止形

① 粉粒体混合：図5.1④
② コンパウンド製造：図5.1⑤，⑥
③ 成形：図5.1⑪
④ 溶融体混合（特に押出し機と組合せ使用）

リボンブレンダーはリボン状かくはん翼が低速回転する方式でPVCの安定剤，可塑剤などの配合用に古くから利用されている．タンブルミキサーは容器回転形に分類され，容器形状によりV形，二重円錐形などがある．容器中に30～40％の材料を装入し容器回転により粉粒体の合一，分割を交互に繰り返す方式でカラーリングなどのマスターバッチの混合に用いられることが多い．

図5.7はバッチ式混合機であるヘンシェルミキサーまたはスーパーミキサー（高速ミキサー）でプラスチック材料の混合には最も広く利用されている．高速の回転翼により，粉粒体の摩擦発熱による添加剤の混合と吸収が促進され混合処理時間も短い．

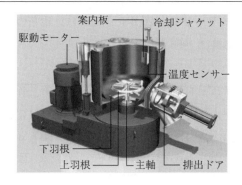

図5.7 高速ミキサー構造図[4]

5.2 射出成形

5.2.1 概　要

射出成形法は，成形材料を加熱溶融し，可塑化混練してあらかじめ閉じられた金型キャビティに，圧力をかけて射出充てんし，冷却（熱可塑性プラスチック），または加熱（熱硬化性プラスチック）固化して成形品を得る成形法である．金型に忠実に，精度高く，安定した成形品が得られることから，急成長し，エンジニアリングプラスチックや，それらの複合材料の登場とあいまって金属，窯業材料の代替はもちろん，プラスチックの特性が生かされた新規の機構，機能部品あるいは商品への適用が増えている．射出成形法の基本工程を図5.8に示す．

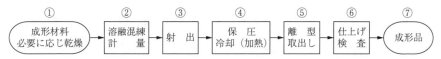

（注）工程④で熱可塑性材料では冷却固化，熱硬化性材料では加熱硬化させる

図5.8 射出成形工程

射出成形法の源流はかなり古く，1849年にドイツで生まれた非鉄金属の精密鋳造法であるダイカストにさかのぼることができるが，この技術がプラスチック材料に応用されたことが，1872年のアメリカ特許に見られ，実用化したという．

初期の可塑化機構はプランジャータイプで1926年に製造され，現在の主流をなすスクリュータイプの射出成形機は1956年に出現した[5]．

〔1〕 基 本 構 造

射出成形機の基本構成は，射出ユニットと型締めユニットからなり，作動方式は従来油圧式，および機械（トグル）式が主流であったが，最近では電動式が増加している．制御は電気により行われるのが一般的である．**図5.9**に射出成形機の外観を例示する．

図5.9 射出成形機

射出ユニットは原料を貯蔵し，供給するホッパーと，外部ヒーターで加熱，温度制御された加熱筒，およびスクリューからなり，スクリュー回転，射出，ノズル前後進により行われる．

型締め機構は，金型の開閉と射出時に型が開かないよう締め付ける装置で，油圧式，機械（トグル）式電動式，およびその組合せ式がある．油圧式では，高圧油を供給する油圧ユニットはポンプ，電動機，ハイドロブロック，流量，油圧，方向切換え制御バルブ，計器類から構成されている．また必要に応じて，窒素ガスを使用したアキュムレーターを油圧回路に設け，射出率の向上，設備電力の低減を図っている．近年油圧ユニットに代わって電動サーボモーターを採用した電動成形機が実用化され，省エネ，高速，高精度などの特長が評価されている．

電気制御は電源のほか，モーター制御回路，加熱ヒーター制御回路と温度調節計，動作制御のシーケンサー，（PLC）トランス，整流器などからなる．最近では，CRT，液晶，またはプラズマ表示によるテンキー入力方式を採用し，マイクロコンピューターが組み込まれ，成形条件の記憶，再設定機能，良否判

定機能，各種モニター機能，および成形条件のプリンター機能などをもち，FA 対応も可能となっている．

〔2〕 射出成形工程

射出成形法の一般的な成形工程を図 5.10 に示す．型締め，射出ユニット前

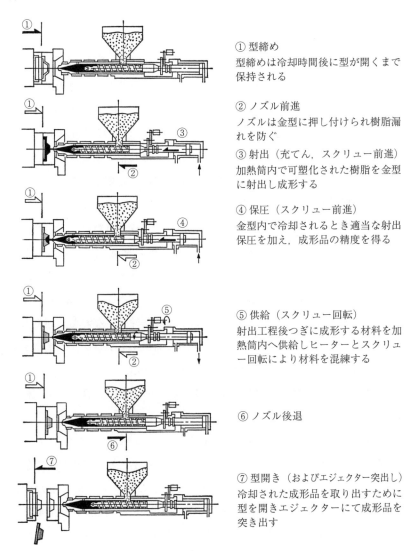

① 型締め
型締めは冷却時間後に型が開くまで保持される

② ノズル前進
ノズルは金型に押し付けられ樹脂漏れを防ぐ

③ 射出（充てん，スクリュー前進）
加熱筒内で可塑化された樹脂を金型に射出し成形する

④ 保圧（スクリュー前進）
金型内で冷却されるとき適当な射出保圧を加え，成形品の精度を得る

⑤ 供給（スクリュー回転）
射出工程後つぎに成形する材料を加熱筒内へ供給しヒーターとスクリュー回転により材料を混練する

⑥ ノズル後退

⑦ 型開き（およびエジェクター突出し）
冷却された成形品を取り出すために型を開きエジェクターにて成形品を突き出す

図 5.10 射出成形動作

進，ノズルが金型にタッチ，射出キャビティに材料を充てん，保圧をかけ材料の収縮を抑え寸法精度を保つ．つぎにスクリューを回転し材料を可塑化混練し，必要量を計量する．この工程は型内成形品の冷却完了まで行われる．ノズル後退後，冷却が完了すれば型を開き，エジェクターで成形品を突き出し，工程を完了する．

〔3〕 射出成形基本原理

まず，成形材料は加熱され，昇温すると，しだいに分子運動が活発となり，分子間隔が広がってついに流動を開始し，賦形性が得られる．この現象は，熱可塑性プラスチックにおいては，可逆的であって，冷却すれば再び固体に戻る．この過程で温度上昇とともに比容積は増大し，特に結晶性材料においては，融点においてその変化が大きく，冷却過程では収縮率も大きい．この原理に基づいて成形が行われることから可塑化工程が最も重要である．

（a）可塑化機構　精密成形品を安定して得るためには，成形材料の可塑化温度は一定で，かつ均一でなければならない．成形材料に与える熱エネルギーは外部ヒーターからの伝熱によるものと，せん断発熱によるものとがあり，いずれも不均一となる要素をもっている．外部ヒーターの制御は，PID（proportional integral differential）方式が信頼されている．せん断発熱はプラスチックの溶融物性，スクリューデザインと運転条件，すなわち，回転数，背圧に依存する．これらのエネルギーを総合的に補正するプログラム制御を必要とする．したがってスクリューデザインは重要である．

各種スクリューのデザイン例を図5.11（a）〜（g）に示したが，材料供給部（フィードゾーン），圧縮部（コンプレッションゾーン），計量部（メータリングゾーン）の三つに分けられる．

ここで，h_2/h_1を圧縮比と呼び，スクリューデザインの中で重要な数値の一つである．またL/Dは，スクリューの有効長さLとスクリュー径Dの比であり，P/Dはスクリューねじ溝のPピッチとスクリュー径Dの比である．そのほか，供給部（L_f），圧縮部（L_c），および計量部（L_m）の長さがそれぞれ何ピッチ分であるかなど，これらの数値は可塑化性能上重要である．なお，射

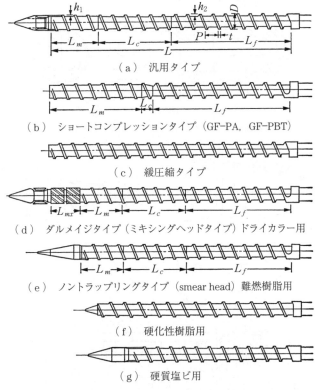

(a) 汎用タイプ

(b) ショートコンプレッションタイプ (GF-PA, GF-PBT)

(c) 緩圧縮タイプ

(d) ダルメイジタイプ (ミキシングヘッドタイプ) ドライカラー用

(e) ノントラップリングタイプ (smear head) 難燃樹脂用

(f) 硬化性樹脂用

(g) 硬質塩ビ用

D はスクリュー外径，P はスクリューピッチ，h_2 はフィードゾーンにおける溝深さ，h_1 はメータリングゾーンにおける溝深さ．

図 5.11 各種スクリューデザイン例

出ユニットでは可塑化混練と同時に計量が行われる．したがって，射出量を安定化させるために，スクリュー先端部の構造が重要となる．

図 5.12 (a) はバックフローリングタイプであり，図 (b) や図 (c) は硬質 PVC (poly vinyl chrolide) のように熱安定性が悪く，極度に滞留を嫌う樹脂の成形に用いられ，射出完了時のシリンダーヘッドとの間隙を極力少なくして残留樹脂量を最少にしたデザインとなっている．

可塑化溶融プロセスの理論解析は Tadmor[6] によって初めて行われた．その理論モデルを図 5.13 に示す．これは，スクリュー溝の断面において，溶融体

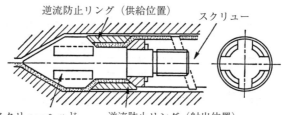

(a) 逆流防止リング機構（バックフローリングタイプ）

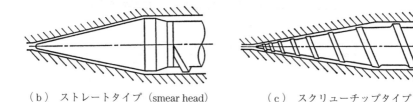

(b) ストレートタイプ（smear head）　　（c) スクリューチップタイプ

図 5.12 射出成形スクリュー先端形状

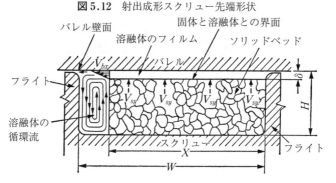

図 5.13 スクリュー溝内の溶融モデル

フィルム，溶融体プール，固体層の三つから形成され，溶融は固体層と溶融フィルムの界面のみで行われる．溶融体をニュートン流体とし，固体層はスクリュー溝内を押出し方向に流れるものと仮定し，理論解析が行われた．その後，多くの研究者らによって修正が行われている[7],[8]．

これらの可塑化工程を**図 5.14** に示す[9]．フィードゾーンでは，ホッパーから供給された材料が前方へ送られる．すなわち，固体輸送部（図（a））であり，ここで予熱，圧縮（図（b），（c））されながらコンプレッションゾーンへ送られる．ここでは溶融体プールを生成（図（d））しながら溝深さがしだ

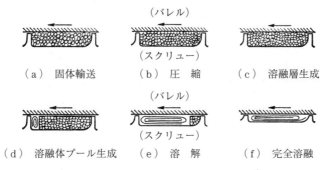

図5.14 スクリュー回転中の可塑化工程[9]

いに浅くなって，材料はせん断作用による自己発熱と外部加熱により溶融体プールを拡大（図（e））し，完全溶融（図（f））して，さらに樹脂圧を発生させて，メーターリングゾーンへ送られる．このゾーンでは溶融樹脂がさらに完全に混練され均一化が図られる．

（b） **混練作用**　成形材料の流動領域における流動状態を**図5.15**に示す[10]．推進流（dragflow）Q_1は，スクリュー回転に伴う輸送作用によるものである．反ノズル方向へ逆流する背圧流Q_2は，スクリュー山に直角な面における横の流れQ_3は，Q_1とQ_2との複合効果から生ずる結果であり，混練作用の主要な役割を果している．

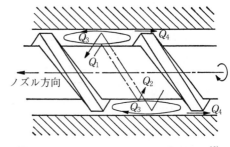

図5.15 スクリューシリンダー内の流れ[10]

漏洩流Q_4は，スクリューの山と加熱シリンダー壁の間隙に，Q_2と同一原因によって生ずる．これら4種類の流れが合成されて，流動している．熱はQ_3の流れにより伝達され，たえず置換された定常流となっているため，均一に保たれている．これらの原理に基づき，最近ではスクリューデザインが重要な役割を果すため研究も多い．

図5.11には各種目的に対応するスクリューデザイン例を示したが，バリア

形ミキシングスクリュー(**図5.16**)は混練効果があり,しかも材料の発熱が少なく,メタリング型に比べて,溶融材料の温度変動に与えるスクリュー回転数の依存性が少ないため,成形体品質にも好結果をもたらす。

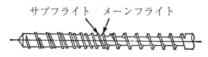

図5.16 スパイラルバリア形スクリューの例

図5.17は標準スクリューとサブライトを設けたバリア形スクリューについてスクリュー位置と樹脂温度の変化を調べたものである。これは,スクリュー回転により,先端部まで樹脂を供給させ,その後射出したときの樹脂温度を調べたもので,バリア形スクリューは標準スクリューに比べ温度変動が1/3以下に減少しており溶融樹脂温度が均一化されていることがわかる[11]。

〔4〕 射出成形の主要能力

射出成形機性能選択の基準となる,射出容量,可塑化能力,射出率,射出馬力,型締め力,ドライサイクルなどを**表5.3**に表す。

表5.3 射出成形機主要能力

主要項目	計算式	記 号
(a) 射出容量: V〔cm³/shot〕	$V = \pi/4 D^2 \cdot S \geqq (n \cdot W + R)/\rho$	D〔cm〕:スクリュー径 S〔cm〕:ストローク n〔個〕:取り数
(b) 射出重量: W〔g/shot〕	$W = V \cdot \rho \cdot \eta$	η:射出効率 R〔g〕:スプルー,ランナー重量
(c) 可塑化能力: T〔kgf·h⁻¹〕	$T \geqq (n \cdot W + R) N \cdot 0.75/1\,000$	ρ〔g·cm⁻³〕:溶融材料密度 N〔shot·h⁻¹〕:成形回数 t_i〔s〕:射出時間
(d) 射出率: I_r〔cm³·s⁻¹〕	$I_r = \pi/4 D^2 \cdot S/t_i$	f〔kgf〕:射出力 v〔m·s⁻¹〕:射出速度
(e) 射出馬力: P_i〔kW〕	$P_i = f \cdot v \cdot 0.009\,8$ $= I_r \cdot P \cdot 0.009\,8 \cdot 0.01$	D_D〔cm〕:油圧シリンダー直径 P_0〔kgf·cm⁻²〕:油圧 A〔cm²〕:全成形品投影面積
(f) 射出圧力: P〔kgf·cm⁻²〕	$P = 10^3 \cdot F/\dfrac{\pi}{4}D^2 = P_0 \cdot D_0^2/D^2$	P_m〔kgf·cm²〕:金型キャビティ内樹脂圧
(g) 型締め力: F〔kN〕	$F \geqq A \cdot P_c/1\,000$	t_1〔s〕:型閉め t_2〔s〕:型開き t_3〔s〕:ノズル前進
(h) ドライサイクル: t〔s〕	$t = t_1 + t_2 + t_3 + t_4 + t_5$	t_4〔s〕:ノズル後退 t_5〔s〕:切換えなどの時間

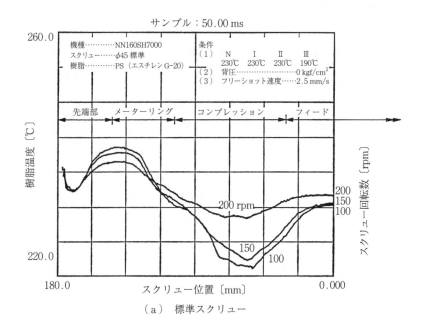

(a) 標準スクリュー

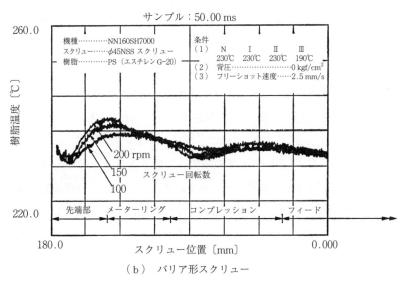

(b) バリア形スクリュー

図 5.17 射出時のノズル通過樹脂温度[19]

（a）**射出容量** 1ショットの最大量を示す値で，型締め力とともに射出成形機の能力を代表する主要数値である．

（b）**射出重量** 成形可能な最大重量とノズルから射出できる樹脂の最大重量の解釈がある．一般には後者の解釈がなされている．また，樹脂の種類としては一般にポリスチレン（GPPS）換算にて示される．

（c）**可塑化能力** 毎時どのくらいの量の成形材料を可塑化する能力をもつかを示し，一般にはドライサイクルと関係なく，能力を最大限に発揮したときの数値を表示する．したがって，実際に成形したときの値は，これより下回る．

$$可塑化能力 = \frac{消費できる樹脂（通常ポリスチレン）の量〔kg〕}{スクリューを連続的に回転した時間〔h〕}$$

（d）**射出率** ノズルから射出される樹脂の速度を示し，単位時間に流出する最大容積で表示する．

（e）**射出馬力** 射出力×射出速度，または射出率×射出圧力で示される．

（f）**射出圧力** 射出スクリューの端面において，樹脂に作用する単位面積当りの力（圧力）を射出圧力といい，全体の力の最大値を射出力という．

（g）**型締め力** 射出成形機の能力を表す主要数値の一つであり，成形可能な成形品最大投影面積を求めるのに必要な数値である．

（h）**ドライサイクル** 1サイクル運転動作時間の最小値をいう．実成形サイクルは（1）材料の溶融，（2）製品の冷却，固化，（3）機械の動作の三つの時間で決まる．

ドライサイクルは，（3）の金型の開閉，射出スクリューの前後進などの機械動作に関する速度性能を表す数値である．また，この値には理論値と実際値があり，両者の間に差が出るのは，各動作をつなぐ際に生じるリレーやバルブの切換えの遅れ，行程末端におけるショックをやわらげるための減速などの時間が含まれているためである．

なお，成形品投影面積と最低型締め力および国産機の射出容量と型締め力の関係を図5.18，図5.19に例示する．

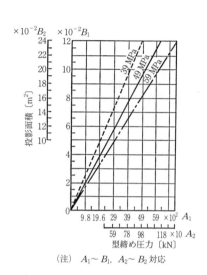

図 5.18 成形品投影面積と最低型締め力[12]

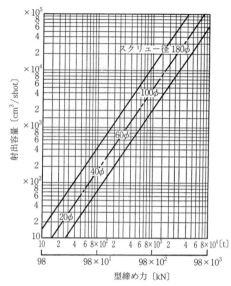

(1986年国内主要成形機メーカーカタログ値をプロットして作成)

図 5.19 射出容量対型締め力（国内機）[13),14)]

〔5〕成形条件

プラスチックの精密成形品を安定して得るためには射出成形機の性能と成形技術といった直接的な要因はもちろん，**図 5.20** に示すように原料，金型，付帯機器，評価技術など，たがいに関連し，適正な条件が整う必要がある．しかし基本的には寸法精度に関係する成形収縮率の原因となる比容積に与える温度，圧力をコントロールする必要がある．

比容積 V，圧力 P，絶対温度 T の間には，次式に示す Spencer ら[15)] の状態方程式が成立する．

$$(P+x)(V-\omega) = R_m T \tag{5.6}$$

ここで，x：ポリマーによって定まる定数〔kgf·cm^{-1}〕，ω：0°K における容積〔cm^2·g^{-1}〕，R_m：ガス定数である．

図 5.20 はこれを P-V-T の状態曲面上に表した種々な加工工程経路についての説明図である[16)]．ドイツの Battenfeld 社では，アーヘン工科大学・プラ

84   5. 各種成形方法

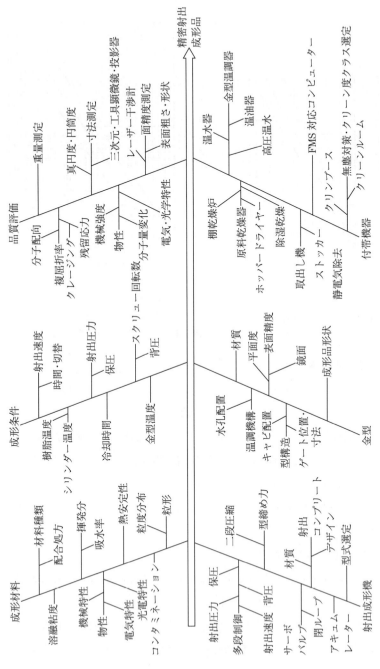

図 5.20 射出成形プロセス上の要因[16]

スチック研究所で，開発した P-V-T の技法を射出成形機に組み込むことに成功した．

図 5.21 に射出 1 ショットの成形サイクル曲線の一例を示す．

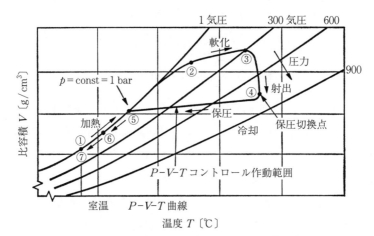

成形サイクルの P-V-T 曲線を示し，① は材料投入，①→② 加熱，②→③ 軟化，③→④ 射出，④→⑤ 保圧・凝固，⑤→⑥ 冷却・凝固，⑥→⑦ 型開き製品取出しとなる．

図 5.21 P-V-T 曲線と保圧コントロール

5.2.2 射出成形機

射出成形機を構成から見ると，〔1〕型締めユニット，〔2〕射出ユニット，〔3〕油圧制御ユニット，〔4〕電気制御ユニット，〔5〕ベッド，架台ユニットに分けることができる．

〔1〕 **型締めユニット**

型締めユニットは，金型を損傷することなく，なめらかに高速で金型開閉動作ができ，金型から製品を離型させる製品突出機構を備えていることが必要である．射出時には金型内平均樹脂圧が 300 〜 800 kgf/cm^2 に至る．この金型内樹脂圧でも，金型が開かないような安定した強固な型締め力を発生させ得るものでなければならない．図 5.22 〜 図 5.26 に現在使用されている型締め機構を示す．

図 5.22 は，直圧方式の型締め機構を示す．大きな油圧シリンダーに供給す

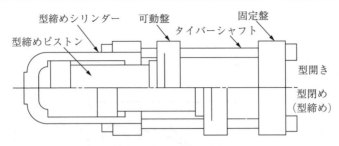

図 5.22 直圧方式型締め機構の概要

る油圧力により型締め力を制御するものである．金型厚さが変化しても容易に対応できる使い勝手の良さがポイントとなる．ただし，型開閉時に大量の油圧油を動かすため，これに対応した油量を入れるタンクが必要である．

図 5.23 にトグル方式の型締め機構を示す．トグルリンクの駆動による機械的な倍力機構である．金型厚さの変化に対応した型締め力調整が必要である．型開閉動作はリンクモーションによるため，高速性に優れている．

図 5.24 は，直圧方式の短所である大量の油圧油の動きを少なくすることと，機構の小型化を実現する方式を示した．図のように，可動板にハーフナットを

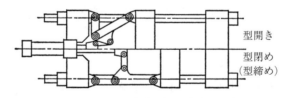

図 5.23 トグル方式型締め機構の概要

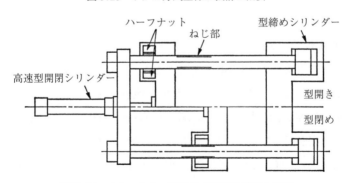

図 5.24 メカニカル＋直圧方式型締め機構の概要

備え，タイバーシャフトに加工されたねじと，ハーフナットをかみ合わせた状態とし，固定板に備えたシリンダー部で，ピストン状のタイバーシャフトを引張強力型締めを行うものである．直圧型締め方式のメリットを生かし，機構の小型軽量化と，油圧作動油量の低減を実現するもので，大型機に適用されることが多い．

図 5.25 は，油圧システムを使わずに電動機による直接制御方式の電動式である．ボールねじを使用し回転運動を直線運動に変換し，トグルあるいはねじを利用した機械的倍力機構としている．この方式は，省エネ，高速高精度成形が可能といわれる．

図 5.26 は電動式と油圧式を組み合わせた複合型締めユニットで，作動は電動制御，圧力制御は油圧制御を採用している．

図 5.25 電動式トグル型締め機構

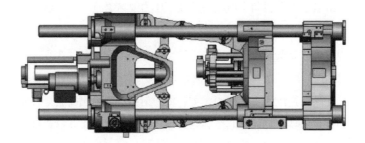

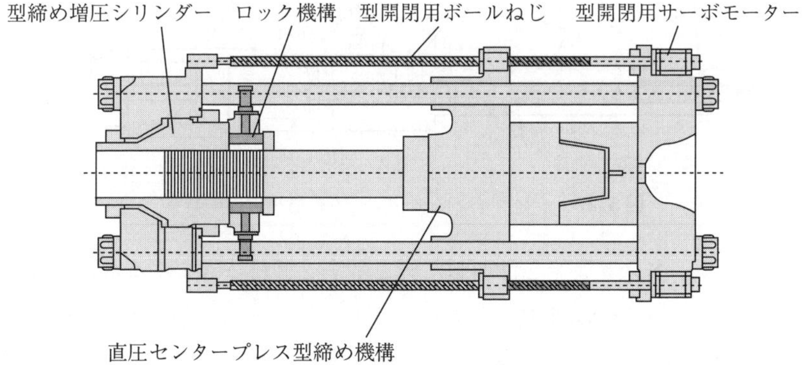

図 5.26 電動＋油圧式型締め機構の概要

〔2〕 射出ユニット

射出ユニットは，プラスチックを射出充てんできる流動状態にし，製品形状，金型構造などに適合した射出充てん工程を安定して，再現性よく制御できることが必要である．現在使用されている射出成形機の多くは，インラインスクリュー方式の射出機構である．スクリューの回転運動によりプラスチックを移送し，この過程で加熱シリンダー（バレル）からの熱と移送に伴う摩擦熱，せん断発熱によりプラスチックは可塑化溶融する．溶融した樹脂は，スクリューから押し出され，この樹脂圧によりスクリューは後退し，スクリュー前側に計量チャージされる．この工程で，スクリューの自由後退の防止と樹脂可塑化状態を均一にする目的で，スクリューに背圧を加え，この背圧を制御する．これが計量工程である．

つぎに，計量された樹脂を所定の速度，圧力でスクリューを前進させ，金型に樹脂を流動充てんさせる．このように射出機構はスクリューの回転運動と，往復運動の繰返しを安定して効率よく行えるものでなければならない．

図 5.27 に示すように，射出成形機のスクリューは，押出し機のスクリューと異なり，先端に逆流防止弁がついていて，射出時の射出樹脂量の安定と，射出樹脂圧の確保維持を可能としている．プラスチックにより材料供給，可塑化機能に付加機能を求める場合がある．これに関して二，三の例を示す．

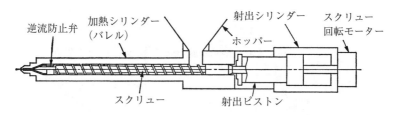

図 5.27　インラインスクリュー方式射出機構の概要

図 5.28 は，ベント機能を付加した例を示す．材料に含まれる水分，残留モノマーなどは，成形品表面にシルバーストリークなどの欠落を生じやすくしたり，金型にペースト状の残留物となり成形不良の原因となることが多い．ベン

5.2 射出成形

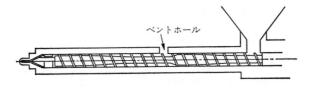

図 5.28 ベント方式の射出機構（加熱シリンダー部）

ト方式とすることにより，可塑化溶融時に発生する揮発分を除去することができるため，良好な成形を継続することが可能となる．

図 5.29 は，粘土状の材料の場合を示す．ペレット状の場合と異なり，自重落下によるスクリューへの供給は不可能であるため，スクリューへの加圧供給方式が必要となる．湿式 BMC の場合は必要条件である．そのほか，ゴム成形の場合，材料がリボン状のことが多く，これに対応した供給装置およびスクリュー，加熱シリンダー（バレル）の形状に特徴がある場合が多い．

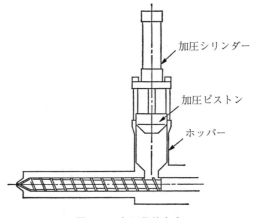

図 5.29 加圧供給方式

〔3〕 **油圧制御ユニット**

油圧制御システムには，効率の良さと，安定性，再現性など制御特性の良さが求められる．図 5.30 ～図 5.35 に例を示す．

図 5.30 は，基本的な考え方に基づくもので，流量制御，圧力制御ともに手動操作弁とし，ポンプは固定吐出量ポンプである．手動操作弁は，設定の再現性の確保も困難である．効率面を見ると，ポンプ吐出量を Q_0，リリーフ弁設定圧を P_0，制御流量を

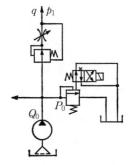

図 5.30 油圧制御システム（Ⅰ）

q, 負荷圧を p_1 とすると, 有効エネルギーは $q \times p_1$ となる. ポンプ吐出エネルギー (全動力) は, $Q_0 \times P_0$ となる. これから無効エネルギー (無効動力) は $Q_0 \times P_0 - q \times p_1$ となる. 制御流量が小さくなるほど無効エネルギーが大きくなる.

図 5.31 は, 流量制御弁と圧力制御弁および比例電磁制御弁を採り入れ, 設定の再現性を確保しているが, 効率的には図 5.30 とほとんど変わらない.

図 5.32 も, 流動制御, 圧力制御ともに比例電磁制御弁を用い, 設定の再現性を確保している. 効率的には, 無効エネルギーが $(Q_0 - q) \times p_1 + Q_0 \times \Delta p$ となる. 制御油量の範囲が狭く, ポンプ吐出量が小さい場合はこの回路でも効果を得やすい. 逆に, ポンプ吐出量が大きい場合は, つぎに述べるものがよい.

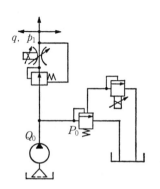 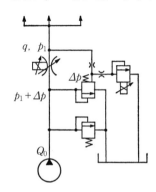

図 5.31　油圧制御システム (II)　　図 5.32　油圧制御システム (II')

図 5.33 は, 固定吐出ポンプにアキュムレーターを備え, つねに所定範囲の圧油を蓄圧しておき, 比例電磁制御弁, 圧力制御弁で流量および圧力を制御する回路である. この回路での無効エネルギーは, $q \times P_0 + (Q_0 - q) \times p_1 - q \times p_1$ となる. ここで p_1 は, リリーフ弁のアンロード圧である. この圧力を $p_1 = 0$ とすれば, 無効エネルギーは $q \times (P_0 - p_1)$ となる. 負荷圧が大きい場合は無効エネルギーが小さくなる. 図 5.33 のシステムで可変吐出ポンプを用いた回路もある. 流量, 圧力ともに比例電磁制御弁を用いている. 操作性については上記と変わらない.

図 5.34 は, 可変吐出ポンプを用いた回路である. 前例と異なるは無効エネルギーがきわめて小さいことであり, $q \times \Delta p$ である. ここで Δp は, 流量制

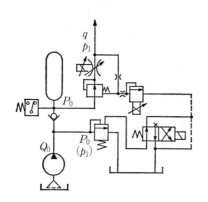
図5.33 油圧制御システム（Ⅲ）

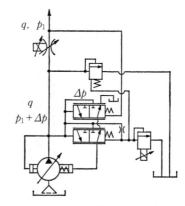
図5.34 油圧制御システム（Ⅳ）

表5.4 制御回路による効率比較

	（Ⅰ）	（Ⅱ）	（Ⅲ）	（Ⅳ）
全動力	$Q_0 \times P_0$	$Q_0 \times (p_1 \times \Delta p)$	$q \times P_0$	$q \times (p_1 \times \Delta p)$
有効動力	$q \times p_1$	$q \times p_1$	$q \times p_1$	$q \times p_1$
無効動力	$Q_0 \times P_0 - q \times p_1$	$(Q_0 - q) \times p_1 + Q_0 \times \Delta p$	$q \times (P_0 \times p_1)$	$q \times \Delta p$
評　価	×	△	△	○

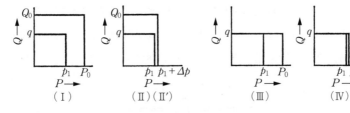

補償差圧である．これらを系統的にまとめると，表5.4のようになる．

以上のように，回路により効率は大きな違いが生じる．一方，圧力・流量制御に比例電磁制御弁を用いることにより，それぞれ一つの制御弁で，順次動作する多くのアクチュエーターの速度制御，圧力制御が可能になり経済的なシステムとすることができる．

射出工程の安定性，再現性を確保することを目的として，サーボ弁を用いてクローズドループ制御を採用している射出成形機がある．図5.35に一例を示す．射出シリンダー油圧，スクリュー前進速度をフィードバックし，指令値と

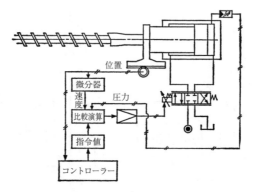

図5.35 射出クローズドループ制御の概要

比較演算して,指令値となるように制御するもので,外乱があっても,射出速度,圧力の安定性,再現性を確保できるものである.

〔4〕 **電気制御ユニット**

射出成形機の電気制御は,マイクロコンピューターを用いたコントローラーが多く使用されている.このコントローラーは,無接点化されたことによる長寿命化と,制御性の向上および数値(データ)を容易に扱えること,これに伴い,モニター機能,自己診断機能が付加されたことが大きな特徴といえる.

図5.36に構成の一例を示す.図中アナログ部は,前述の油圧制御部の比例電磁制御弁などの制御用である.DI/Oは射出成形機のスイッチの入力,油圧

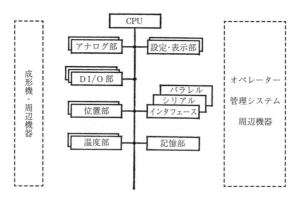

図5.36 コントローラーの構成

制御の電磁弁への出力などの信号を扱うものである．位置部は射出スクリューなどの位置を検出するものである．温度部は加熱シリンダーなどの温度制御を扱うものである．これらは成形機を制御するために不可欠のものである．また，成形機を所定の動作をさせるため，オペレーターが制御パラメーターを設定したり，動作状況を確認するための部分が設定・表示部である．マン・マシンインターフェイス部として操作性を評価する上で重要なものである．

　成形工場の FA 化，FMS 化など工場の合理化，あるいは管理の合理化を進める上で，射出成形機をコンピューターネットワークにつなげたり，管理機器，計測機器とつなげるための各種インターフェイスが必要である．射出成形品に求められるコスト，品質を実現するために成形技術の重要性がますます高まっている．成形技術を高めるために，成形を計測し，数値化することは必要条件である．成形の計測，数値化のために，コントローラーの位置づけはますます高まっている．

〔5〕 ベッド・架台ユニット

　ベッド・架台ユニットは，型締めユニット，射出ユニットをその機能，性能をよりよく実現できるように支え，油圧制御ユニット，電気制御ユニットを格納するものである．

　以上のように射出成形機を各ユニットに分けて，その特徴的な点について述べた．ここで全般的な要点をまとめると，(1)～(3)となる．

(1) 状態，動作が毎サイクル安定し，再現性があること．

　　射出成形が可塑化→溶融→流動→充てん→保圧・冷却→取出しというサイクルから成り立っており，工程の状態，動作が十分再現性が確保されていなければ，良好な製品が連続して得ることができない．

(2) 安定した動作，再現性ある動作を実現するためには，効率のよいシステムでなければならない．

　　無効エネルギーの多くは熱になり，系の安定性を乱す要因になる．また，機械，システムの寿命を短くする．再現性を確保しにくくなる．

（3） 成形状態, 動作を数値化できること.

管理の原点は数値化である. FA 化, FMS 化を実現するためにも品質管理が実現できて初めて成立するものである.

つぎに, 射出成形機を成形技術的な角度から概観する.

〔1〕 **型締めユニットと射出ユニットの配置**

図 5.37 に示すように型締め機構のセンターと射出機構のセンターが一致しているものがある. 汎用射出成形機のほとんどがこの配置であり, 金型はセンターにスプルブッシュがある.

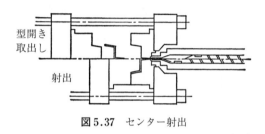

図 5.37 センター射出

また, 図 5.38 に示すように型締め機構のセンターと射出機構のセンターとが直交しているものがある. 縦形成形機などに見られる. 金型はパーティング部にスプルブッシュ相当の機能をもたせたものである. 製品によっては, 金型構造が簡便になったり, ランナー長が短くできる場合がある. 横形型締め機構上部に射出機構を配置することにより機械の床占有面積を小さくし得る.

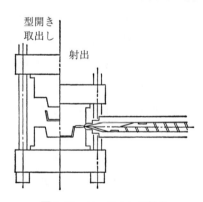

図 5.38 パーティング射出

〔2〕 複数の金型に順次射出充てん

熱硬化性などの反応タイプの樹脂の成形では，樹脂を金型に射出充てん後，樹脂の特性を得るまで反応させる長い時間が必要である．この間射出装置はなにも仕事をしていないだけでなく，樹脂を加熱シリンダー内に滞留させた状態となり，材料にとっても良好なこととはいえない．この不合理をなくすために複数の金型に順次射出充てんし，回転方式の型締め機構と射出機構の組合せとする方式がとられている（図5.39）．

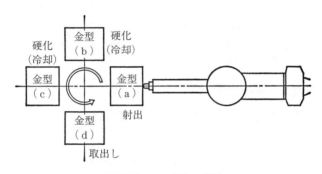

図5.39 ロータリー成形

〔3〕 二材・二色成形

成形品の機能の実現，意匠の充実のために，1工程で成形するものである．図5.40は，2基の射出装置と一次成形型と二次成形型を対に取り付け，一次成形した成形体をつけた移動形を180°回転し二次成形用固定形に型締めし成形できるようにしたものである．型締め動作からすれば，2サイクルで一つの成形品が得られるものである．連続成形においては，一次成形と二次成形が同時に行われるため型開き動作ごとに成形品は得られる．図5.41には，金型の中に可動コアがあり，このコアの移動によって一次キャビティと二次キャビティを作り出している．2基の射出装置は，順次動作を行う．

この2方式はそれぞれ特徴があり，製品形状や機能を考慮した上で使い分ける必要がある．

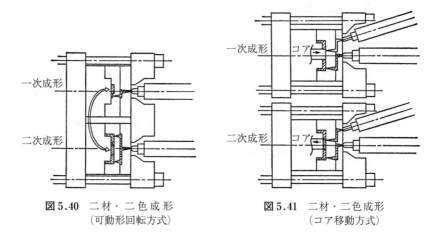

図5.40 二材・二色成形
(可動形回転方式)

図5.41 二材・二色成形
(コア移動方式)

〔4〕 二層成形，多層成形

　サンドイッチ成形と呼ばれる方式である．図5.42に示すように，2基の射出装置を一つのノズルブロックでまとめ，それぞれの樹脂をノズル先端近傍で合流し得る機構とし，それぞれの射出装置の射出開始タイミングを制御することにより，スキン層と中心層を流れる樹脂を制御することによりサンドイッチ状の成形品を得ることができる．

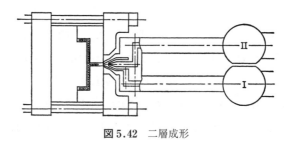

図5.42 二層成形

〔5〕 インジェクションブロー成形

　中空容器の成形品を作る場合に用いる．射出成形でパリソンと呼ばれる成形体を作り，ブロー金型でパリソンに圧空を吹き込み中空容器とするものである．この技術は，中空容器作りに限らず薄肉成形品や，大形成形品を小さな型締め力の成形機で作るなど，いろいろな発展要素を含んだものとして考えるこ

とができる．技術的には，圧空を吹き込んだときに良好な状態で膨らませることができる樹脂状態を見出すことに要点がある（**図5.43**）．

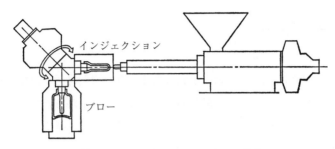

図5.43 インジェクションブロー成形

〔6〕 **射出圧縮成形**

射出圧縮成形は，ひずみの少ない転写性の良い成形品を得ようとする場合と，ゲートからの流動距離が長く，末端まで流そうとすると流動圧が高くなり，必然的に型締め力を大きくする必要が生じ，その代替方式として適用される場合とがある．

射出圧縮成形には，① あらかじめ圧縮距離分だけ型を開いた状態のところに射出し，しかるのち圧縮する方式，② わずかな力で型締めした金型に射出し，金型内圧が高まり，型締め力を上まわる力になったら金型が開き，射出完了の後に強力型締めを行い圧縮を行う方式の二つの方式に分けて考えることができる．製品要求特性を考え，いずれが適しているか検討することが必要である．**図5.44**に一例を示す．

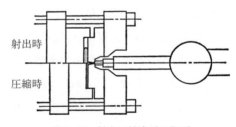

図5.44 射出圧縮成形の概要

このほかにも，成形材料から見るといろいろな成形機，成形法が考えられるが，ここでは実用度が高く，成形機として汎用的なものと異なる例を示した．セラミック成形機，プラスチックマグネット成形機などが実用化されている

が，成形法として特別なものではない．汎用的な成形機に機能あるいは性能を付加したもので，特に成形機として著しい差異は見あたらない．

5.2.3 製品，金型設計
〔1〕 概　　　要

プラスチックの射出成形では，溶融可塑化された樹脂材料がかなり長い距離を急速に流動するプロセスが特徴である．この流動が乱れると，材料内に種々の不整が生じ，機械的性質の低下や変形，寸法安定性が不確実となるなどの性能低下が生じる．

したがって，製品設計にあたってはそれがどのような形状であっても，その樹脂材料が円滑に流れるように手を加えなければならない．また，金型の設計にあたっても，流動を円滑にする金型内の配置，材料注入の位置，金型の温度調節機構などは最も重要であり，注意しなければならない．ただし流動状況は，熱可塑性プラスチックと熱硬化性プラスチックとはかなり異なっているので製品の形状や，金型温度調節機構は違ってくる．

〔2〕 製品の設計

製品の設計には通常の製品設計のように機能形状，強度，寸法精度，価格設計の各段階があるが，構成材料がプラスチックで，かつ価格設計の面から射出成形法が採用されると，材料の選定と形状の設計に特徴が現れる．

（a） **材料の選定**　　成形品の機能設計により，必要な物性が設定されるので，この使用目的に沿う物性を備えた材料を選定する．この場合，剛性，熱変形温度などの初期特性がまず重要であるが，プラスチック特有の使用環境（周辺温度，紫外線，接触物質など）に対する耐久性および時間経過に対する変化（クリープ変形，寸法の変動，応力緩和など）も考慮しなければならない[17]．

つぎに問題となるのは成形加工性で，ほぼ同じ特性をもつ材料が複数個ある場合は，流動性の良い材料を優先する．これが悪いと流動線が乱れ，残留ひずみにより実際上の機械的特性の低下を招き，方向による差異を大きくする．また，成形条件（溶融温度，流動速度など）に対する感受性はにぶいほうが実際

の生産にあたって不良品を出す割合が少ない．これは一般の射出成形機では樹脂材料の実際温度を測定，調節していないため，周囲条件，成形機が変わると，同一成形条件の再現性が落ちるためである．

さらに，材料価格の面で，当然安価であるほうが製品のプラスチック化の目的にかなうものであるが，注意しなければならないことは容積価格であって重量価格ではないことである．

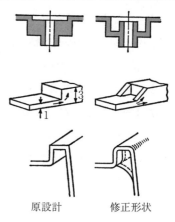

図 5.45 流動対策の必要な形状

（b） **形状の設計**　形状の基本はもちろん所要の形状機能を満足させるものであるが，非常に難しい形状，あるいはそのままで成形すると強度が部分的に低下する形状については変更しなければならない．これらの形状と，その対策を図 5.45 に示す．いずれも成形材料の流動が円滑となり，材料内圧が急激に下降することがなくなった．

また，特殊な形状（アンダーカット，穴など）は，金型構造に複雑な機構を必要としたり，複雑な機構実現のために面倒な加工法が採用されるなどにより，初期の金型価格を上昇させる．また金型部品の構造によっては破損が起こりやすく保守に費用がかかるなどで，成形品価格を押し上げることになる．図 5.46 に金型構造対策の必要な形状の一例を示す．

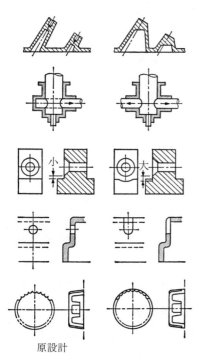

図 5.46 金型構造対策の必要な形状

〔3〕 金型の設計

射出成形用金型の基本構成は，① 溶融成形材料の供給通路（ランナー，ゲート），② 成形品の輪郭形成部（キャビティ，コア），③ 金型温度調節機構，④ 成形製品の離型機構（突出し機構），⑤ 金型取付け機構からなっている．**図5.47** はその標準構造の金型である．金型の開閉する部分が一平面のみであるので，成形品輪郭部への材料の流入口（ゲート）の位置は成形品の側面に限定される．大きな成形品では成形材料の流動上，不都合が生じ，成形品の中央部にゲートを設けることがある．

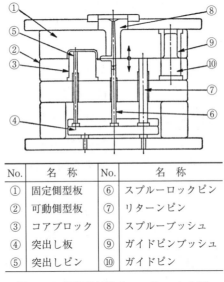

No.	名　称	No.	名　称
①	固定側型板	⑥	スプルーロックピン
②	可動側型板	⑦	リターンピン
③	コアブロック	⑧	スプルーブッシュ
④	突出し板	⑨	ガイドピンブッシュ
⑤	突出しピン	⑩	ガイドピン

図5.47 標準形金型（ツープレート金型）

これに対応するのが**図5.48**のスリープレート金型で，金型の開閉面は2平面となり第一平面から成形品，第二平面からランナーを取り出す．ランナーを取り出すむだをやめ，その成形材料を次回の成形に使用すべく溶融状態に加温しておく構造のものが，ホットランナー金型（**図5.49**）である．

成形品に避けられないアンダーカットがあると，輪郭形成部の構造は複雑となる．

5.2 射出成形

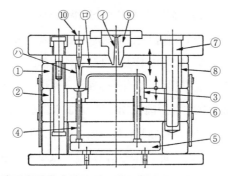

No.	名称	No.	名称
①	固定側型板	⑥	突出しピン
②	可動側型板	⑦	ガイドピン
③	コアブロック	⑧	ガイドピンブッシュ
④	ランナー突出しピン	⑨	スプルーブッシュ
⑤	突出し板	⑩	ランナーロックピン
イ	スプルー	ハ	二次スプルー
ロ	ランナー		

図 5.48 スリープレート金型

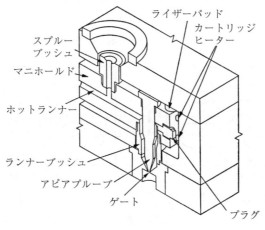

図 5.49 ホットランナー金型[18]

射出成形用金型の価格は高価で，成形品の取り数により大きく変わるので，どのような取り数とするかは金型償却，ひいては成形品の価格設定に重要であ

る．**図5.50**は成形品の取り個数と成形の合計費用を対比したものである．

金型での成形品の最適取り個数と，輪郭形成部の基本構造が定まると，その配置を決めることになる．射出成形法では輪郭作成部内での樹脂圧力が高いのでバランスよく配置する．特にいくつかの異なった投影面積をもつ成形品の組合せ（ファミリー成形）では，**図5.51**に示すように金型の横断面をX軸，Y軸と分けたとき，それぞれ左右等しい投影圧モーメントをもつようにすることが絶対に必要である．また，同一形状の成形品では単純に左右対称となる．

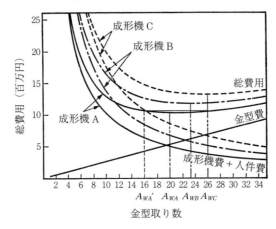

図5.50 金型での成形品取り数と総費用[19]

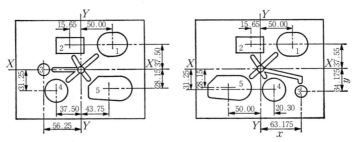

（a）調節前（右半分，下半分大）　　（b）調節後（寸法の決定）

図5.51 金型での成形品の配置（数字は軸と面心との距離）

同一品質の成形品を得るためには各輪郭成形部にできるだけ同一条件で溶融材料を流入させなければならないので，その前過程でのランナーゲート部で均衡を保つ必要がある．これが**図5.52**に示すランナーゲートバランスである．

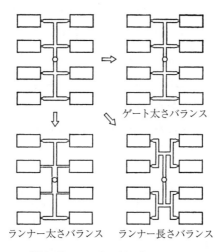

図 5.52 ランナーゲートバランス

輪郭形成部には急速に溶融材料が流入するので，内部の空気に逃げ場を与えないと断熱圧縮により高温度となり成形材料を焼け焦がすことがある．この逃げ道はガス抜き溝と呼ばれ，**図 5.53** のように設ける．成形材料の射出速度がそれほど速くなかった時代では材料の焼け焦げの状態を見て，焼け発生点の近傍に後加工したが，成形品の品質向上のため射出速度が増大してくると，後加工程度では十分の断面積を確保できず，金型設計の当初から十分の断面積がとれるよう計画しておく．ガス抜き溝は深さを大きくするとその部分にバリが発生するので，深さは浅く投影面積は大きくしなければならず，後の設置は難しい．

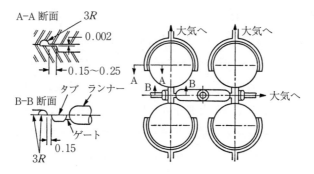

図 5.53 ガス抜き溝の構造[20]

熱可塑性材料の射出成形では材料の固化のために金型を冷却する．冷却による粘度増加はプラスチック材料のすみやかな移動を阻害し，内部残留応力や寸法変化を引き起こすため，金型内の温度分布を十分考慮した冷却媒体管路を備えることが重要である．**図 5.54** は冷却管路の不備による輪郭作成部への流入状況のアンバランスとその修正状況を示す．

成形工程の最終段階は製品を金型から取り出す作業で，成形品にひずみを残さないような配慮が必要である．

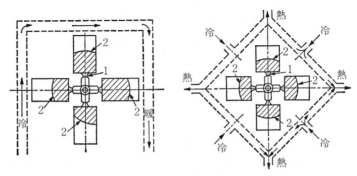

1：ゲート（断面，形状ともすべてのゲートは同じ）　2：流動前線
図 5.54　キャビティ流入状況への金型温度の影響[21]

5.3　押出し成形

5.3.1　概　　　要

押出し成形は，熱可塑性プラスチックを押出し成形機のバレル（シリンダー）からの外部加熱とバレル内部で回転するスクリューによるせん断発熱によって溶融と混練を与え，目的とする製品に成形する操作である．射出成形機やブロー成形機のような金型成形と異なり，押出し成形機による成形は，パイプ，ロッド，フィルム・シート，電線・ケーブル，異形品（プロファイル），モノフィラメント，繊維などいろいろな断面形状をもつ長尺品の成形である．

5.3 押出し成形

　このような押出し成形装置としてのスクリュー押出し成形機は，まず大洋横断海底ケーブル成形装置として1860年代の後半から1880年代の前半にかけて開発，実用化された．しかし，スクリュー押出し成形機が現在見られるような形をとりはじめたのは1940〜1946年ごろである．

　その後，プラスチック材料の用途が拡大しはじめた1955〜1965年ごろにはスクリュー設計も進歩し，減速機，スラスト軸受部などにも機械的改良が加えられ，バレル温度制御精度向上の工夫も進み，スクリュー，バレルの寿命を延長するための材質の研究も活発になった．この時期の1959年に日本最初のプラスチック用スクリュー押出し成形機がアメリカのNRM社から輸入され，わが国におけるプラスチック押出し成形の技術が大きく展開を見せはじめた．1960年代の後半から1970年代にかけて，スクリューの長大化，大口径化，高速化の方向がプラスチック材料の需要の伸びとともに要請され，機械台数が伸びるとともに標準化も進み，また高能率のための技術開発が数多く行われた．

　1970年代後半から1980年代にかけては「量よりも質」重点の方向が指向され，この年代の特徴を形成する技術はいくつもある．中でも著しい進歩を遂げてきたエレクトロニクスの応用によってスクリュー押出し成形機の計装が飛躍的に進歩し，スクリュー，バレルの温度制御精度の向上，マイクロプロセッサーを用いたモニタリングや制御など自動化レベルの向上が実現されはじめたことである．1990年代には，多層の押出し成形，いわゆるコエクストリュージョン技術や，押出し機内でプラスチックの反応を行うリアクティブプロセッシングが著しい発展を見せ，2000年代に入ると木材とプラスチックの複合体であるWPC（wood plastic composite）の押出し成形品の製品化が相次ぎ，超臨界発泡押出し成形が実用化された．2010年代に入ると90年代後半から研究が進められていたナノフィラーのコンポジット技術はさらに精度を上げ，カーボンナノチューブやセルロースナノファイバーなどをフィラーとしてプラスチックに添加した押出し成形は，実用化に向けて応用が進められるようになった．

5.3.2 成形機

スクリュー押出し成形機の主流をなすものは単軸スクリュー押出し成形機であるが，PVC成形や材料混練押出し機として二軸スクリュー押出し機の用途も広い．その他特殊な押出し機としては二軸以上の多軸スクリュー押出し機や単軸／単軸，二軸／単軸，二軸／二軸などの組合せ形二段スクリュー押出し機が混練押出し機（混練・造粒押出し機）やブロー成形用押出し成形機，発泡成形用押出し機として用いられている．

図5.55に示すような二軸スクリューには押出し成形機，混練押出し・造粒機など用途に応じて多くのスクリュー設計がある．特に押出し成形用としては

（1） スクリューがかみ合っていないもの
（2） スクリューがかみ合う同方向回転式
（3） スクリューがかみ合う異方向回転式

に大きく分けることができる．

図5.55 二軸スクリューの例[22]

そのほか，圧縮比を与える方式として円錐形スクリューのように外径を変化させるものやフライトの幅を変えるものなどがあるが，一般にはスクリューピッチやかみ合せの程度を変化させる方法である．通常，スクリューは5～6個の部分に分けられ，各部分はピッチとフライト数が異なる設計をとっている．混練押出し・造粒用としては，スクリューエレメントや混練ディスクを組み込んだかみ合せ形同方向あるいは異方向回転式二軸スクリューとして，複合材料，エンジニアリングプラスチックやポリマーアロイなどの混練押出し・造粒機として広く普及している．

5.3.3 押出し成形の理論的解析

ここでは単軸スクリュー押出し成形について取り上げる．スクリュー押出し成形の溶融体流動の理論的解析については，ニュートン流体としての取扱いが1952年にJ. F. Carleyら（du Pont社）の研究陣によって行われ，スイスのC. Maillefer も同時期に類似の提案を行っている．また非ニュートン流体としての取扱いも1954年から1959年にかけてさまざまな解析が試みられた．その後1966年にZ. Tadmorら（Western Electric社）によって相遷移部つまり固体から溶融体に移る溶融モデルの理論的解析が行われた[23]．

図5.56の概念図に示すように押出し成形スクリューは，固体輸送部（フィード部），圧縮部，メタリング部（主として溶融体輸送部）に分けることができる．Tadmorらはこのような各部におけるスクリュー溝内の実験的研究に基づく溶融機構の定性的解析結果を基礎として数学モデルを組み上げ，コンピューターを用いて押出し成形のシミュレーションを試みた．スクリュー溝における溶融モデルとしては，**図5.57**に示すようにTadmorらのモデル（a）のほかに，Dekker-Lindtらのモデル（b）がある．このLindtらのモデルの仮定の中のおもなものとしては

（1） 固体層はスクリュー横断面に関して変形しない．

（2） 固体層の全周に溶融体フィルムが形成され，固体層は完全に溶融体層によって包まれている．

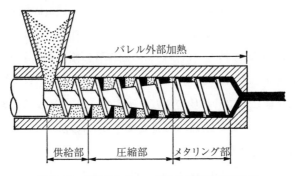

図5.56　単軸スクリュー押出し成形機の概念図

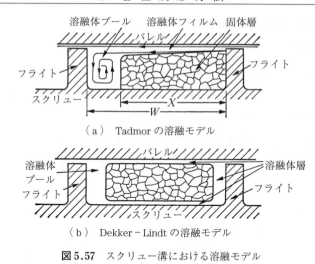

（a） Tadmor の溶融モデル

（b） Dekker‒Lindt の溶融モデル

図5.57　スクリュー溝における溶融モデル

（3） 各溶融体層の厚みはスクリュー溝断面方向について変化せず一定である．というものであるが，このモデルは溶融の初期よりも溶融がかなり進行した時点でよく適合する．

ここでは Tadmor らの溶融モデルについて説明する．固体材料は最初連続した固体層として圧縮され，そこで溶融は加熱されたバレル内壁面で起こり溶融体フィルムが形成される．この溶融体はスクリューフライトによってかき取られ，そのフライトの前の部分に蓄積され溶融体プールと呼ばれる位置を占める．このようにして固体層の幅は連続的に変化していくもので，Tadmor らはこの固体層の幅の推移を固体層分布としてスクリュー設計評価の一つの基準にとっている．

図5.58 にスクリュー軸方向についての固体層の幅の変化をスクリュー径 ϕ 65 mm，スクリュー $L/D=26$ で，LDPE（低密度ポリエチレン）の押出し実験における実測値と理論計算値の比較を示す[22),24)]．このような数学モデルの誘導についてはいくつかの展望・解説論文[22)]があるが，ここで固体層分布を中心にその要点を述べる．

スクリュー溝のある断面における固体層の幅を考えると，定常状態において

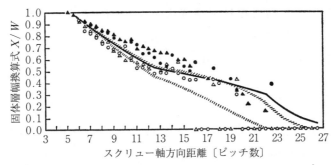

$$\begin{pmatrix}\text{下方破線はニュートン流体モデル,上方破線はフライトクリ}\\ \text{アランスと曲率の効果を無視した場合の,そして実践はこの}\\ \text{効果を考慮した場合の非ニュートン流体モデル}\end{pmatrix}$$

図 5.58 固体層分布の理論計算値と実測値 [24)]
$$\begin{pmatrix}\text{バレル温度 260 ℃,スクリュー回転数 60 rpm,押出し}\\ \text{圧力 211 kg/cm}^2\text{,押出し量 54 kg/h}\end{pmatrix}$$

スクリュー溝の単位長さ当り単位時間に界面へ流入する質量は,溶融体フィルムから牽引流れによって溶融体プールへ運び去られる質量に等しい.スクリュー溝方向の単位長さ当りの溶融速度を ω で表すと

$$\omega = V_{sy}\rho_s X = \frac{V_{bz}}{2}\rho_m \delta \tag{5.7}$$

で示すことができる.ここで, V_{sy} はスクリューの溝径方向 y 方向の運動速度, ρ_s は固体材料の密度, X は固体層の幅, V_{bz} はバレルのスクリュー溝方向 (z 方向)の運動速度, ρ_m は溶融体の密度, δ は溶融体フィルムの厚みである.

この溶融体フィルムの厚みと溶融速度は,つぎのように表すことができる.

$$\delta = \left\{\frac{[2k_m(T_b-T_m)+\mu V_j^2]X}{V_{bx}\rho_m[C_s(T_m-T_s)+\lambda]}\right\}^{\frac{1}{2}} \tag{5.8}$$

$$\omega = \left\{\frac{V_{bx}\rho_m\left[k_m(T_b-T_m)+\frac{\mu}{2}V_j^2\right]X}{2[C_s(T_m-T_s)+\lambda]}\right\}^{\frac{1}{2}} \tag{5.9}$$

ここで, k_m は溶融体の熱伝導率, T_b はバレル内壁面温度, T_m は固体層と溶融体フィルム界面の温度, T_s は固体層の温度, μ は ρ/J, V_j はバレル速度

V_b と固体層の z 方向速度 V_{sz} の合成速度ベクトル,C_s は固体材料の比熱,λ はこの材料の溶融熱を表す.

固体層が z 方向に一定速度で運動しているとすると

$$\frac{d(XH)}{dz} = -\frac{\omega}{\rho_s V_{sz}} \tag{5.10}$$

と表すことができる.H はスクリュー溝の深さから溶融体フィルムの厚みを引いた値でフライトの高さと考えてよい.

Tadmor らは溶融モデルについて一定溝深さとテーパーのついた溝の場合に分けて式を導いているが,テーパー溝については固体層分布を次式で表すことができる.

$$\frac{X}{W} = \frac{X_1}{W} \left\{ \frac{\Psi}{A} - \frac{\frac{\Psi}{A} - 1}{\left[1 - \frac{z}{z_t}\left(2 - \frac{A}{\Psi}\right)\frac{A}{\Psi}\right]^{\frac{1}{2}}} \right\}^2 \tag{5.11}$$

ここで,X_1 は z_1 を z 方向の任意の距離としたときの $X_1 = X(z_1)$ で表され,Ψ は $\Phi/V_{sz}\rho_s X_1^{1/2}$ を置いたものであり,この Φ はまた $\omega = \Phi X^{1/2}$ の置換値である.したがってこの無次元数は,スクリュー軸方向単位長さ当りの溶融速度と単位スクリュー溝深さ当りの固体層の質量流量との比を表すものである.また A は z の点のスクリュー溝深さを $H = H_1 - A_z$ で表したときの定数である.

式 (5.11) で,$z=0$,$X=W$,$A=0$ の場合は,一定溝深さのスクリューに相当し,$X/W(1-z/z_t)^2$ となる.このように固体層分布 X/W は,一定溝深さの場合には z/z_t だけの関数であり,テーパー溝の場合には z/z_t と無次元数 A/Ψ だけの関数である.

以上,単軸スクリュー押出し機の理論的解析の一部を紹介したが,二軸スクリュー押出し機についても 1960 年代の後半から理論的解析が行われ,さらに 1986 年ごろから混練ディスクをもった二軸スクリュー混練押出し機の数学モデルによるコンピューターシミュレーションの成果も発表されている.

5.3.4 成形機の設計と成形品品質

押出し成形機の設計で取り上げられる技術的課題には
（1） 必要最小限の溶融体温度で長時間連続運転が可能であること．
（2） 温度変動，圧力変動，そしてその結果としての押出し量変動を最小限に抑制できること．
（3） 引張強さ，伸びなどの物理的特性，老化特性などの化学的特性，絶縁抵抗などの電気的特性など必要な成形品特性や，外観その他の要求特性を満足し全体にわたって性状が均一になるような混練度が得られること．
（4） スクリューから成形ヘッドを経て成形が完了するまで，スクリュー溝や溶融体の流路において滞留部がなく熱劣化などの変質を引き起こさないこと．
（5） 成形品の形状や寸法精度が正確で，かつ全体にわたって均一であること．特に異種材料や異色材料などの多層の押出しについては，寸法精度のみならず目的の相対性状（接着性，剥離性，伸縮性など）が確立できること．
（6） 成形品の形状や寸法精度が固定ダイ（無偏心ダイ）などによって維持できない場合は，円滑でできるだけ容易な偏肉制御を行うことができること．

などがある．このような成形品品質に密接にかかわる押出し成形技術の対象はスクリュー設計と成形ダイの設計であり，これらはむしろ押出し機のソフトウェアといってよい．そしてまた，この成形ダイの設計における中心的課題といえる偏肉の調整，コエクストルージョンの場合の多層の寸法均一性の維持，流路における円滑な流れに関与する溶融材料の均質性に最も大きく影響するものはスクリュー設計であるといえる．ここでは，スクリュー設計を中心に具体的設計例を取り上げ概説する．

5.3.5 スクリューの設計

単軸スクリュー押出し成形機のスクリュー溝における材料の固相と溶融相の運動は異なる．半溶融状態および完全溶融状態の部分も内部に回転流れなどを含んで複雑である．スクリュー全体にわたってフライトがらせん状を形成するいわゆる典型的メタリング形のスクリュー（図5.56）では，巨視的には供給部の固相からしだいに溶融相の幅が大きくなりメタリング部で溶融相に至るという単純な流れになっている．そして押出し量を上げるためにスクリュー回転数を上げると未溶融の部分がスクリュー先端の方向に進む一方，溶融した部分はメタリング部で大きいせん断を受けて温度が過度に上昇し熱劣化につながるという問題が出てくる．

単純スクリューの巨視的な流れは，主としてスクリューフライトの幾何学的に規則正しいらせん状によるものと考えてよい．そこでスクリュー設計に異質の部分を設けて混合の効果を増大したり，溶融の促進と均質化を図るいわゆるミキシングスクリューの設計が多岐にわたって展開してきた．

ミキシングスクリューを機能的あるいは構造的に明確に分類することは困難であるが，近年はバリア形ミキシングスクリューが高く評価されている．このスクリューは，スクリューに各種の形状のバリアを設けて，溶融，未溶融の各部分を分離し未溶融部分に大きいせん断を与えてその溶融を促進するものである．

先に述べた典型的メタリング形のスクリュー設計は，スクリュー径，スクリュー長さ（換算値として通常，スクリューの長さLとスクリュー直径Dの比であるL/Dの値で表す），スクリューの供給部（フィード部），圧縮部（テーパー部），メタリング部の各長さ，供給部溝深さ，メタリング部の溝深さの決定が主体になる．ミキシングスクリューのスクリュー設計においては，これにミキシング部の設計，スクリューにおけるミキシング部の位置の決定が加わる．つぎに，このバリア形ミキシングスクリューとして主流を形成するスパイラルバリア形とフルート溝付きバリア形の2形式について設計例を示す．

〔1〕 二重フライトを形成するスパイラルバリア形ミキシングスクリュー

このスクリュー設計においては，主となるスクリューフライトにフライト高さのやや低い二次フライト（バリアフライト）が重なり，この二次フライトはバレルとの間に 0.3〜1.0 mm 程度のクリアランスを形成する．形成されたスクリュー溝流路は下流（成形ダイ方向）に進むにつれてその幅を広げ，一方，スクリューフライト（主フライト）によって形成されたスクリュー溝流路は下流に進むにつれて幅が狭くなる．このようにらせん状の溝を二重にして溶融体と未溶融体流路を分離したミキシングスクリューであって，主フライトによって形成される溝からバリアフライトである二次フライトによって形成される溝へは溶融体だけが容易に乗り越え，未溶融体は通過が困難になり，これにせん断力を与え溶融を促進するものである．

図 5.59 にスクリュー径 ϕ 45 mm，スクリュー $L/D = 26$ のスパイラルバリア形ミキシングスクリューの設計図の事例を示す．

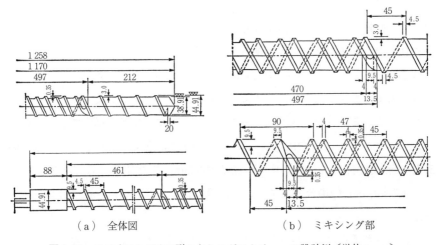

（a）全体図　　　　（b）ミキシング部

図 5.59　スパイラルバリア形ミキシングスクリューの設計例〔単位：mm〕

〔2〕 フルート溝付きバリア形ミキシングスクリュー

このスクリューのミキシング部はスクリューフライトと同じ高さをもつ軸方向の山によって形成された一対のフルート状溝（流入溝と流出溝）の間にバリア山を形成したもので，このミキシング部へ流入した溶融体と未溶融体の混在する流れは，バリア山を容易に乗り越える溶融体の流れと通過が困難な未溶融体の流れに分離される．未溶融体はこの部分でさらに高いせん断作用を受けて溶融が促進されるという原理はスパイラルバリア形と同様である．

ミキシング部に入るスクリュー溝には，ある比率をもった溶融部分と未溶融部分から成る流れが存在し，この流れがミキシング部に入ると溶融部分は流入溝からバレルとバリア山との間に形成されたクリアランス（0.3～1.0 mm 程度）を通ってバリア山入口部を越え流出溝へ移行する．未溶融部分はバリアを越えることが困難なために流入溝につぎつぎと送り込まれて圧縮され，これがスクリュー回転によって大きいせん断力を与えられてバレル内壁面に接する部分が半溶融状態になり，バリアクリアランスの大きさの薄いフィルムとなって流出溝へ回転しながら送り込まれる．そして，これら二つの流れは合流し，溶融流れとなってメタリング部へ進むものである．

図 5.60 にスクリュー径 ϕ 150 mm，スクリュー $L/D=22$ のフルート溝付きバリア形ミキシングスクリューの設計例を示す．

また，このミキシングスクリューのコンピューター解析も進んでおり，いくつかのスクリュー設計や成形材料についての計算線図が発表されている．図 5.61 に形成材料 PVC，スクリュー径 ϕ 150 mm，スクリュー $L/D=24$，ダイ圧力 175 kg/cm^2 の場合のミキシング部設計によるコンピューター計算データを示す．

先に述べたようにミキシングスクリューの設計においては，ミキシング部の設計とミキシング部の位置が重要な設計点になる．スクリュー径 ϕ 150 mm，スクリュー $L/D=22$ による架橋 PE の押出し成形におけるミキシング部設計，ミキシング部配置の性能データの一例を図 5.62 と図 5.63 に示す．

5.3 押出し成形

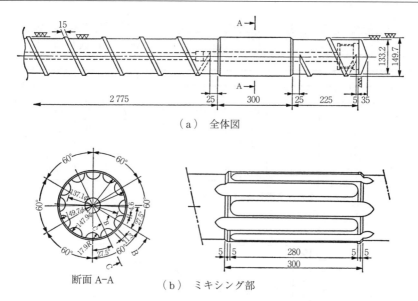

図 5.60 フルート溝付きバリア形ミキシングスクリューの設計例〔単位：mm〕

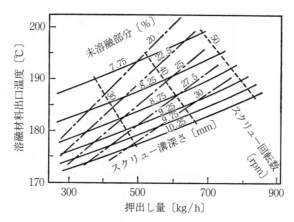

図 5.61 フルート溝付きバリア形ミキシングスクリューの特性についてのコンピューター計算データ

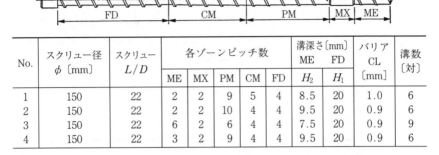

No.	スクリュー径 ϕ [mm]	スクリュー L/D	各ゾーンピッチ数				溝深さ[mm]		バリア CL [mm]	溝数 [対]
			ME	MX	PM	CM	FD	ME H_2	FD H_1		
1	150	22	2	2	9	5	4	8.5	20	1.0	6
2	150	22	2	2	10	4	4	9.5	20	0.9	6
3	150	22	6	2	6	4	4	7.5	20	0.9	9
4	150	22	3	2	9	4	4	9.5	20	0.9	6

図 5.62 フルート溝付きバリア形ミキシングスクリューの各設計

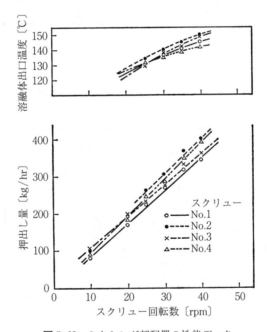

図 5.63 ミキシング部配置の性能データ

5.3.6 成形ヘッドの設計

スクリューとともに押出し成形機のソフトウェアといえる成形ヘッドの設計条件として

(1) 成形品寸法とダイ寸法の安定した関係が決定できること．
(2) 必要な圧力を維持できること．
(3) 圧力調整（整圧）の機能を行う構造や容量をもつこと．
(4) 必要な精度の温度制御機能をもつこと．
(5) 流路設計と壁面設計の最適化が行われていること．

などがある．これらの中で，流路設計と壁面設計については，単に材料の滞留のない構造というだけではなく，コンピューター計算によって流路設計を行い，温度分布，速度分布を把握し熱劣化現象を抑制したり，壁面材料，壁面仕上げの最適化を行うことが重要である．

また近年，押出し成形における CAE の応用もしだいに活発になり，スクリュー設計，冷却プロセスの最適化，押出し機のスケールアップなどのコンピューターシミュレーションとともに，有限要素法などの数学的解析手法を用いた各種成形ダイの流動解析プログラムが多岐にわたって開発され，そのパッケージの普及が進んでいる．

5.3.7 各種の押出し成形法とその進歩

成形品の種類，例えばペレット，繊維・モノフィラメント，ネット状体，フィルム・シート，チューブ・パイプ，電線・ケーブル，異形品などに対応したそれぞれ特徴ある成形加工法がある．また発泡や架橋，重合などの物理的・化学的変化を伴うもの，複合体を形成するもの，延伸や後加工のような二次加工を施すものなどについては各種のプロセス設計が行われ，これらの各成形法に応じて成形ダイ，反応装置，二次加工装置，各種計測装置，引取り・巻取り・切断装置などから押出し成形ラインが構成されている．

その構成例としては，以下の各成形品に応じたさまざまな装置設計が行われている．

〔1〕 ペ レ ッ ト

混練押出し機，多孔ダイ，冷却・造粒装置（ストランドカット，ホットカット，アンダーウォーターカットなど）

〔2〕 フィラメント，ネット状体

押出し機，成形ダイ，回転ダイ，冷却装置，延伸装置，巻取り装置

〔3〕 フィルム・シート

押出し機，Tダイ，コエクストルージョンダイ，回転ダイ，インフレーションあるいはラミネーションなどの装置，冷却装置，巻取り装置

〔4〕 チューブ・パイプ，異形品

押出し機，二重管ダイ，コエクストルージョンダイ，異形ダイ，サイジング装置，冷却装置，引取り・巻取り（切断）装置

〔5〕 電線・ケーブル

押出し機，クロスヘッドダイ，コエクストルージョンダイ，発泡，架橋装置，冷却装置，引取り・巻取り装置

このような押出し成形ラインについての近年の技術的進歩としては，CAE応用を中心とした成形ダイ設計精度の向上や，反応装置，冷却装置などの最適化，β線，レーザー，超音波などを応用したセンサーやマイクロプロセッサーによる成形品寸法測定精度の向上，各種のダイ調節デバイスの開発による成形品寸法制御技術の進歩および自動化，各種ロボットの開発による巻取り操作の自動化，マイクロエレクトロニクスの進歩と普及，そしてこれに伴う制御システムのソフトウェアの充実に立脚したFA化や成形品品質・精度の向上などがある．

5.4 ブロー成形

5.4.1 概要

金型内で圧縮空気を吹き込むことにより，所要の形状のプラスチック容器や中空製品を製造することをブロー成形という．また，製品形状から中空成形ともよばれる．

ブロー成形法自体は古くからガラスびんの製造に見られるが，プラスチックについては，天然高分子・グッタペルカの成形に関する記述が1851年に現れ

る.また,のちに予備成形されたパイプを金型内で加熱軟化しブロー成形するセルロイド玩具の製法が考案された.しかし,現在のブロー成形は,1935年Enoch Fergernが開発したことに始まる.1942年イギリスICI社によりLDPEが工業生産化され,その後,種々のプラスチックが登場するに伴い,ブロー成形も発展した.

ブロー成形法には種々の方式が考案されているが,表5.5に示すようにその進展は成形品の新機能の発現に結実している.例えば,単層ブローでは使用不可能であった食品部門にも,また多層化によりバリア性の付与が可能となり,ガラスびんに代わりプラスチック容器が進出した.

表5.5 ブロー成形の発展

分類内容	名称	おもな特徴
ブロー時の工程	ダイレクトブロー → 延伸ブロー	強度,透明性
成形品の構造	単層ブロー → 多層ブロー	バリア性,機能化
ブロー前の予備成形品	押出しブロー → 射出ブロー	肉厚の均一化,寸法精度

5.4.2 成形の基本現象

ダイレクトブローはプラスチックの溶融状態での成形であるのに対し,延伸ブローは溶融状態でなく分子配向可能な温度条件下で行われる.

〔1〕 ダイレクトブロー

(a) パリソンの押出し　ブロー成形前に,溶融樹脂は環状ダイからパイプ状に高速かつ精密に押し出すことが重要である.このとき,溶融プラスチックは高せん断状態となり,ダイの構造・材質,およびプラスチックのレオロジー特性などにより,パリソン形状に影響を及ぼす.ダイの構造としては,樹脂の滞留がないこと,パリソンにウェルドラインがないこと,パリソン円周方向の肉厚が均一であること,適性なダイスウェルを生ずる流路面積であることが要求される.ダイからのプラスチックの押出しには,メルトフラクチャー,シャークスキンなどの通常の押出しと同様の問題が生ずる場合があり,成形品表面状態の悪化につながる（原因および対策は5.3節押出し成形を参照）.

また，ドローダウンとダイスウェルが，パリソンの重量やサイズに大きな影響を及ぼす．ドローダウンはパリソンの自重に樹脂の溶融強度が負ける現象であるが，樹脂温度を下げるか，低MFRのプラスチックを選択すれば対応できる．ただし，図5.64に示すように，通常，パリソンコントローラーを使用すれば大きな問題にはならない．ダイスウェルはダイから押し出されたプラスチックの寸法がダイの寸法より大きくなる現象である．流動時に受ける弾性変形により生じ，プラスチックの弾性が大きいとダイスウェルも大きくなる．つまり，溶融強度，せん断速度が影響する．

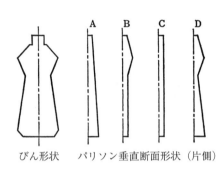

パリソン形状	パリソンコントロール	座屈強さ〔kg/本〕
A	あり	27.9
B	あり	29.9
C	なし	31.3
D	あり	34.2

(注) 断面楕円形状変形びん
材質：HDPE
重量：55 g
容積：830 cm³

図5.64 パリソンコントロールの効果 [25]

（b）ブ ロ ー　パリソンは金型に挟まれた後，吹込口から，通常0.3～1.0 MPaの圧縮空気が導入される．このとき，空気圧を高く，空気流量を多くするほど，成形品の寸法安定化，内容積の均一化や成形時間の短縮化につながる．

ブロー方式には，図5.65に示す，上吹き，横吹き，下吹きがある．吹込口が成形品の口部と一致しない場合は，後加工で切り落す部分に設ける．ロータリー連続ブロー方式は，横吹きで高速生産できる．大型ブロー成形では，アキュムレーターによる押出しと定置式型締め機構が基本であり，主として下吹きである．

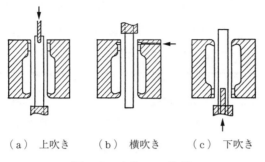

(a) 上吹き　　(b) 横吹き　　(c) 下吹き

図 5.65　吹込口の位置

(**c**)　**エア逃げ**　　パリソンと金型間の空気が逃げないと，所要の形状が得られず，成形品表面にエアトラップ（クレーター状のへこみ）が出たり，パーティングライン（金型の合せ目）がへこむことがある．パリソンと金型間に空気が局部的に残り，その部分の冷却が遅れることよりヒケ（へこみ）が生じるほか，急冷部分の収縮で徐冷部が引っ張られ薄肉化する．この対策としては，金型表面をサンドブラストで荒す方法が用いられるが，空気の滞留しやすい部分，特にパーティング面には十分なエア抜けを設ける必要がある．

(**d**)　**冷　　却**　　成形品の冷却は金型壁面から始まる．十分に冷却されない場合，成形品の内・外面の温度差が大きく，取出し後，変形しやすい．成形品には肉厚分布があり，金型の冷却水回路はそれを考慮し，配置される．冷却工程は全工程の6割以上を占め，成形速度の向上のため，製品に空気を吹きつけるアフタークーリングのような種々の工夫がなされている．

〔2〕　**延伸ブロー**

(**a**)　**パリソンの成形**　　PETのように射出成形でパリソンをつくる場合と，PPやPVCなどのように押出し成形でパリソンをつくる場合がある．また，パリソンを成形後，一度冷却しブロー成形時に再加熱するコールドパリソン法や，パリソンを成形後その予熱を利用しブロー成形するホットパリソン法がある．

偏肉のない均一な厚みのパリソンが必要であり，偏肉があればブロー成形後偏肉が著しく拡大される．PETは透明であることが要求され，結晶化により白化していればブローできないこともある．結晶化はパリソンの冷却速度が速ければ防止できるが，金型の冷却効率とパリソンの肉厚に依存する．PETがスクリュー内に滞留すると固有粘度（IV）が低下し，成形品の強度低下あるいはPETの分解によるアセトアルデヒドの発生など諸物性が悪化する．特に，プラスチックが吸湿しているとこの傾向が著しく，プラスチックの乾燥はきわめて重要である．

（b）**パリソンの加熱**　PET成形品に均一な物性を与えるためには，パリソンを均一加熱する必要がある．不均一な温度分布が生ずると，延伸ムラになるほか，低温ならばマイクロボイドが生じ，また高温ならば結晶化する．PVC，PANは非晶性プラスチックであり延伸温度の厳密な制御はそれほど必要ないが，PET，PPは結晶性であるため成形可能な温度範囲は限定され制御を要する．

（c）**ブロー**　通常，$1.0 \sim 3.5$ MPa程度の空気圧力で行われる．PETボトルの場合，延伸ロッド，プリブロー，本ブロー，金型温度が成形の要点である．延伸ロッドの延伸開始のタイミングおよび速度，プリブローの圧力，本ブローのタイミングおよび圧力が肉厚分布や諸物性に大きな影響を与える．また金型温度は容量や経時収縮に関係する．

〔3〕**多層ブロー**

（a）**パリソンの押出し**　粘度の異なるプラスチックの複合流動であるため複雑である．多層流ではあるせん断応力以上で層間の境界面が乱れることがある．また，通常の単層流のメルトフラクチャーの生ずる臨界せん断応力に対し，多層流は半分の500×10^3 Paで生ずるといわれている[26]．したがって，多層流は，押出し温度，押出し量およびダイの構造，特に吐出口付近の構造に注意が必要である．

（b）**層間接着性**　通常用いられる高機能プラスチックと汎用プラスチックの組合せでは，相溶性がない場合がほとんどであり接着性がない．その

ため，つぎの工夫がなされる．
（1）熱融着性のあるプラスチックを少なくとも一方の層にブレンドする．
（2）各層の境界面に，溶融押出し法により接着剤を介在させる．
　　ちなみに，ポリオレフィンとバリア材のEVOHの接着では，変性ポリオレフィンが接着剤として用いられている．

（c）**延伸ブロー**　　異種材料はおのおの延伸特性が異なるため，プラスチックの選択，延伸温度などの成形条件の考慮が必要となる．延伸前に非常に強固な接着力を有しても，延伸後は著しく低下することがあり，接着剤の選択も重要である．

5.4.3　成形法，成形機

〔1〕**ダイレクトブロー成形**

（a）**連続押出しブロー成形**　　図5.66に示すものは，大量生産向きとして一般に用いられている．基本的には押出し機からパリソンを押し出し，金型で挟み，パリソンの下部を食い切ると同時に融着した後，圧縮空気でブロー成形する．生産性を考慮した多数個の金型を用いた種々の方式が開発されているが，製品の安定性などの点で図5.67のようなロータリー式単頭ブロー成形方式が最も優れる．多層ブローの場合は2台以上の押出し機を用い，ダイ内で樹脂を合流させて押し出した多層パリソンをブローする．

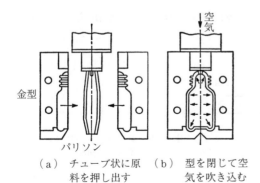

図5.66　押出し式ダイレクトブロー方式

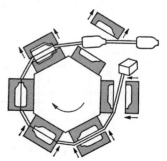

図5.67　ロータリー式単頭ブロー成形

（**b**）**間欠押出しブロー成形**　押出し機で溶融したプラスチックをアキュムレーターにため，プランジャーでパリソンを押し出し，ブローする．短時間で多量の樹脂を押し出せるのでタンクなどの大形成形品に用いられる．低粘度のプラスチックの成形にも適する．

（**c**）**射出ブロー成形**　図 5.68 に示すように射出成形機により試験管状の有底パリソンを成形し，これを心型（コア）につけたままブロー金型に移動し，心型から高圧空気を吹き込み成形する．押出しブローに比べ，生産速度は遅いが，寸法精度が優れる．

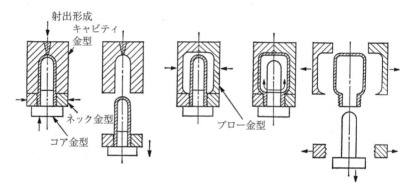

図 5.68　射出ブロー成形

〔2〕**延伸ブロー成形**

主として PET の成形に用いられ，PVC，PP，PS の成形もある．

（**a**）**射出ホットパリソン法**　図 5.69 に示すように射出成形によりパリ

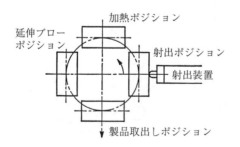

図 5.69　射出ホットパリソン法の成形機平面図[27]

ソンを成形した後，一端を保持しつつ移動し，温度調整した後ブローする．コンパクトで再加熱するエネルギーが節約できるが，生産速度がパリソンの成形速度に連動するため遅い．

（b）**射出コールドパリソン法**　射出成形とブロー成形が分離しているため，個々の最高速度で生産でき，大量生産に適する．

（c）**押出しパリソン法**　押出し冷却後，一定長に切断したパリソンを加熱し，パイプ状のまま延伸ブローする方法（PP）と，パイプを試験管状に加工した後，通常の延伸ブローをする方法（PET）がある．また押出しダイレクトブローで試験管状のパリソンを成形し，延伸ブローする方法（PVC）もある．

5.5　熱成形（真空・圧空成形）

5.5.1　概　　要

熱成形とは，熱可塑性プラスチックシートを加熱し，軟らかい状態で真空や圧空などの外力により，賦形する成形加工法である．シートを素材とすることから，ほかの成形加工法にない特徴を有する[28]．

〔1〕長　　所

（1）溶融成形では困難な，超薄肉成形品，薄肉大形品の成形に適する．

（2）印刷シート，多層多材質シートなど多種多様のシートを用いた成形が可能である．

（3）型として木，樹脂，石膏，金属など多様な材料で，雄型，雌型のいずれか一型で成形するため，型製作期間が短く，安価である．なお，プレス成形の場合は，雄型，雌型の二つの型を用いる．

（4）小形薄肉成形品の多数個取り成形に適する．

（5）プラスチックシートを軟化状態（ゴム状領域）で成形することにより，ポリマーは延伸により配向し，成形品の延伸方向物性は向上する．

（6）成形面積に比して，設備費（成形機）が安価である．

〔2〕短　　　所
（1）　成形素材がシートに限定され，素材コストが高価である．シート製造と熱成形時に二度の加熱冷却が必要であり，成形品のエネルギー消費が大きい．
（2）　成形後の後仕上げ（トリミング）が必要であり，材料のロスが発生する．
（3）　成形精度に限界がある．特に成形品の肉厚精度は形状に大きく依存する．
（4）　輻射加熱によるシート加熱の場合，シート板厚が大きくなると加熱時間が長くなる．均一加熱には，シートの板厚精度が重要となる．
（5）　成形品の延伸度の分布により，成形品位置で物性が異なる場合がある．

5.5.2　熱成形法の種類

熱成形のおもな方法は，曲げ成形，フリーフォーミング，真空成形，圧空成形，真空・圧空成形，プレス成形があり，これらを応用した成形法として，クラムシェル成形，三次元表面加飾成形（減圧被覆成形）などがある．

〔1〕真　空　成　形

熱成形で最も一般的な成形法である．シートを加熱軟化させた後，型とシートの間の空気を真空タンクに排出することにより，大気圧によってシートを型に密着させ，賦形，冷却固化させる成形法である．

図5.70に雌型を使用したストレート成形，図5.71に雄型を使用したドレー

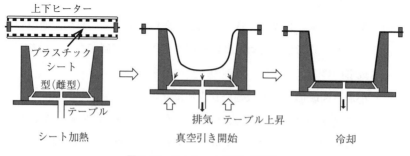

図5.70　ストレート成形（雌型）

プ成形の成形工程の概略を示す．これらを基本として，エアースリップ成形（図5.72），プラグアシストリバースドロー成形（図5.73）など，所定の成形品板厚を得るための各種の成形法が開発され，適用されている．

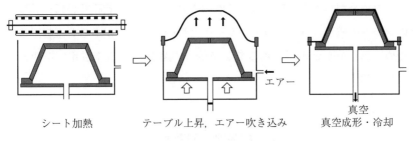

図5.71 ドレープ成形（雄型）

図5.72 エアースリップ成形

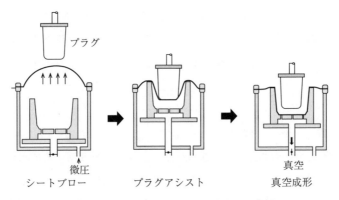

図5.73 プラグアシストリバースドロー成形

〔2〕 圧 空 成 形

真空成形と並んで広く使用されている成形法である．真空成形では，加圧力が最大 0.1 MPa（大気圧）であるのに対して，0.5～0.7 MPa の圧縮空気圧を用いるため，型への密着度が大きく改善される．また，軟化時の延伸強度が大きいシートの成形に適用される．シートと型の間に空気があると型転写性が劣るため，真空成形と併用されることが多い．図 5.74 に真空併用圧空成形の成形工程を示す．

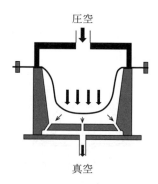

図 5.74　真空併用圧空成形

〔3〕 三次元表面加飾成形（減圧被覆成形）

あらかじめチャンバー内を減圧にした状態で，片側を加圧することにより，型となる対象物を被覆する成形法である．アンダーカット部への被覆が可能であり，真空穴が不要などの特徴を有し，意匠部品のシートラミネートに適用されている．

5.5.3 成 形 機

熱成形機は，所定寸法に切断されたカットシートを使用する成形機が標準的であるが，薄肉品では，ロールで素材を供給する成形機，厚肉大形品では，押出し機と熱成形機を連動させた成形機などが適用されている．真空成形機の基本構成を図 5.75 に示す．

5.5 熱成形（真空・圧力成形）

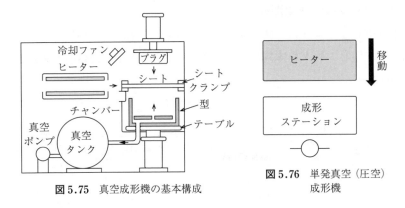

図 5.75 真空成形機の基本構成

図 5.76 単発真空（圧空）成形機

〔1〕 **単発真空（圧空）成形機**

シートのセッティング，加熱，成形，冷却，成形品取出しを1ステーションで行う汎用成形機である．小ロット生産，試作，数mを超える大形成形品の成形に使用される（**図5.76**）．

〔2〕 **ロータリー真空（圧空）成形機**

ステーションが2，3，4から構成された量産用の成形機である．**図5.77**は，3ステーションのロータリー成形機の構成を示す．①シートのクランプ，成形品取出し，②加熱，③成形のステーションから構成される．真空（圧空）成形では，シート輻射加熱がサイクルを決定するため，厚肉シートでは，シート加熱を2工程とした4ステーションのロータリー成形機が用いられる．

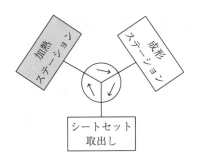

図 5.77 ロータリー真空（圧空）成形機

〔3〕 ロールシート成形機

図5.78に示すように，ロールシートから素材を供給し，加熱，成形（プレス成形），トリミングを連続して行う装置である．軽量容器類の生産に多用されている．

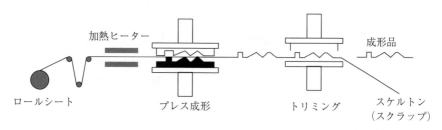

図5.78　ロールシート成形機

〔4〕 直線式真空（圧空）成形機

図5.79に示すように，カットシートを直線的に移動し，全行程を行う成形機である．成形機の据付面積が小さく，組立てラインサイドに設置が容易であり，成形サイクルが速いなどの特徴がある．自動化も容易であり，省人化が可能となる．

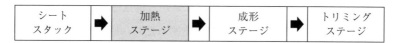

図5.79　直線式真空（圧空）成形機

〔5〕 シート押出し連動真空（圧空）成形機

押出し機から押し出されたシートを，直接，連続して真空（圧空）成形する成形機で，トリミングプレス，スクラップ粉砕機なども連動している．厚肉シートの場合には押出し機がシート押出し速度で後退し，薄肉シートの場合には複数のロールで，押出しシートを1サイクル分保持する機構を有する[29]．図5.80に示すように，通常プロセスのシートの冷却・再加熱工程が不要となるため，大幅な省エネルギーとなる．通常のシート加熱と逆に，シート板厚中心部の温度が高いため，成形性にも優れる[30]．

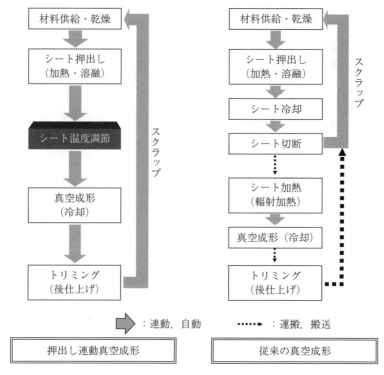

図 5.80 シート押出し連動真空（圧空）成形機

5.5.4 材　　　料

プラスチックを軟化させて成形を行うため，成形温度範囲で強度や弾性率の変化が少なく，伸びの大きな PVC, PS, ABS, PMMA などの非晶性プラスチックが適する．結晶性プラスチックは，成形温度範囲の強度変化が大きく，深絞りの成形は困難となる．PP などの適用では，成形温度の強度変化を小さくするため，無機フィラーを入れることが行われている．なお，シートが吸湿すると輻射加熱時に発泡することがあるため，シートの梱包や保管に注意を要する．

5.5.5 成 形 技 術
〔1〕 成 形 温 度

プラスチックの熱成形温度範囲における ABS 樹脂の機械的特性の変化を図

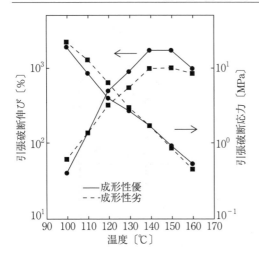

図 5.81 ABS 樹脂の成形温度範囲の引張伸びと引張破断応力（引張試験速度 1 000 mm/min）

5.81 に示す．プラスチックの変形が，軟化（延伸）から流動に変化する温度で伸びは最大を示し，引張強さはほぼ 0 となるため，通常は，軟化（ゴム状）領域で成形を行う．成形中にシート温度が低下するため，ABS 樹脂の場合，伸びのピークを少し超えた温度の 150～180℃まで加熱し，成形を行う．120～160℃の引張破断伸び率と引張破断応力が成形性と密接に関連する．

〔2〕 シート加熱

シートの加熱プロセスは，サイクルタイム，成形品品質に大きな影響を与える．所定の範囲を高精度で温度制御できるセラミックヒーターや特殊遠赤外線ヒーターが使用され，赤外線放射温度計と組み合わされて，ゾーン温度制御が行われている．シート加熱では，シートの温度均一度が重要となる．シート表面と板厚中央部の温度均一度 I は次式となり，シート材料の熱拡散率 α，板厚 a の 2 乗，加熱時間 t の関数となる[31]．

$$I = f(\alpha t / a^2) \tag{5.12}$$

〔3〕 成 形 型

成形品の肉厚，外観を考慮して，雌型，雄型を選択する．雌型，雄型の特徴を**表 5.6** にまとめる．

5.5 熱成形（真空・圧力成形）

表 5.6 雌型と雄型の特徴[32]

項 目	雌 型	雄 型
成形品表面	外面（型面）の転写が良好．プラグ使用時は内面のプラグマークに注意	内面（型面）の転写が良好．成形中，型との接触で冷却（チル）マークが出やすい
形状精度	外面（型面）が良好	内面（型面）が良好
肉厚分布	底部の肉厚が薄く，クランプ周辺部が厚くなる	底部（頂部）の肉厚が厚く，クランプ周辺部が薄くなる
離 型	リブなどの凸部がなければ，容易	成形品の収縮が型を締め付けるので，離型抵抗大
展開比（H/W）	0.5 以下	1 以下
抜き勾配	$0.5 \sim 1.0°$	$2.0 \sim 3.0°$
型磨き	困 難	容 易

H：成形品深さ（奥行き），W：幅（間口）

箱型成形品の場合，隅のコーナ部の肉厚は雌型では薄くなるが，雄型では厚くなる．外観は，型転写面に大きく依存するが，真空成形では一般的に型面と反対の面の外観が優れる．圧空成形では，型の磨き度で外観が決まる．真空穴の配置と大きさは，肉厚分布と外観に大きな影響を与える．インサート成形やアンダーカット成形では，型にスライドコアを設けることがある．

〔4〕 **成形品の肉厚分布**

成形品の肉厚は，シートの温度分布，型形状に大きく依存するが，平均肉厚 t_{ave} は展開倍率 T から求めることができる．

$$展開倍率 \quad T = (A+B)/A \tag{5.13}$$

ここで，A はクランプ内シート面積，B は成形品の側面積

$$平均肉厚 \quad t_{ave} = t_o/T \tag{5.14}$$

ここで，t_o は素材シートの肉厚

〔5〕 **真空タンク，真空ポンプ**

真空タンク容量と真空ポンプ能力は，成形品品質に大きく関連する．真空タンクは，できるだけ容量が大きく，真空ポンプは，到達真空度よりも体積排除能力が優先される．

5.5.6 成形品物性

熱成形は，ポリマーの延伸を利用して行われるため，成形品はポリマーの配向が凍結された状態になる．熱成形を模擬したABS樹脂シートの2軸延伸倍率と引張降伏応力と板厚の変化を**図5.82**に示す．延伸倍率に比例して引張破断応力は大きく向上する．熱成形品を再加熱すると，延伸状態前のシート板厚にほぼ復元する．流動領域で成形した場合には，復元現象は観察されない．

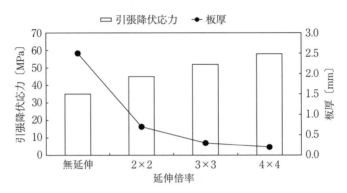

図5.82 2軸延伸シートの延伸倍率と引張降伏応力，板厚の変化（ABS樹脂140℃）

5.6 延伸成形

5.6.1 概要

プラスチック材料の延伸加工製品は，フィラメント状，パイプ状，テープ状，フィルム状，シート状，形材など，延伸に供される一次加工成形品の形状により，**図5.83**に示すような各種のプロセスで製造されている．

このうち，フィルム状が最も多く，特に結晶性プラスチックフィルムは，二軸延伸によりその特徴が顕著に発現することから，ポリエステル，ポリプロピレン，ポリアミド，ポリビニルアルコールなどの各種二軸延伸フィルムが，あいついで登場した．これらの二軸延伸フィルムは，その材料面および製造面の多様化によって，量的，質的にますます拡大しており，ここでは二軸延伸に重

5.6 延伸成形

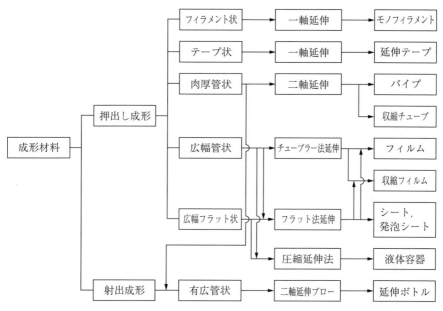

図5.83 延伸成形の各種プロセス

点をおいて説明する．さらに，最近特に飲料分野で，PETの二軸延伸ブローボトルが急速に発展している（5.4節参照）．

延伸とは，分子軸を1方向（一軸延伸）あるいは2方向（二軸延伸）に配向させるための最も普遍的な方法であり，特に結晶性プラスチックの改質法として重要である．

熱可塑性の鎖状プラスチックは，その塑性変形挙動が，金属に類似している点が多い．しかし，金属が三次元的にイオン結合でつながり，結晶に独自の異方性をもっているのに対し，通常の鎖状プラスチックを分子オーダーで見ると，1方向に力学的に強度の強い共有結合からつながった分子鎖で構成されており，高分子鎖は，1方向のみの異方性をもつ．さらに，1本の高分子鎖の断面積は比較的小さいことから，潜在的に，1方向には，高い強度，弾性率を達成できる可能性をもっている．

しかし，実際に溶融，冷却されたポリマーは，各分子鎖が各方向に無秩序に

並んでいるためほぼ等方性であるが，強度，弾性率は，理想値に比べ極度に低くなっている．延伸は，この固体状態から，秩序よく並んだ高配向物を得るための手段であり，このため，等方性高分子固体に外力により大変形（塑性変形）を加えて，いかに分子鎖を高度に配向させるか，その延伸のやり方，条件を見出すことが，要点になる．さらに，プラスチック特有の現象として，延伸に伴う配向結晶化の進行，熱処理による結晶化の促進，非晶部の緩和など，非常に難しい問題を抱えており，これらをいかに制御するかが，加工の要点になる．

5.6.2 特　　徴

プラスチックの延伸における塑性変形と破壊を考慮する場合，プラスチック材料は，非晶性プラスチック，結晶性プラスチック，結晶部と非晶部の混在したプラスチック，結接点（擬似的なからみ合いあるいは架橋点）をもったプラスチックの4種類に分類することができる．プラスチックの長い分子鎖のすべての部分が，三次元的な規則性をもった結晶をつくることは困難であって，無定形部も残留するのが普通である．

フィルムの二軸延伸技術において，溶融押出し法（インフレーション法やTダイ法）で成形され，急冷されるキャストフィルムでは，できるだけ結晶部分をもたない非晶性プラスチックを得るように条件を設定する．その後，非晶性プラスチックフィルムをガラス転移点以上，溶融点以下の温度範囲で，まず外力により，縦，横の両軸方向に十分に延伸し，分子鎖あるいは特定の結晶面をフィルム面に平行に配向させ，さらに緊張下あるいは緩和下で熱処理を行い，熱固定を行う．

図5.84に，逐次二軸延伸PETフィルムの代表的な外力および熱の履歴，さらに副工程の付加価値工程を示す．

このようにして得られた高分子延伸フィルムを巨視的に見たラメラの模式図を**図5.85**に示す．結晶部分（図中⑩）と非晶部⑨との関係において，①〜⑥の場合は，隣接する結晶部分と関連のない折りたたみ分子鎖からなり，図中⑦，⑧の場合は，ラメラ間を連結するタイモレキュールをもつ結晶部分か

5.6 延伸成形

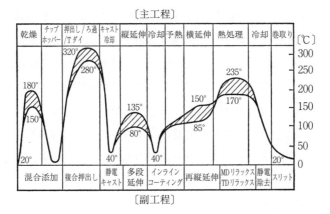

図5.84 逐次二軸延伸PETフィルムの熱履歴

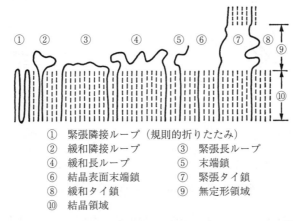

① 緊張隣接ループ（規則的折りたたみ）
② 緩和隣接ループ ③ 緊張長ループ
④ 緩和長ループ   ⑤ 末端鎖
⑥ 結晶表面末端鎖 ⑦ 緊張タイ鎖
⑧ 緩和タイ鎖   ⑨ 無定形領域
⑩ 結晶領域

図5.85 ラメラ表面で非晶領域を構成する分子鎖の模式図[33]

らなる.

多くの高分子鎖は，屈曲性のものである限り，熱力学的に有利なランダムコイル状，あるいは結晶化しても，折りたたみ結晶となりやすく，力を支持するには，きわめて不都合な構造となる．この理由は，分子鎖方向の共有結合力に対して，プラスチックどうしの分子間力は，2桁以上低いため，ラメラ間の弱い部分に応力が集中するためである．一方，結晶部を貫通するタイモレキュールをもつ伸長鎖結晶は，高強度，高弾性を発現できるので，いかに伸長鎖を多くするように延伸するかが問題になる．

また，図5.85③，④で示される長ループと，ステムからなる折りたたみ鎖（EC）のネック延伸過程について，**図5.86**に示すような形態変化モデルの提案がある[33]．部分的にできたEC鎖は，延伸方向に傾き，融解が起こり，延伸の進行によって，延伸方向に配向した結晶部分が生成し，一種の配向結晶化が起こる．さらに，超延伸が進行し，残された折りたたみループは，完全に伸びきった状態になり，分子鎖が配向結晶化する．実際の延伸過程の構造変化を分子鎖レベルで見ると，ランダムな非晶部の延伸方向への伸長部分，折りたたまれたループをもった結晶部分，タイモレキュールをもった結晶部分などが共存する途中過程の混在系と推定される．

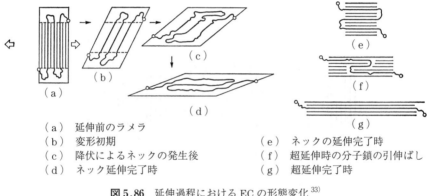

（a）延伸前のラメラ
（b）変形初期
（c）降伏によるネックの発生後
（d）ネック延伸完了時
（e）ネックの延伸完了時
（f）超延伸時の分子鎖の引伸ばし
（g）超延伸完了時

図5.86 延伸過程におけるECの形態変化[33]

図5.87に，PETフィルムを自由幅一軸延伸した場合の応力と延伸倍率に及ぼす延伸温度の影響を示している[34]．降伏点を過ぎると，低い温度では，延伸倍率とともに応力は増大し，高い温度では延伸倍率に関係なく，応力は一定となる．90℃以下では，延伸倍率が5倍程度で破断する．100℃を超えると，粘性液体のような挙動をとり，破断することなく，延伸倍率は5倍以上に及ぶ．この場合，分子鎖はからみ合いがなくすり抜けるので，強度や弾性率は向上しにくい．

逐次二軸延伸における2段目（横延伸）の応力-ひずみ曲線は，1段目（縦延伸）の延伸温度，延伸速度，延伸の段数などにより変化する．1段目で結晶

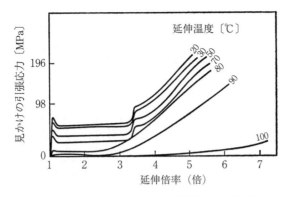

図 5.87 PET フィルムの応力延伸倍率に及ぼす延伸温度の影響[30]（自由幅一軸延伸）

構造が発達しすぎると，横方向の延伸が困難になるので，3〜3.5倍くらいの延伸倍率にとどめて，横延伸される．

5.6.3 延伸成形法と延伸成形機[35]

フィルムの製造法には，**図 5.88** に示すように，延伸により分離すると，無延伸法，一軸延伸法，二軸延伸法がある．二軸延伸法を押出しダイの形状により分類すると，チューブラ法（リングダイ使用）とフラット法（テンター法ともよばれる）（Tダイ使用）の2方式がある．チューブラ法はフラット法に比べて，設備費が安くてすみ，端部の耳くずロスが少なくて収率も良い長所があるが，生産速度および厚みの均一性の点で劣る．フラット法は，設備費が高いが，延伸による膜厚ムラを少なくでき，ロールフォーメーションのよい，より薄いフィルムが得られる特徴がある．一般に，PETフィルム，PPSフィルムはフラット法，塩化ビニリデンフィルムはチューブラ法，PPフィルム，PEフィルム，PVCフィルム，ナイロンフィルムなどはチューブラ法，フラット法の両方法がとられる．

フラット法は，同時二軸延伸法と逐次二軸延伸法に大別される．同時二軸延伸法は，パンタグラフ方式と漸増ピッチスクリュー方式とがある．また，クリップがリニアモーターで直接駆動され，その走行はコンピュータ制御される

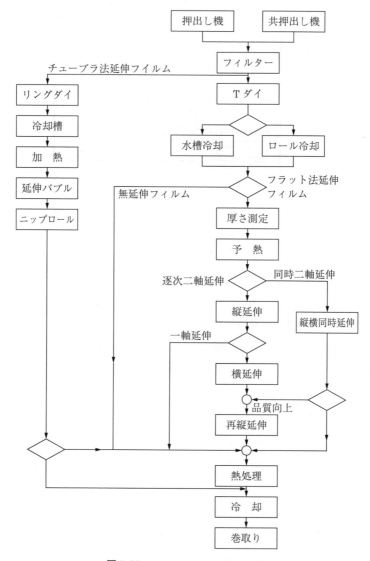

図 5.88 フィルムのフローシート

ものもあり，超高速かつ製造条件設定の自由度が非常に大きい同時二軸延伸用テンターもある．同時二軸延伸装置は，クリップの走行機能が複雑でありクリップの構造と材質により，延伸のムラが発生しやすい．かつては，縦，横の

延伸倍率を変更し難いや速度が上げにくいといった問題があった．しかし，リニアモーター型を中心にこれらの問題は改善されており，製膜速度は200 m/min を超えるものもある．そのため，逐次二軸延伸では配向結晶化が速く製膜しにくいフィルム，例えばナイロンフィルム，PBT フィルムなどの二軸延伸に採用されている．

テンター法逐次二軸延伸は，後段ほど速度を高めたロール群で縦方向に一軸延伸され，さらにフィルム両端部はクリップに保持され，熱風炉中で横方向に延伸された後，熱処理を行い，冷却して巻き取られる．フラット状の未延伸フィルムを均一な特性を保持して一軸延伸する場合，幅方向の収縮（ネックダウン）が起こる問題がある．図 5.89 に，縦延伸の例を示しているが，⑤の予熱部の温度設定の適正化，周速差の適正化（フィルムのたるみ），⑥の延伸部のロール配置とロール間距離，延伸倍率の適正化，ロール温度の適正化，ロールの材質と表面状態などが重要である．最近では，多段ロール，ヒーター併用による縦延伸が多く，縦延伸終了後のフィルムの横断面の厚さ分布に注意を要する．

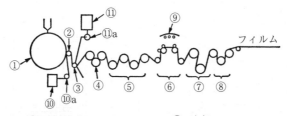

①：キャスチングロール　⑦：冷却ロール
②,③：冷却ロール　⑧：ニップロール
④：ニップロール　⑨：ヒーター
⑤：予熱ロール　⑩,⑪：塗布装置
⑥：延伸ロール　⑩a,⑪a：定量ポンプ

図 5.89　縦延伸の例[36]

横延伸装置（テンター）は，予熱，横延伸，熱処理，冷却の各ゾーンからなる加熱オーブンと，横延伸用のクリップ走行装置とから構成されている．左右2本のレール上に，多数個のクリップが設置され，一軸延伸フィルムの両端を

クリップがつかみ，予熱ゾーンで加熱後，レールが幅方向に広がることにより，横延伸される．クリップの構造については，各種の提案がなされている．各種の厚みのフィルムを柔らかく，かつ強固に保持でき，しかもフィルムにきずや部分的な応力集中が生じないように工夫されている．

横延伸により，横方向の強度，伸びなどの機械的性質，延伸ムラによる厚み精度，しわ，内部ひずみなどが決まるので，延伸速度，延伸温度，延伸倍率が適正化される．チャンバーの構造については，温度，風速の均一化，吹付け角度の適正化が注意される．

フィルムを二軸延伸しただけでは，加熱時の寸法安定性が劣るので，これを改善するため，熱処理する．**図5.90**は，テンター内のレール配置の代表例を示す．延伸後に，高温加熱ゾーンと冷却ゾーンを通過させる．レールが平行の場合は，拘束熱処理され，弾性率は上がるが，熱収縮率は大きい．レール幅を狭くすることにより，緩和熱処理され，幅方向の熱収縮率を低減できる．さらに，長さ方向の緩和熱処理も検討されている．

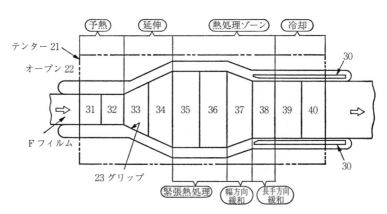

図5.90 逐次二軸延伸テンター内のレール配置の代表例[37]

5.6.4 延伸の効果

延伸によって，物性値の一部は大きく変化する．**表5.7**に，無延伸フィル

表5.7 未延伸および二軸延伸プラスチックフィルムの特性の比較[38]

	単位	LLDPE 未延伸	PP 未延伸	PP 延伸	PVA 未延伸	PVA 延伸	ONY 延伸	PET 延伸	EVOH 未延伸	EVOH 延伸
引張強さ	MPa	30~40	20~70	100~400	20~40	200~250	200~250	200~300	50~100	200~300
引張弾性率	MPa	150~200	500~700	1 000~3 000		5 000~8 000	1 500~2 500	3 500~5 000	2 000~3 000	3 500~4 500
引張伸度	%	500~700	400~600	100~300	100~300	50~80	50~100	80~150	150~450	100~150
ヘイズ	%	5~10	3~7	3~10	2~5	2~4	3~5	1~5	2~5	1~2
衝撃強さ 23℃ 50μm厚	J	0.5~0.7	0.5~0.7	2~5		3~10	5~10	2~5	1~5	5
引裂強さ	N/mm	50~150	2~4	5~10	2~4	5~10	4~8	2~4	3~10	2~4
水蒸気透過率 40℃ 90RH%	g/m²/day/25μ		10~50	5~10		100~300	100	15		
酸素透過率 23℃ 65RH%	ml/m²/day/25μ		3 000~5 000			20~50	200	300	5~10	5~10

LLDPE：線形ポリエチレン，PP：ポリプロピレン，PVA：ポリビニルアルコール，ONY：ナイロン6，
PET：ポリエチレンテレフタレート，EVOH：エチレン-ビニルアルコール共重合体

ムと二軸延伸フィルムの特性を比較した．延伸効果をまとめると，**表5.8**のような効果が発現する．

表5.8 延伸成形による効果

A.	引張強さ，弾性率の増加
B.	衝撃強さの増加
C.	透明性の向上
D.	耐熱寿命の向上
E.	熱収縮性の付与（熱処理による寸法安定性の調節）
F.	摩耗抵抗の増加
G.	水蒸気，ガス透過率の減少
H.	厚み精度の向上
I.	伸びの調節可能
J.	極薄フィルムの製造可能

5.7 ラミネーション成形

5.7.1 概　　　要

　ラミネーション成形はそれぞれの単一基材がもつ長所を生かし短所を補うように複数の基材を貼り合わせて一体化する成形である．基材を複合化する方法としてペレット状のプラスチックを加熱溶融して薄膜押出し接着させる押出しラミネーションと，接着剤を用いるドライラミネーション，無溶剤ラミネーション，ウェットラミネーション，ホットメルトラミネーション，に大別される．基材はポリエステル，ナイロンなどの合成プラスチックフィルム，アルミニウム箔などの薄膜金属，クラフト紙，上質紙などの紙類，布など柔軟性がありロール状に巻き取られる基材が使用される．用途は包装材料，産業資材など広範囲にわたっている．

5.7.2 押出しラミネーション

図5.91に成形法を示す．成形にはおもにLDPE（低密度ポリエチレン）を使用し，これを300℃以上に加熱溶融させてダイスリットから押し出し，空気酸化によって表面にカルボニル基など極性基を生成させて基材に接着させる．基材が紙，布など多孔質の場合には，前工程で基材をコロナ処理し，発生する還元性の強いオゾンが極性基を生み基材表面の化学的親和力を高めるとともに，圧力ロールと冷却ロールで物理的にLDPEを紙の繊維や布に食い込ませ結晶化させる．接着力は直後より1日以上経過したほうが安定する．

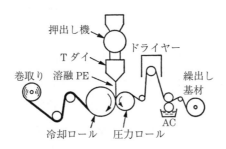

図5.91 押出しラミネート成形法

また，おもに包装材料に使う合成フィルムの場合は，接着層のLDPEとまったく異なる基材をラミネーションするため前処理工程でAC（アンカーコート）剤を塗工乾燥して行う．AC剤はイミン系，チタン系，ウレタン系があるがウレタン系がおもに使用される．AC効果は樹脂温度が低く酸化が不十分であると十分な接着力が得られない．

一方，LDPEの酸化は，包装材料の製袋を行う場合ヒートシールしても十分な溶着ができず，製袋および自動充てん適性を損う．シーラント材はプラスチックの酸化の少ない軟化点の低い基材がよく，インフレーション法によるPEフィルムやキャスティング法によるPE，共押出しダイフィルムなどを溶融樹脂と積層してラミネーションする．また，2台の押出し機を並列に設備し，第一押出しで高温接着加工，第二押出しで低温加工するタンデムラミネーションがある．用途により第二押出し側にEVA（エチレン-酢酸ビニル共重合樹

脂),IR(アイオノマー樹脂)などのプラスチックを使用する.しかし,押出しラミネーションはプラスチックの酸化臭が医薬品・食品用包装材料として使用する場合の障害となっており,プラスチックの改質のみでは解決できない.これに対して樹脂が酸化促進しない温度条件で押し出し,接着時に表面溶融樹脂をオゾンにより酸化させてラミネーションする方法が用いられ,酸化臭や接着力の改善に役立っている.

押出しラミネーションは一般に100 m/min以上の高速で行われ,同種製品の量産に有利であるが,1990年代より多品種少量特殊製品の加工が要求されるようになり,成形機の能力向上や,省力化が必要となってきた.マイクロコンピューター付きラミネーターは,品種別に加工条件を入力しておけばリピート生産時,まったく同じ条件がセットされ,生産性,品質安定向上に役立っている.品質管理上の進歩では,例えばプラスチックの偏肉検知に適用されてきたベータゲージや赤外線の検知精度が向上し,自動欠点検出機では印刷図柄のパターンを記憶してパターンの異なった重欠点や小欠点密集部の検出が精度よく検知されるようになった.したがって,多品種少ロット生産への対応が容易に行えるようになった.

5.7.3 ドライラミネーション

図5.92に成形法を示す.基材は平滑で厚み精度が良く,表面に極性基をもち,接着剤のぬれ性が良いものが適し,多くの構成でラミネーションできるので多品種少ロット生産に適する.接着剤塗工側の基材は耐熱性,耐薬品性,寸

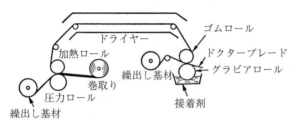

図5.92 ドライラミネート成形法

法安定性の良いものを選び，軟化点の低い基材を避ける．接着剤はおもにウレタン系溶融形で OH 基をもった主剤と NCO をもった硬化剤と混合した二液タイプが使用される．

塗工法はおもにリバースグラビアまたはダイレクトグラビア方式で行われる．リバースグラビア方式はロール間の間隔調整とロール回転の変化で塗布量調整を行い，低粘度で粘度変化の少ない接着剤に適する．ダイレクトグラビア方式はシリンダーにセルを刻印し，セルの形状，深度で塗布量が決まるので粘度変化が多少あっても安定した塗工ができる．

その後，接着剤の高濃度化（75％程度）に対応して，この方式で加工することが多くなった．基材は印刷してある場合が多く，印刷ピッチの不良，インキの乾燥不足による溶剤の残留，基材のブロッキングなど，ラミネーション後に重欠点となることが多いので印刷管理が十分行われなければならない．ラミネーション工程ではカール，基材間トンネル，しわ，気泡抱込み，ドクター筋などの発生に注意する．加工後は接着剤の硬化反応を促進するため製品を加熱保温し，品質を安定させる．接着剤の性能によるが 40℃，2 日以上の保温で十分な接着が得られる．

5.7.4 無溶剤ラミネーション

図 5.93 に成形法を示す．基材は特に平滑であり，表面ぬれ性の良いものどうしをラミネーションすれば，約 200 m/min までの高速加工が可能である．接着剤はウレタン系の一液タイプが使われているが，一液タイプは常温での凝

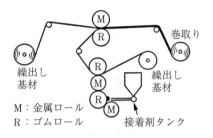

図 5.93 無溶剤ラミネート成形法

集力が小さく，溶剤形に比べ初期接着が弱いため，基材の張力バランスが崩れたり，基材の偏肉，印刷部，無地部の段差などわずかなひずみによってトンネル現象を起こしやすい．したがって，基材やインキの選定を厳密に行う必要がある．接着剤はロール間隙で定量され高い圧力と周速差でロール間を転移，薄膜化される．塗布量は $1g/m^2$ 前後がよく，$2g/m^2$ 以上になると硬化や外観不良を起こしやすい．反応はNCO基（3～6％含む）に対する水分の供給が不十分であると硬化不良を起こす．また，反応により炭酸ガスを発生する．このように一液タイプ接着剤の欠点があって，基材や印刷インキ，加工条件などの制約を受けざるをえず，OPP（二軸延伸ポリプロピレンフィルム），CPP（無延伸ポリプロピレン）などの基材を使用した構成が多い．

最近では二液タイプ接着剤のポットライフが短いという欠点を補う特殊なフィードシステムをもった塗工機械が開発され，二液タイプに移行しており，一液タイプで加工不可能であった構成についても可能性が出てきた．しかし，無溶剤ラミネーションは接着剤のコーティングユニットの精度が良くなったが接着剤を加熱（80～100℃）して粘度調整するので，実際の加工は高度の技術と品質管理マニュアルを設定しない限り，原因不明の接着不良を生じかねない．今後は二液タイプの接着剤の改良が続けられることにより，ボイル殺菌やレトルト殺菌にも耐える包材の出現が期待される．

5.8 カレンダー成形

5.8.1 概　　　要

カレンダー成形は幅広い分野，すなわち，金属，紙，食品，ゴム，セルロイドなどをシート状にロール圧延するために古くから利用され，自動車社会の到来とともに急激に成長した．プラスチック分野においては，塩化ビニールプラスチック加工を中核に発展し，現在では太陽電池封止シートをはじめとした先端分野に使用される部材加工に利用されている．

カレンダー成形装置は，材料を可塑化するための装置と圧延加工の中心とな

るカレンダーロール装置，その後段に設けられるテークアップロール，エンボス，冷却，アニール，表面処理，製品厚み測定，巻取機から構成される．可塑化装置は，インテンシブミキサー，バンバリミキサー，ヘンシェルミキサーによるバッチ式混練機によるものであった．現在では，二軸連続混合機，遊星押出し機などによる連続式が主流となっている．これらの装置で予備混練されたプラスチック材料は，ベルトコンベアーでカレンダーロールへ供給される．ベルトコンベアー出口は揺動し，ロール隙間に材料が均一に供給され，カレンダーロール装置より厚み精度の高いシートが押し出され後段設備により製品が巻き取られる．

　カレンダー成形は，特に厚み精度が重要な要素であり，厚み精度にかかわる要因として，ロール配列，ロール温度分布，ロールたわみ（製品厚み，材料粘度，生産速度）である．ここでは，製品精度に最も重要であるカレンダーロール装置（厚み30μm～2mm）を中心に説明する．図5.94は，代表的カレンダーラインの構成を示す[39]．図5.95は，一般に使用されているフィルム成形装置（厚み200μm以下）およびシート成形装置（厚み200μm以上）の外観を示す．

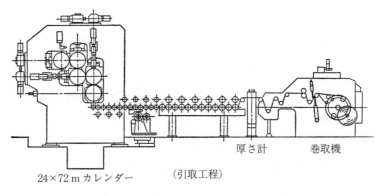

24×72m カレンダー　　（引取工程）　　厚さ計　　巻取機

図5.94　代表的カレンダーラインの構成

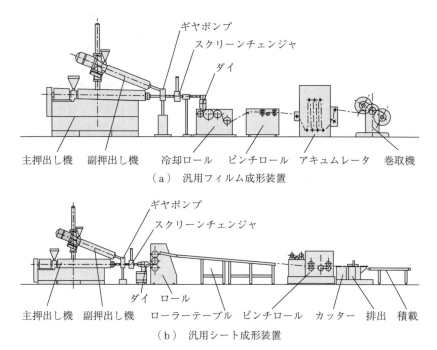

図 5.95 汎用フィルム成形装置と汎用シート成形装置

5.8.2 ロール構成

カレンダーロール装置は，用途に合わせ 2～6 本のロールによる組合せで構成される．各ロールの本数と配置の関係は，2 本ロール方式（I 型，傾斜型），3 本ロール方式（I 型，傾斜型，A 型），4 本ロール方式（逆 L 型，傾斜型，Z 型，L 型）が基本であり，これらをさらに組み合わせ 5～6 本ロールとした方式もある．図 5.96 は，基本ロール方式を示す．

これらは，成形プロセス（貼合せ，作業性，製品品質）により選択される．特に成形加工時のロールに働く荷重（セパレーティングフォース）によるロール変形が重要な要素となるが，ロール配置により荷重方向が異なるため，製品品質に影響する．また，ロール本数が多くなれば圧延回数が増加する．これに

5.8 カレンダー成形

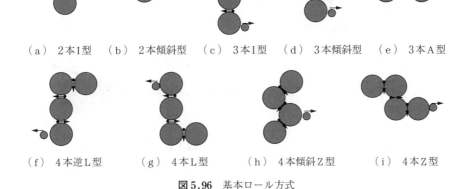

(a) 2本I型　(b) 2本傾斜型　(c) 3本I型　(d) 3本傾斜型　(e) 3本A型

(f) 4本逆L型　(g) 4本L型　(h) 4本傾斜Z型　(i) 4本Z型

図5.96　基本ロール方式

より製品品質は向上し，不良現象であるエアーマーク，ピンホール，フローマークの減少につながる．

　ここでは，4本逆L型を基本に材料の流れについて説明する．図5.97にロール構成の詳細を示す．プラスチック材料は，第一ロール（サイドロール）と第二ロール（トップロール）の噛合部に供給される．材料は，二本のロール回転によりロール間隙間へ移動し，その隙間を通過できない材料がバンクとなる．安定した成形を行う要素の一つとして，バンクの大きさを一定にすることが重要である．その後，第二ロールと第三ロール（ミドルロール）でさらに圧延され第二バンクが形成される．第二バンクでは，親指バンクともいわれ，親指程度の大きさのバンクがよいとされている．さらに第三ロールと第四ロール（ボトムロール）で第三バンク（シーティングバンク）が形成され，その大きさは鉛筆程度でありペンシルバンクが良いといわれている．図5.98は，三次元流動解析により粘弾性流体を解析して得られたバンク部の圧力分布である．ロール入口からロール隙間最小部にかけて圧力が上昇し最大値を示した後，大気圧へ移行している．材料の流れは，上下のロールの回転によりバンクが発生し，そのバンクは時計方向に回転し材料はAロール側から供給されBロール側に張り付く．成形中の材料は，速度が速く，温度の高いロール側に張り付く．プ

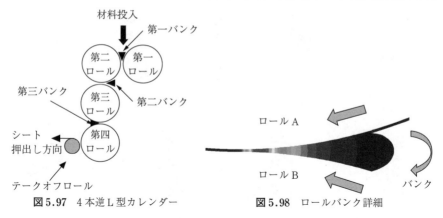

図5.97 4本逆L型カレンダー　　図5.98 ロールバンク詳細

ロセスの上流から下流にかけてロール温度を高くし，ロール速度を上げることが成形安定性につながる．ロール隙間は，上流から下流にかけて隙間が狭く設定され，最終段階でのロール隙間は目標の製品厚みに対し小さく設定される．最後にテークオフロール（図では1本であるが多数本を一列配置されたもの）によりカレンダーロール本体からシートを取り出し，エンボス，冷却，アニール，表面処理が行われる．十分な応力緩和が必要な場合は，再度オフラインでアニール処理が行われる．

ロール径 D とロール長さ L の比率は，L/D と呼ばれ 2～3 の値をとる．2より小さい場合は，コストパフォーマンスが悪く，3より大きい場合は，ロール変形による製品厚み精度が低下する（現状では，ロール直径は 400～800 mm が主流である）．製品品質，生産性（コスト），材料特性，成形条件を十分考慮し決定しなければならない．

5.8.3 製品厚み精度の要因

成形される製品厚みは，30 μm～2 mm 程度である．実験装置レベルではさらに広範囲の厚みの試作が可能である．製品厚み精度は，シート幅方向（TD）と押出し方向（MD）に分けられる．

シート TD 方向の厚み精度は，成形時のロール変形に大きく影響される．材料が2本の狭いロール隙間を通過する際に発生する圧力（セパレーティング

5.8 カレンダー成形

フォース）がロールを変形させ，それに伴い製品厚み分布が悪くなる．この力により**図5.99**に示すようにロール間の隙間は凸型隙間（中央部の隙間が広く，ロール端部の隙間が狭い状態）となる．変形の要素は，ロール本体の剛性（材質と構造），ロール温度分布，押出し材料の均質度合いも合わせ重要な要素となる．

ロール加工精度は，研磨加工により非常に精度の高い値をとるが，その加工は常温で行われる．しかし，実際に成形に使用する場合は，100℃以上の高温に加熱するため熱ひずみによる変形が問題となる．特に高温・高精度の厚み精度を要求する場合は，成形条件と同様の温度で熱間研磨を行う必要がある．

図5.99 ロール間のたわみ

図5.100は，ロールクラウンによる変形対策である．ロール中央部の径を太くし，端部を細くし変形量に見合う量のクラウンをロールに付加するものである．しかし，これは単品種多量生産向きであり，成形条件の変更が多い多品種生産に合わない．**図5.101**は，ロールクロス法といわれ図5.97で示す第三

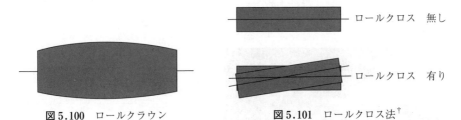

図5.100 ロールクラウン　　　　**図5.101** ロールクロス法[†]

---

† クロスは，4本逆L型の場合が多く，センターロール（第三ロール）のロール中央を中心に回転させる構造となっている．センターロールの上部には，トップロール（第二ロール）があり，下部にはボトムロール（第四ロール）があるが，これは回転せず，ロール間の隙間のため上下に動く構造となっている．そのためカレンダーロールの駆動は，等速ジョイントにて動力伝達される．運転中に調整が可能なため一般的によく利用される方法である．同時に，ベンディング装置も合わせてセンターロールに取り付けられる．

ロールを第四ロールに対しロール中心を基準に左右に軸芯をクロスさせ中央部のロール隙間と端部の隙間を調整する方法である．クロス量は任意に調整可能で幅広い条件に対応することが可能となる．しかし，クロス量が大きすぎると製品シート表面に外観不良が発生する場合があるため注意が必要である．ほかの改善方法としては，ロール端部に油圧シリンダーを設け逆方向へロールを変形させ隙間を均一化するロールベンディング装置があるが，変形量は大きくない．また，ベアリング隙間を補正するためプルバック装置がある．これらは複合化し，装置に組み込まれる．

　ロールにかかる荷重は，非常に高く線圧で表現される場合が多い．線圧とは，ロールにかかる荷重を製品幅で割った値であり数百 kg/cm 以上の値となる．汎用シート成形では，この値は数十～100 kg/cm である．つぎに，ロールの温度分布である．温度分布が悪いと材料の粘度が変化しロール隙間での流れが変化し厚み分布に影響する．温度均一化には，ドリルド方式が採用され，必要に応じてヒートパイプ，誘導加熱との組合せが行われる．**図 5.102** は，フィルムの TD 方向の温度分布測定用センサーの外観と測定データシートを示す．**図 5.103** は，ロール回転速度変位を非レーザードップラー方式による非接触測定後 FFT 分析した結果である．周波数ごとの速度変動率を確認し，変動要素を確認することが可能である．ロール本体のたわみ量の測定も同様に重要である．

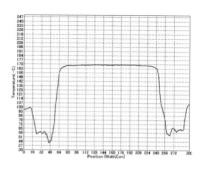

図 5.102　フィルム温度測定センサー外観および測定データ

5.8 カレンダー成形

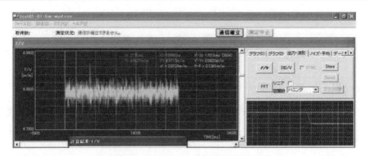

図5.103 ロール回転速度測定データ

後者は，モーター回転精度，減速機のバックラッシュ，減速機とロール接続用ジョイントの等加速度性，ロールベアリングの隙間が挙げられる．さらにカレンダー本体からテークアップロール間のエアーギャップを最小限としネックインを抑制することが厚み精度の向上および内部応力発生防止につながる．機器の選択には，これらの問題点を十分考慮し確認する必要がある．

5.8.4 カレンダー成形の未来

カレンダーロール装置の基本は，古くからの技術であるが，近年の最新要素技術によりさらなる向上が図られている．いままでは汎用プラスチックが主流であったがエンジニアリングプラスチック，スーパーエンジニアリングプラスチック対応も可能となっている．また可塑化装置は，押出し機（単軸・二軸）とTダイを組み合わせた装置によりさらに厚み精度の向上が図られている．さらに，センサー技術，制御技術の進歩によりシート厚みをセンサー（X線，ベーター線，赤外線，レーザー）で連続測定し，各ロール回転，クロス量，ロールギャップを制御し，製品厚みの制御が可能となり，三次元の構造解析と流動解析を併用した連成解析により成形条件，生産速度，製品厚み，材料特性（粘度，粘弾性）による荷重およびフィルム厚み分布の予測が可能となりつつある．またインターネットを利用したICT技術を応用した運転・メンテナンス管理により，素晴らしい製品が生産されることが期待される．

5.9 発泡成形

5.9.1 概要

 発泡プラスチックはマトリックスプラスチックの中に気泡が多数分散したものである．発泡体との対比で発泡していないプラスチック成形品をソリッド成形品と呼んでいる．発泡とは気泡が発生することであり，発泡プラスチックは発泡工程を経て製造される多孔質プラスチックを表す．

 発泡プラスチックを特徴づける要素には，①マトリックスプラスチック素材の種類，②気泡内部の気体の種類，③気泡密度（単位体積当りの気泡数），④平均気泡径，⑤気泡径分布，⑥独立気泡率，⑦発泡倍率が挙げられる（⑦の発泡倍率は気泡密度と平均気泡径から計算することも可能であるが，比重測定等から比較的容易に得られるためよく用いられる）．また，実用上の発泡プラスチックには成形方法によって気泡が存在しない表層（ソリッドスキン層）を伴っている場合がある．その場合にはソリッドスキン層の厚みも重要である．

5.9.2 発泡成形に用いる発泡剤

 発泡剤は発泡成形において気泡を形成するためのガスを供給する物質であり，化学発泡剤と物理発泡剤に大別される．また，熱膨張性マイクロカプセルは物理発泡剤であるが，取扱いが化学発泡剤に似ている．超臨界流体は物理発泡剤の一つの形態であるが，微細発泡成形を理解する上できわめて重要なため，分けて解説する．

〔1〕 化学発泡剤

 化学発泡剤は有機系発泡剤と無期系発泡剤に分類され，それぞれはさらに熱分解型と反応型に分類される．表5.9に代表的な発泡剤の構造と特性を示した．

 有機系の熱分解型発泡剤では，ADCA（アゾジカルボンアミド），DPT（N,N′-ジニトロペンタメチレンテトラミン），OBSH（4,4′-オキシビスベンゼン

5.9 発泡成形

表 5.9 発泡成形に用いられる代表的な発泡剤の構造と特性

	化学名	略称	化学式	分解温度 〔℃〕	おもな分解ガス
有機系	アゾジカルボンアミド	ADCA	$H_2N-\underset{\underset{O}{\|\|}}{C}-N=N-\underset{\underset{O}{\|\|}}{C}-NH_2$	200〜210	N_2, CO, CO_2
有機系	ジニトロソペンタメチレンテトラミン	DPT	$ON-N\underset{H_2C-N-CH_2}{\overset{H_2C-N-CH_2}{\underset{\|}{\overset{\|}{\diagup\diagdown}}}}CH_2\diagup\diagdown N-NO$	205	N_2
有機系	p, p'-オキシビスベンゼンスルホニルヒドラジド	OBSH	$H_2N-\underset{\underset{O}{\|\|}}{\overset{\overset{H}{\|}}{N}}-\underset{\underset{O}{\|\|}}{S}-\text{◯}-O-\text{◯}-\underset{\underset{O}{\|\|}}{S}-\underset{\overset{H}{\|}}{N}-NH_2$	155〜160	N_2, H_2O
無機系	炭酸水素ナトリウム	重曹	$NaHCO_3$	140〜170	CO_2, H_2O

スルホニルヒドラジド）等がよく用いられる．有機系の反応型はウレタン反応で用いられるイソシアネート化合物が含まれる．無機系の熱分解型発泡剤には炭酸水素塩，炭酸塩，炭酸水素塩と有機酸塩の組合せなどがある．

化学発泡剤はクエン酸塩や酸化亜鉛と併用することで気泡径を小さくすることが可能である．例えば，有機系である OBSH にクエン酸塩と酸化亜鉛を併用する例が特許文献に示されている[40]．化学発泡剤と高級脂肪酸塩の併用も気泡の結合・合一を防いで気泡を微細化する効果があり，特許文献では重曹，クエン酸塩，タルク（発泡核剤）にステアリン酸リチウムを併用する配合処方が示されている[41]．

〔2〕 物理発泡剤

物理発泡は，高圧下でプラスチックに液化ガスや超臨界流体を溶解させ，圧力低下あるいは加熱によって溶解度を低下させることによって気泡を生成させる発泡方法である（溶解度は圧力が高いほど，温度が低いほど高くなる）．液化ガスとして代表的なものにフロンと炭化水素がある．これらは溶融樹脂に対する溶解度が非常に高いため，押出発泡で高発泡倍率を得る目的で使用されている．また，フロンは熱伝導率が低く，気泡壁を透過しにくいため，断熱材用

途で多く使用されている．これらの物理発泡剤はオゾン層破壊，地球温暖化，可燃性・毒性の問題もあり，無害な窒素，二酸化炭素への代替が検討されているが，プラスチックに対する溶解度が低いため，高倍率の発泡体を得ることは難しい．

〔3〕 超臨界流体

液体の温度を上昇させていくと分子運動が盛んになり，気体の圧力を上昇させると分子間距離が近くなる．高温高圧の条件にすると，分子間距離が近く，分子運動が速い状態にたどり着き，もはや液体と気体の区別がつかなくなる．この液体と気体の両方の性質を併せもった状態を超臨界状態と呼び，その物体を超臨界流体と呼ぶ（図 5.104）．また，このような状態が得られる温度，圧力をそれぞれ臨界温度（T_c），臨界圧力（P_c）と呼ぶ．発泡成形の発泡剤として用いられるのは窒素と二酸化炭素であり臨界温度，臨界圧力は窒素：T_c＝126 K($-$147.0 ℃)，P_c＝3.39 MPa，二酸化炭素：T_c＝304.2 K(31.1 ℃)，P_c＝7.37 MPa である[42~44]．

超臨界流体を発泡剤として用いる利点の一つは注入量が正確に制御できる点にある．超臨界流体を用いるもう一つの利点は，圧力が高いことにより大量の発泡剤を溶融樹脂に溶解させることができることであり，微細な気泡が得られる．

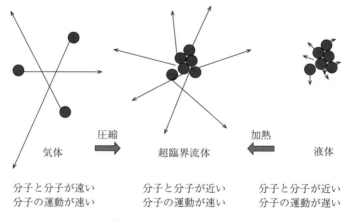

図 5.104 超臨界流体の特徴

〔4〕 **熱膨張性マイクロカプセル**

熱膨張性マイクロカプセルは炭化水素を熱可塑性プラスチックのカプセルでくるんだものであり，温度が高くなるとカプセルが軟化するとともに炭化水素が気化して気泡を生じる．カプセルは保管時にガスが抜けないガスバリア性プラスチック（例えば，ポリアクリロニトリル）が用いられる．熱膨張性マイクロカプセルは，カプセルが破裂しない限り成形品の表面にシルバーストリーク，スワールマークと呼ばれる成形品表面に現れる白い筋状の不良が発生せず，良外観が得られるという特長がある[45]．

5.9.3 代表的な発泡成形

熱可塑性プラスチックの成形工程は「溶かす」，「流す」，「固める」の3工程からなる．発泡成形ではさらに「気泡が発生する」，「気泡が成長する」，「気泡の成長が停止する」という工程が加わる．発泡成形を大きく分類すると，固相発泡と液相発泡に分けられる．固相発泡は，「溶かす」から「固める」までを先に行い，その後に発泡工程を行う．一方で，液相発泡は「溶かす」から「固める」に至る工程と同時進行的に気泡の発生から成長の停止までが起こる．

固相発泡には，ビーズ発泡，バッチ発泡，プレス発泡，常圧二次発泡が挙げられる．液相発泡としては，射出発泡，押出し発泡，発泡ブローが挙げられるが，ここではビーズ発泡，バッチ発泡，押出し発泡，射出発泡について解説する．

〔1〕 **ビーズ発泡**

ビーズ発泡はいわゆる発泡スチロールの製造に用いられる成形方法である．ビーズ発泡の工程は，予備発泡，熟成，成形，養生に分けられる[46]．

予備発泡の工程は，直径1mm程度の大きさに揃えられたPS，PP，PE等のペレット（ミニペレット）に発泡剤を含浸したもの（原料ビーズ）を蒸気加熱により発泡させ，一定の大きさ，一定の比重の発泡ビーズにする工程である．予備発泡の直後は気泡内のガス圧は高いが，冷却されると発泡剤が凝縮するために負圧になる．そこで，熟成工程では気泡内が常圧の空気に置き換わる

まで待つのである．発泡工程では金型に発泡ビーズを入れて蒸気で加熱することで発泡ビーズがさらに膨らみ，融着するとともに，金型キャビティに沿った形状になる．養生工程では金型から取り出した製品を乾燥するとともに，気泡内部の圧力を整えて寸法精度や強度を一定のレベルに整える．

ビーズ発泡ポリスチレン（発泡スチロール）の緩衝包装材は代表的な用途である．ビーズ発泡ポリエチレンは精密機器梱包用緩衝材等に，ビーズ発泡ポリプロピレンは自動車のバンパー等の衝撃吸収部品として使用されている．

〔2〕バッチ発泡

バッチ発泡は，予備成形されたプラスチックをオートクレーブに入れ，超臨界流体に浸漬し，圧力解放あるいは加熱によって気泡を発生させる発泡成形法である．プラスチックに溶解するガスの圧力が高いほど，温度が低いほどよく溶ける．したがって，飽和させた後に急激な減圧あるいは昇温によって気泡を発生させることができる．

圧力解放によって発泡させる場合は，オートクレーブ中でプラスチックのガラス転移温度（T_g）以上を維持しながら急減圧する．昇温によって発泡させる場合は，オートクレーブ中でいったんプラスチックの T_g 以下まで冷却し，ガスが含浸したプラスチックを取り出してから急速加熱する．この方法の特長は，大量の物理発泡剤（ガス）を溶解して多数の気泡を発生させることと，T_g 付近で発泡させるために気泡の粗大化が避けられ，微細気泡が得られる点である．図 5.105 に超臨界二酸化炭素によるバッチ発泡のプロセス概要を示した．

具体的な用途として，光反射用微細発泡シートが挙げられる．特許文献に記載された PEN 発泡体の実施例によると，厚み 0.5 mm の PEN 樹脂を約 6 MPa の二酸化炭素に 7 日間浸漬した後に取り出し，180 ℃で 1 分間加熱して微細発泡体を得ている．この方法により表面にごく薄い未発泡層をもつ反射率の高いシートが得られる[47]．

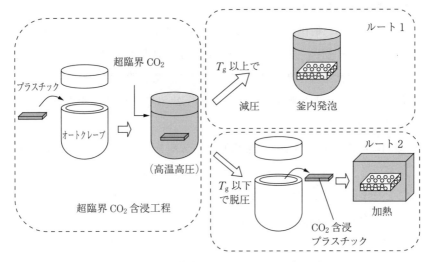

図 5.105 超臨界二酸化炭素によるバッチ発泡のプロセス

〔3〕 押 出 し 発 泡

押出し発泡成形は発泡性プラスチック（発泡剤を混合したプラスチック）を押出し機で押し出す成形方法であり，ダイから出たプラスチックが発泡する．

気泡の生成はダイをプラスチックが流れる際の圧力降下によるため，ダイ形状が非常に重要である[48]．ダイから出た後は大気に触れるため，それほど厚いスキン層は生成しないが，ダイの形状を工夫し，ダイ内で徐々に冷却することでスキン層をもたせている例もある．ポリスチレンの押出し発泡製品として代表的なものとして，厚み 20 ～ 100 mm の押出し法ポリスチレンフォーム（XPS）が一般建築，戸建住宅，畳等の断熱材として多く使用されている[49]．また，発泡ポリスチレンシート（PSP）と呼ばれる 1 ～ 3 mm 厚のシートは真空成形によって二次加工されて食品用トレーとして多く使用されている[50]．無架橋押出発泡ポリエチレンシートは，複数枚貼り合わせて厚い板に成形，打抜きを行って精密機器輸送用の緩衝材として用いられるほか，薄肉シート状で表面保護材として使用されている．無架橋押出発泡ポリプロピレンシートは段ボール代替や引越しの養生に用いられている．

〔4〕 射 出 発 泡

　射出発泡成形は，射出成形機を用いて，発泡性溶融プラスチック（発泡剤を混合したプラスチック）を金型内に射出し，発泡成形品を取り出す成形方法である．発泡剤は前述の化学発泡剤，物理発泡剤，熱膨張性マイクロカプセルが使われる．発泡剤として超臨界状態の窒素あるいは二酸化炭素を用いると微細な発泡体が得られる．

　金型内に射出された発泡性溶融樹脂はノズルを出ると減圧され，気泡が生成・成長する．射出された溶融樹脂が金型内を満たすか，金型によって冷却されることで溶融樹脂が固化すると気泡の成長は停止する．

　射出発泡を分類すると，ショートショット法，フルショット法，コアバック法に分類される．ショートショット法は，金型キャビティ内にキャビティ容積よりも少ない量の樹脂を充てんして，気泡が拡大しながら金型キャビティを充てんする方法であり，製品形状にも依存するが10〜15％程度軽量化できる．通常，射出発泡成形と呼ばれるものの多くはこのショートショット法である．

　フルショット法は，ちょうどキャビティ容積を満たす樹脂を充てんするが，その後の固化収縮による体積減少分を気泡の拡大で補う方法である．厚肉製品（例えば事務用椅子の肘かけ）のヒケ防止に用いられることがある．射出発泡成形の製品は軽量化・寸法安定性を目的に自動車（ドアトリム，インスツルメントパネル・コア等）や家電（プリンター部品等）で多く使用されるようになってきた．

　コアバック法は射出発泡成形の応用技術であり，一度キャビティ内に発泡性溶融プラスチックを完全充てんした後に，キャビティ容積を拡大させて発泡さ

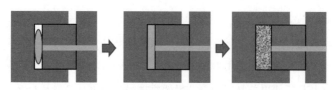

図 5.106　コアバック発泡の概要（キャビティ容積可変の金型を用い，充てん後にキャビティ容積を拡大させる）

せる方法である（**図5.106**）．この方法では1.5～6.0倍程度の比較的高い発泡倍率が可能になる[51]．コアバック法は軽量で剛性が高い製品が得られるため，自動車のドアトリム，ドアキャリア，エンジンカバー等に用いられている．

5.10 RIM 成 形

5.10.1 概　　要

RIM は reaction injection molding の略で反応性射出成形のことである．おもに2種類の反応性を有する液体原液を，閉じられた金型の直前で混合し，金型内に注入する成形方法である．金型はプレスによって開閉され，原料を混合するためのミキシングヘッドは金型に固定される．RIM 成形に用いられる注入機は高圧注入機で，1970年代に高圧注入機が開発されたことが RIM 成形を可能にした．日本では1970年代後半から1980年代にかけて自動車の外装部品として RIM 成形されたウレタン部品が多用された．現代では当たり前となった自動車の外装部品のプラスチック化を大きく牽引した技術である．ウレタン樹脂の耐摩耗性や復元性が注目されて外装部品に多用されたが，市場のニーズからさらなる軽量化とコストダウンのために，それらはほかの熱可塑性プラスチックの射出成形部品に置き替えられ，1990年代には RIM 成形された外装部品は足早になくなった．

当時最も盛んに成形されたのがウレタンバンパーである．米国の5マイル規制が発端となり，それまでメッキを施した鉄でできていたバンパーは，ほとんどが軽衝突時に復元性のあるウレタン樹脂に替わった．肉厚が薄く次第に大型化するバンパーの要求によって RIM 成形の技術は大きく進歩した．しかし現実は5マイル規制の廃止によって短期間にウレタンバンパーが熱可塑性プラスチックのバンパーへと置き替わってしまったが，自動車の外装部品のプラスチック化の先鞭をつけたのは RIM 成形である．

ウレタン樹脂における RIM 成形は大きく減少したものの，ほかの反応性樹脂，例えば DCPD（ジシクロペンタジエン）やエポキシによる CFRP（炭素繊

維強化プラスチック)の成形には現在も RIM 成形の技術が活かされている.

5.10.2 高圧注入機

RIM 成形に使用される注入機は高圧注入機である．高圧注入機と低圧注入機の違いは，一見すると，その送液圧力にあるように誤解しがちであるが，じつは原液の混合方法にある．スタティックミキサーやダイナミックミキサーなどによって混合を行うのが低圧注入機で，各原液を狭い混合室に高速で噴出させて乱流を発生させ，おたがいの原料を混合させるのが高圧注入機である．液体を高速で噴出させるためにはポンプから送液された原料をオリフィスで絞ることになり，その結果オリフィスの手前すなわちポンプ圧は 20 MPa に近い高圧となるのである．後にも説明するが，高圧注入機は混合された樹脂をそのポンプ圧ほどの高圧で金型に押し込むのだと思ってはいけない．ただ，低圧注入機に比べれば樹脂を金型に押し込む力は圧倒的に強く，注入後に混合室内を洗浄する必要がある低圧注入機に対して，高圧注入機は混合室内に樹脂が残らない機構を有しているので，原料ロス，洗浄液，生産サイクルを考慮すると，量産用の RIM 成形には高圧注入機が必須である．ちなみに高圧または低圧でも，上記の 2 液を混合するデバイスをミキシングヘッドと呼ぶ．図 5.107 は典型的な高圧注入機で，図 5.108 がそのフロー図である.

図 5.107 典型的な高圧注入機

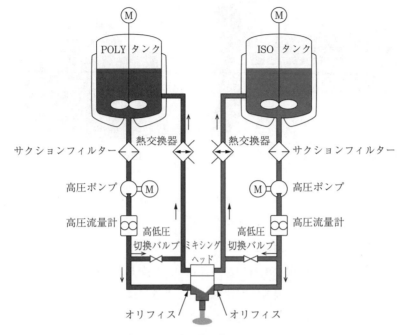

図 5.108　高圧注入機のフロー図

5.10.3　高圧ミキシングヘッド

　RIM 成形に使用される混合デバイスは高圧ミキシングヘッドであり，一般的にはミキシングヘッドは金型に直接固定される．図 5.109 に RIM 用高圧ミキシングヘッドのカットモデルを，図 5.110 にオリフィスの概観をそれぞれ示す．ミキシングヘッドは循環機構を有していて，注入が開始されるまで 2 液は混合されることなく，ミキシングヘッドを通って循環し，それぞれのタンクに戻る．つまり金型の直前で高圧循環をしているのである．ミキシングヘッドが油圧機構によって開くと，2 液は瞬時に高速でミキシングヘッド内の狭い混合室に噴出し，乱流を起こしておたがいに混合され，そのまま金型の中に注入されていって反応固化する．所定量の注入が行われると油圧機構によって混合室内の混合物は全部が金型内に押し出されて注入が完了する．高圧ミキシングヘッド

図 5.109　RIM 用高圧ミキシングヘッド　　　　図 5.110　オリフィス
　　　　　（カットモデル）

では原液が極小穴のオリフィスを通過して毎秒 100 メートルほどの高速で狭い混合室内に噴出されることで乱流が発生し，十分な混合が行われる．このためには混合室内で液体が自由に動ける状況が必要であり，それには混合室をできるだけ大気圧に近い状況とするのが望ましい．しかし，ミキシングヘッドの先には金型があり，そこに混合物が流れて行くときには，ある程度の圧力が発生する．金型内に安定的に樹脂を流すためにフィルムゲートなどの堰(せき)を設けることがあるが，それも注入時にミキシングヘッド内の混合室の圧力を上昇させてしまい，混合のために必要な乱流が起きるのを妨げる要素にもなる．金型による液流れの絞りすぎは混合不良を起こすので，可能な限りゲートでの圧力発生は小さく設計すべきである．圧入はしたいが，混合不良は避けたいという背反する条件のどこに最適条件を見つけるかが RIM 成形の金型設計におけるノウハウとなる．

5.10.4　R-RIM 成形およびエアーローディング

　ウレタンバンパーで RIM 成形が採用され，自動車の前後部分のプラスチック化が進むと，バンパーとフェイシャ（フロントグリル）を一体として成形する大型化へと進んだ．これに伴ってウレタン樹脂の中に強化材として 100 μm ほどの長さに粉砕されたグラスファイバー（ミルドファイバー）を入れて注入成形する R-RIM（Reinforced RIM）が汎用化した．ウレタン材料のおもにポリ

5.10 RIM 成形

オール側にあらかじめファイバーを混ぜておいて RIM 注入を行う．短繊維とはいえ，ガラスであるから，注入機における原料の送液（メタリング）に通常のポンプは摩耗して使うことができない．そこで使うのが，注入機メーカーが開発した図 5.111 に示すようなシリンダー式注入機である．油圧で作動する超大型の注射器のような注入機であるが，主としてランスシリンダー式となっているため，原液にファイバーが混ぜられていても摩耗には強く，精度の良い送液ができる．もちろんミキシングヘッドも耐摩耗性を向上させた特殊なタイプを用いなければならない．

図 5.111　シリンダー式注入機

バンパーとフェイシャが一体化したような大形成形品を造る場合，生産性を求めて樹脂の反応性を速くしたときに，その成形品の肉厚の薄さは，瞬時に金型内の大きな面積に充てんすることに対する難しさがある．そのために開発された技術がエアーローディングである．これは，原液，おもにポリオールに空気を数十％インラインで混合して注入をする補助成形方法で，成形時の樹脂の流れ性を大きく向上させることができる．混合された空気は高圧下ではポリオールに溶存してしまう．それがミキシングヘッドからの注入時，一気に混合液の中で微細な気泡となって析出するため，ウレタン反応によって発生する発泡ガスよりもはるかに速い速度で混合液を金型内の狭い隙間に押し込んでいく

効果がある．最大ではポリオール原液と同じほどの容積の空気を混入させることもあるが，シリンダー式注入機はキャビテーションを起こさないので，図5.112に示す高混入率のエアーローディングでも対応できる．原液に対する空気の混入方法や混入率の計測方法にはいろいろあるが，写真は注入機の原料タンク内で高速ミキサーを使って直接空気を混入させるタイプである．計量器も装備している．

図5.112　エアーローディング装置

5.10.5　RIM 成形の未来

ウレタンにおけるRIM成形は1990年代後半に急激に縮小してしまい，一部のドアトリムやスポイラーなどに残るのみとなってしまった．しかし，ウレタン以外の樹脂，DCPD（ジシクロペンタジエン）などではRIM成形によって建機，農機やトラックなどのボデー部品，浄化槽などの建築系大型機器などが生産されている．一方，新しい分野では先端素材CFRP（炭素繊維強化プラスチック）への応用がある．CFRPは鉄の10倍といわれる強度とその軽さから航空機などで採用されてきたが，その製法はオートクレーブ工法という手間のかかる方法であった．それに対し，自動車部品などの量産性を求められる用途では高圧注入機を使ったRIM成形の一種であるRTM成形（resin transfer molding）法が注目され，各所で研究や試作が行われている．図5.113に

図 5.113　CFRP 用高圧 RTM 注入機

CFRP 用高圧 RTM 注入機の概観を示す．カーボン繊維を編んだ布を金型の中に置き，2 液反応型のエポキシ樹脂などを高圧注入して含浸成形する．自動車メーカーでは RTM 成形された CFRP のボンネットやルーフが量産車に使用されはじめた．従来のウレタン分野で培った RIM 成形のノウハウを活かした大きな進展が期待される分野である．

5.11　粉　末　成　形

5.11.1　概　　　要

プラスチックで機械部品等を製作する場合，通常，ペレットと呼ぶ米粒状の原料を用い，金型の中で加熱と同時に圧力が加えられる加熱溶融成形法が採用される．この代表的な方法が射出成形法である．これに対し，粉体（粉末）としての流動性を活用した成形法または塗装法が開発され，粉末流動浸漬法，エンゲル（engel）法，回転成形法などの名称で発展してきた[52]．その後，1970 年代に入り，冷間加圧成形法や超音波粉末成形法など，斬新な成形法が研究開発された．

5.11.2　粉末成形法の種類と特徴

粉末成形法の発展の要因は，金型費や設備費が安価，成形品に残留ひずみがなく応力亀裂に強い，肉厚の調整が容易，製品の強化補強が容易などの利点と

ともに,溶融流動を要しない成形プロセスを有することである[53].

図5.114に,プラスチック粉末成形法の種類と分類を示す.プラスチックの成形工程は,原料であるペレットを加熱・溶融し,金型の中へ流し込み(射出),同時に圧力を付与した後,冷却・固化して形状を付与する方法が主流である.

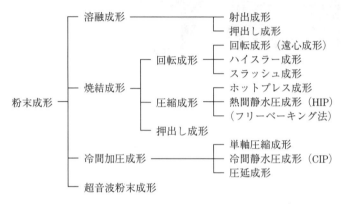

図5.114 プラスチック粉末成形法の種類と分類[54]

これに用いる原料のペレットはプラスチックの製造過程で得られる粉末を加熱溶融して造られる.したがって,最終製品になるまで少なくとも二度の溶融と冷却を繰り返すことになる.この熱サイクルを短縮するため,エンゲル法や回転成形法(一軸,二軸)などの粉末成形法が開発された.また,粉末冶金の手法を応用して,原料粉末を圧縮成形した後,製品を加熱焼結する方法もある.これらに対して,粉体の流動性と変形性を利用して,冷間(常温)で加圧成形のみで製品を得る冷間加圧成形法が開発された.

〔1〕 **溶 融 成 形**

図5.114に示すように,溶融成形には射出成形法や押出成形法がある.これらの方法は,成形材料がペレットか粉末状プラスチックかの違いのみで,製造工程は同様である.しかし,ペレットに比べ原料粉末の運搬,取扱いが不便なため多くの技術が埋もれている.

〔2〕 焼結成形

図5.114に示すように，この分野では回転成形法（rotational molding）と圧縮成形法に大別できる．前者は，動的あるいは回転を伴う成形法として，回転成形法，ハイスラー成形（Heisler molding）法（**図5.115**），スラッシュ成形（slush molding）法などがある．例えば，中空成形品を製造する場合には，一軸回転成形法やハイスラー成形法（遠心成形）が採用される．また，薄肉シート表面に多様な表面形状を転写（シボ加工）し機能性や意匠性を付与するスラッシュ成形法がある．いずれも適温に保持した回転金型に，粉末を装てんし肉厚を調整する．金型を効率よく加熱するために高周波誘導加熱法があり，成形サイクルが短縮でき温度制御も容易になり，その効果は大きい．さらに加熱および冷却工程は，製品の強さや寸法精度あるいは美観などに大きな影響を与えるため，用いるプラスチック材料および用途によって最適な方法と温度条件を選ぶことが重要である．

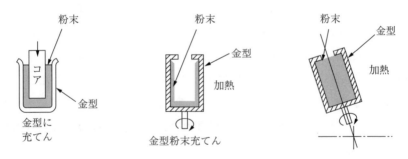

（a） エンゲル法（静止法）　（b） 一軸回転成形法　（c） ハイスラー成形法

図5.115 エンゲル法（静止法）および回転成形法の種類と概要[54]

後者は，静的な圧縮（加圧）によって成形する方法として，ホットプレス（hot press）成形法（**図5.116**），熱間静水圧成形（hot isostatic pressing, HIP）法などがある．ホットプレス成形は，加熱した金型の中に原料の粉末状プラスチックを装てんし，速やかに圧縮して成形する．金型壁面に密着した粉末は完全な溶融状態を呈しているが，中心部は粉末（粒子）粒界が溶着した状態で固形化する．熱間静水圧成形は，つぎの「〔3〕 冷間加圧成形」で説明する図

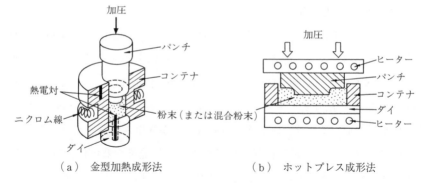

(a) 金型加熱成形法　　　(b) ホットプレス成形法

図5.116　ホットプレス成形法の種類と概要

5.118と同様の装置で，熱間で成形する方法であり，焼結させるプロセスは同様である．また，これらと別に，ふっ素樹脂のポリテトラフルオロエチレン（PTFE）の焼結成形法がある．不溶・不融で溶融粘度が高く，溶融温度域でも固体状態を維持するため，通常，粉末冶金と類似の焼結成形が適用されている．成形材料を常温で圧縮成形し，この予備成形品を溶融温度（380～400℃）以上の炉内に保持し，ゲル化の後，分子間凝集力による結合（焼結）によって製品となる．この予備成形品を炉内で焼結，冷却するものをフリーベーキング法という．成形金型は硬質クロムめっき鋼またはSUS鋼を用いる．成形圧力は低すぎるとボイドが発生し，逆に高すぎると割れが生じやすくなる．さらにシンター時の焼結温度・時間および冷却速度等の大小で，成形品の力学的な強さが左右される[55]．

〔3〕 冷間加圧成形

常温で加圧（圧縮）のみによって成形する方法として冷間加圧成形法（cold compression molding）[56]や冷間静水圧成形法（cold isostatic pressing，CIP）がある．前記の成形法と同様，原料が粉末であるため安価，加熱・冷却工程が不要，成形品の寸法精度が優れている，その上，多種多様な複合材料の製造が可能であるなど，多くの特長を有する．

冷間加圧成形法は，図5.117に示すように，単一プラスチック粉末あるいは混合粉末を所定の金型に装てんし，プレスで加圧成形する．加圧の際，機械

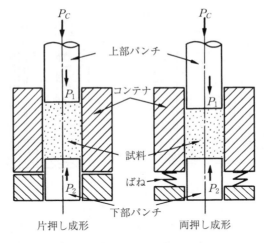

図5.117　加圧成形用金型の概要

プレスなど比較的速い速度で加圧成形する場合は，粉体中に混入した空気をあらかじめ抜き取ることが重要となり，緩速度の低圧で行う予備加圧成形が必要となる．液圧（油圧）プレスなどの比較的遅い速度で加圧成形する場合は，この予備加圧成形は不要である．また，同図に示すように，圧力伝達の相違から片押し成形法と両押し成形（模擬）法がある．当然ながら加圧力の伝搬状態が異なるため，粉末粒子の結合状態や成形品密度などに影響を与える．

一方，冷間静水圧成形法は，図5.118に示すように湿式法と乾式法に分類される．前者は，水などの液体を圧力媒体とし，通常98 MPa以上の高い等方圧力を粉体に加え，いろいろな形状に成形するものである．また，乾式法は，あらかじめ圧力容器内に組み込まれたゴム形を用いて加圧成形するため，前者に比べて液体に触れることもなく，取扱いが簡単で自動化も可能である．

このように，圧力媒体の違いから2通りあるが，湿式法は，もっとも理想的な等方圧縮成形法であり，少量多品種の生産や大形成形品の加工に向いている．また，いずれも高密度で均一性の高いもの，繊維などの偏析がなく均質なもの，あるいは複雑な形状や大きな寸法の成形品が得られ，材料の歩留まりがよいなどの利点がある．

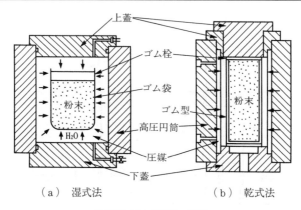

	利点	欠点
（a） 湿式法 （wet bag process）	○高密度，等方性，均質性 ○少量多品種の生産 ○大形成形品 ○複雑な形状の製品	○脱空気が必要 ○粉末の充てん，成形品の取出しがやや面倒
（b） 乾式法 （dry bag process）	○粉末の充てん，成形品の取出しが容易 ○自動化が容易 ○同一製品多量生産	○ゴム型側の面粗さがやや悪い

図5.118 冷間静水圧成形法の概要と特性[57]

〔4〕 **冷間加圧成形法における加圧力と加圧速度の影響**

図5.117で示す成形に必要な加圧力はプラスチックの種類および成形品の形状などで異なるが，おおよそ100〜300 MPaの範囲であり，特に50 MPa以下では成形品の強さは極端に弱い．**図5.119**に，その一例を示す．

成形加圧力の小さい初期加圧では，粉末粒子にかなりの自由度があり空隙の消滅が進行しつつ変形が除々に伝搬している段階である．その後，飽和状態に近づく第2段階では，空隙もほとんどなくなり成形品の密度（溶融成形品の90％前後）も最高となり，これ以上，加圧力を増しても密度の増加は極端に少ない．**図5.120**は，静的加圧力による成形品の内部構造の変化を示す実例である．

5.11 粉末成形

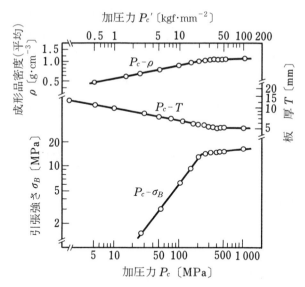

図 5.119 加圧力,成形品密度,板厚および引張強さの関係(AN 粉末成形品)[58]

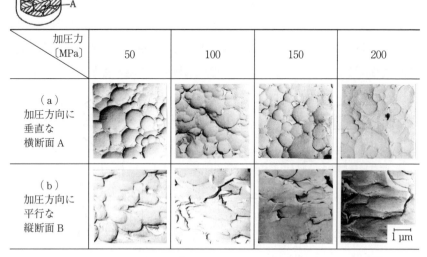

図 5.120 PVC 粉末成形品の静的加圧力による内部構造の変化(SEM)[59]

加圧方法は，加圧速度がきわめて大きく，成形所要時間が極端に短いと，熱伝導による熱（摩擦熱など）の散逸がきわめて少なく，発生熱が界面の温度上昇に作用し成形品の強さも増加する．また，加圧速度が速いと，圧力が損失なしに成形品中央部まで均一に伝達され，成形品全体が均一な結合を有し強さが向上する．なお，加圧速度が大きい動的加圧成形では，あらかじめ圧力 50 MPa 程度の静的な予備加圧を行うと効果的である．

　また，板厚（肉厚）の大きいものや大形の成形品は，加圧によって固化した際，個々の粒子が成形時に均一な圧力で均一な変形を生じないため，成形品内部に複雑な残留応力が生じる．この残留応力は成形品の形状や寸法について経時変化を起こし，さらにその箇所が弱点となって小さな外力で破断する．そこで成形品を適当な条件で加熱すると粉末粒子は軟化し，残留応力を緩和するように個々の粒子が変形し，成形品の強度向上につながる．この効果は，高温液体中でも雰囲気炉中でも同様である．

〔5〕　超音波粉末成形

　図 5.121 に示すように，金型内に所定の量だけ粉末を装てんし，加圧しながら直接強力な超音波振動（5 kW，15 kHz）を印加するのが特徴である[60]．この振動エネルギーで粉末どうしの摩擦熱が拡大し，ほぼ瞬間的に製品全体を溶融状態にして成形する．この方法は，単体粉末や混合粉末あるいは熱可塑性や熱硬化性プラスチックなど，いずれの粉末材料にも適用可能で，その効果は

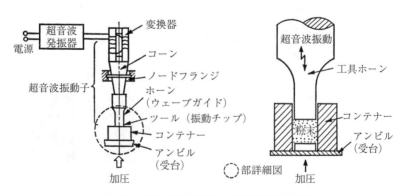

図 5.121　超音波成形機および成形工具の概要

5.11 粉末成形

きわめて大きい.また,特別な加熱を要しないため,金型の平均温度は射出成形に比べ大幅に低く,省エネルギーの観点からも有望な成形法である.

本法による成形品の特性は,加工機の出力,周波数,振幅,工具ホーン形状および印加時間などによって大きく左右される.**図5.122**は,高密度ポリエチレン(HD・PE)粉末の一例を示す.ここで最小所要印加時間とは,成形品中に空気や粉末などが残留しない状態で成形が完了する最短時間をいう.

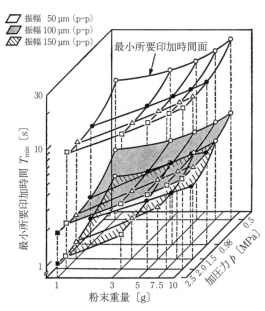

図5.122 高密度ポリエチレン粉末の超音波成形
($\phi 50 \times t6$)

一般に,振幅および加圧力が大きくなると印加時間は短縮され,また装てんする粉末の量が少なくなる(製品の厚さが薄くなる)と,印加時間は短縮される.また,流動性の悪いプラスチック材料でも,これに関係なく成形でき,さらに混合する繊維や粉末などの種類,形状,大きさなどに関係なく,種々の複合材料の製造に威力を発揮する.

5.12 圧縮・トランスファー成形

5.12.1 概　　　要

　圧縮成形は，金型のキャビティと呼ばれる部分に樹脂を入れて，圧縮成形機で加圧加熱して樹脂を硬化させる方法である．トランスファー成形法は，圧縮成形の改良法として考案されたもので，インサート入り成形品の成形や成形品の加圧方向の寸法精度を向上させるのに効果があり，半導体パッケージの封止成形はその代表的なものである．圧縮，トランスファー成形は熱硬化性プラスチックの典型的な成形加工方法であり，熱可塑性プラスチックの成形には採用されない．ここでは，トランスファー成形を中心に成形方法について記述する．

5.12.2　トランスファー成形の特徴

　半導体パッケージにおいては，1970年代から1980年代においてセラミックパッケージからプラスチックパッケージに置き換わった．このプラスチックパッケージの成形を行う工法が，トランスファー成形である．トランスファー成形は量産性に優れ，製造コストも安価なことから，現在でも非常に多く採用されている．

　図5.123には，トランスファー成形による一般的な成形工程を示す．また図5.124には，トランスファー成形金型の写真を示す．170～180℃に加熱した金型に，フレームと円柱形状のプラスチックタブレットを設置する．プラスチックタブレットは筒状のポットと呼ばれる部分に供給される．つぎに，上下の金型の型締めを行う．プラスチックタブレットは80～100℃で溶融することから，溶融したプラスチックをポットの下部にあるプランジャーを上昇させることでキャビティと呼ばれるパッケージ形状を形成する部分に樹脂を注入する．樹脂は加熱されることで硬化反応し，型開き後に成形物を取り出すことが可能となる．この成形方法は，直径10～20 mmの比較的小さなプラスチックタブレットを複数のポットに供給するマルチポット方式によるものである．以

5.12 圧縮・トランスファー成形

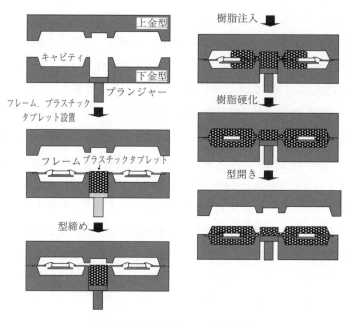

図 5.123　トランスファー成形工程

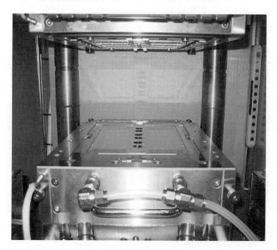

図 5.124　トランスファー成形金型

前は，あらかじめ加熱した大きなプラスチックタブレットを一箇所のポットに供給するシングルポット方式が用いられていた．

ここで，トランスファー成形で用いられる樹脂は，一般にエポキシ樹脂からなる熱硬化性プラスチックである．いわゆる熱可塑性プラスチックの成形方法である射出成形とトランスファー成形とは以下の点で異なる．**表 5.10** には，両成形方法の特徴を示す．射出成形は，熱可塑性プラスチックを融点以上の温度に加熱し溶融させる．樹脂の融点以下の温度に設定した金型内に溶融した樹脂を注入し，樹脂を冷却して液体から固体への相変化をさせることにより成形物を作製する方法である．そのため，成形物を樹脂の融点以上に加熱すると再溶融する．一方，トランスファー成形は，前述のとおり，樹脂を金型内で硬化反応させる点にある．樹脂は金型内で架橋反応するため，成形後の樹脂を加熱しても再溶融することはない．また，射出成形に用いる樹脂に比較して，溶融時の粘度が低いことから，成形時の部材（ワイヤーや半導体チップなど）へのダメージも少ないことが特徴である．

表 5.10 成形方法の特徴

	射出成形	トランスファー成形
プラスチック	熱可塑性プラスチック （PPS，PBT 等）	熱硬化性プラスチック （エポキシ樹脂）
成形時	液体から固体への相変化が起こる	硬化反応が起こる
成形時の粘度	高い	低い（部材へのダメージ低い）
成形時間	短い	長い
リサイクル	可能	不可能（加熱しても再溶融しない）

PPS：ポリフェニレンスルフィド　PBT：ポリブチレンテレフタレート

5.12.3 成形工程

プラスチックタブレットは，粉末の固形樹脂を型に入れて加圧成形したものである．そのため，タブレット内には約 10 % の空気が含まれている．成形物内に空気層（ボイド）が残らないようにするために，成形金型内にエアベントと言われる樹脂が入り込まない程度の間隙の数 10 μm の深さの溝を設けてい

る．このエアベントから空気を逃がすことを行っている．さらに，金型内を減圧にすることでプラスチックタブレット内の空気を逃がすことを行う場合もある．樹脂が金型内に充てんされた際にプランジャーに 7 〜 10 MPa 程度の成形圧力を加えることで，樹脂内に残存する空気層の体積を小さくして，樹脂を硬化させて，ボイドが残存しないようにしている．

つぎに，トランスファー成形装置を用いた際のおもな成形条件設定項目について説明する．おもな設定条件項目としては，以下のものが挙げられ，それぞれ説明する．

〔1〕 金型温度　〔2〕 型締め圧力　〔3〕 タブレット加熱時間
〔4〕 樹脂注入速度　〔5〕 成形圧力　〔6〕 硬化時間

〔1〕 **金 型 温 度**

通常の半導体パッケージ用の成形では，170 〜 180 ℃の温度で設定されている．**図 5.125** には，各温度における一般的な半導体用封止樹脂の粘度特性を測定した結果を示す．また，**図 5.126** には図 5.125 の測定結果から各温度における樹脂の最低溶融粘度と硬化時間を示す．金型温度が高くなると，溶融粘度は低下するが，硬化時間が短くなる．溶融粘度が低下すると，成形時に部材

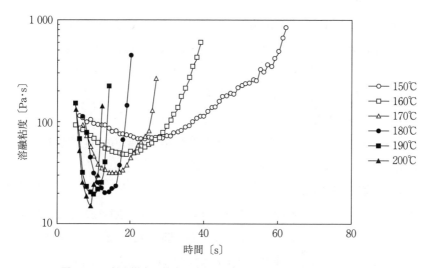

図 5.125 封止樹脂の粘度測定結果（測定・高化式フローテスター）

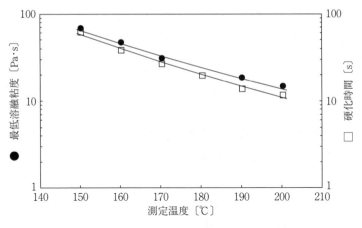

図 5.126　封止樹脂の最低溶融粘度と硬化時間

に加わるストレスが小さくなる．しかし，樹脂の硬化時間が短くなることでプロセスマージンが非常に狭くなる問題がある．一方，金型温度が低いと，溶融粘度が高くなり，硬化時間が長くなる．そのため，プロセスマージンが広くなるが，成形時の部材にかかるストレスが大きくなり，成形時間が長くなる問題がある．

〔2〕　型締め圧力

成形時に金型から樹脂漏れが発生しない力で上下金型を締め付ける必要がある．この型締め圧力は，後述の「〔5〕　成形圧力」と関係している．例えば，成形物の金型への投影面積が $100 \times 100 \, \text{mm}^2$ とし，成形圧力を $9.8 \, \text{MPa}$ と設定した場合，最低 $10 \, \text{t}$ の型締め圧力が必要となる．

〔3〕　タブレット加熱時間

タブレットのサイズや樹脂の種類により異なる．樹脂が溶融し，樹脂粘度が低い状態で注入されるように時間を設定する．

〔4〕　樹脂注入速度

金型内のキャビティに樹脂が入る入口（ゲート）は，成形後に不要な樹脂を取り除きやすくするために，細くなっている．図 5.127（a）は，樹脂がキャビティ内に注入される際の理想的な注入状態である．一方，樹脂の注入速度が

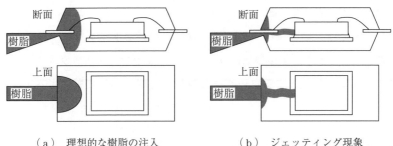

図 5.127　樹脂の注入の様子

速いとゲート部分の樹脂の流速はさらに速くなり，狭いところから広いキャビティに樹脂が入った際に図（b）のようなジェッティング現象が発生する場合がある．このようなジェッティング現象が発生すると，外観成形不良が見られることが多い．一方，注入速度を遅くすると，樹脂の反応に伴う粘度上昇が発生し，外観成形不良が発生することがある．したがって，樹脂の特性，成形物の大きさ，金型ゲート構造等により最適な条件を見つける必要がある．

〔5〕成 形 圧 力

成形物中に残存する空気層（ボイド）が残らないように，また未充てん箇所が発生しないように成形圧力を加える．圧力が高いほど，ボイド対策には効果があるが，上下金型の合わせ面に発生する樹脂バリが増える問題がある．

〔6〕硬 化 時 間

樹脂を金型温度にて硬化反応を進行させて型開きをした際に成形物を取り出せる時間のことである．通常は，樹脂が流動しなくなる時間（ゲル化時間）の2〜3倍の時間が必要である．生産性を上げるためにも，樹脂のゲル化時間は短いほうがよいが，ゲル化時間が短いとプロセスマージンが狭くなるため，未充てんやボイドの残存などといった成形不良が発生することがある．

このトランスファー成形工程の後に，成形物を十分硬化させるために後硬化プロセスを行うことが一般的である．

上記のように，温度，圧力，時間等の要因が複雑にからみあって成形される．

5.12.4 成形装置

図 5.128 には，半導体パッケージの成形に用いるトランスファー成形の量産装置の写真を示す．量産装置はリードフレームとプラスチックタブレットを搬送し，金型にセットするローダーと成形品を取り出して搬送するアンロー

Coffee Break

自動車のプラスチック化

自動車分野では部品・部材の軽量化とコスト低減化が推進されており，その割合はおおよそ 70 % 弱（1 500 cc，1 000 kg を目安）に達している．おもに射出成形の多色，多材によるサンドイッチ成形や混色成形，型内組立て一体成形によるハウジング，プレス成形の SMC やスタンパブルシート成形，射出成形とブロー成形および射出成形と接合技術の組合せによる複雑なインテークマニホールドや多気管の成形，さらにスラッシュ成形による内装表皮など，多彩な部材に採用されている．

一方，高強度・高剛性に優れた FRTP や FRTS（FRP）が，自動車分野にも驚異的に浸透した．コアバンパー，シートシェル，タンクなどに採用されている．繊維強化プラスチックの発展経緯から創製された FRP の 90 % 以上が，マトリックスに熱硬化性プラスチック（TS）を採用しているため，FRTS の略称より FRP が一般的となった．学際的には，マトリックスの種類による呼称を用いれば誤解を招かない．

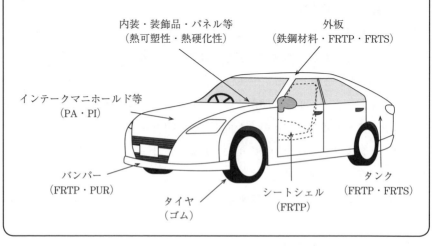

図 5.128　トランスファー成形量産装置
（アサヒエンジニアリング株式会社提供）

ダーが成形装置に取り付けられている．この成形装置も，生産性の向上から，数台のプレスを併設し，ローダーとアンローダーを共用化することが行われている．写真の量産装置は，プレスを3台併設している．

最近では，プラスチックタブレットによる樹脂の供給だけではなく，液状の樹脂をトランスファー成形することも行われている．LED（light emitting diode）の封止には樹脂の透明性が必要で，シリコーン系の樹脂が用いられている．この場合，室温で液状のシリコーン樹脂を供給して封止されている．また，顆粒状のトランスファー成形用の樹脂を金型のキャビティ部に直接投入して，コンプレッション（圧縮）成形することで廃却する樹脂を少なくする方式も採用されている．

引用・参考文献

1) 株式会社松井製作所 製品カタログ（2015 年度版）
2) Rauwendaal, C.：Polymer Extrusion,（1986）, 158, Hanser.
3) 石川敢三：合成樹脂，**32**-5（1986），7-12
4) 株式会社カワタ 製品カタログ（2015 年度版）
5) German Pat.：DRP 858310.
6) Tadmor, Z.：Polymer Engineering and Science, **6**-3（1966）, 185.
7) Tadmor, Z. et al.：SPE Technical Papers, 13（1967）, 813.

8) Chung, C. I.：Modern Plastics, **45** (1968), 178.
9) Rosato, D. V. et al.：Injection Molding Hand Book, (1986), 62, Van Nostrand Rein Hold Comp., New York.
10) 瀬戸正二監修：射出成形, (1984), 261, プラスチックス・エージ.
11) 株式会社新潟鐵工所技術資料, (1988).
12) 古川孝志：ポリカーボネート樹脂, (1971), 56, 工業調査会.
13) 日本塑性加工学会編：プラスチック成形加工データブック, (1988), 94-95, 日刊工業新聞社.
14) 大柳康監修：エンジニアリングプラスチックの最新成形加工技術, (1987), 86, シーエムシー.
15) Spencer, R. S. et al.：J. App. Phisics, **21** (1950), 523.
16) 辻昌宏：プラスチック成形技術, **4**-7 (1987), 73.
17) 伊藤公正編：プラスチックデータハンドブック, (1980), 132〜286, 工業調査会.
18) 世紀技研株式会社カタログ
19) Dralle, F. et al.：Kunststaffe, **62**-3 (1972), 163.
20) Givagosian, S. E.：Modern Plastics, **44**-3 (1966), 124.
21) Čecháček, J.：Plaste u Kautschuk, **22**-2 (1975), 182.
22) 大谷寛治：ラバーダイジェスト, "連載「スクリュ押出成形の理論と実際」", **25**-8〜**28**-5 (1973〜1976).
23) 大谷寛治：プラスチックス, **28**-12 (1977), 5.
    森芳郎ほか：プラスチックス, **24**-7 (1973), 9.
24) Tadmor, Z. et al.：Engineering Principles of Plasticating Extrusion, (1970)
25) 川端洋一：包装技術, **12**-5 (1974), 38.
26) 村上建吉ほか：プラスチックス, **32**-9 (1981), 16.
27) 松丸敏郎ほか：プラスチックスエージ, **31**-10 (1985), 153.
28) 日本塑性加工学会編：塑性加工技術シリーズ17 プラスチックの溶融・固相成形—基本現象から先進技術へ—, (1991), 111-117, コロナ社.
29) 日本塑性加工学会編：プラスチック成形加工データブック第2版, (2002), 203, 日刊工業新聞社.
30) 馬場文明・斉藤勝・大村武・柏直：三菱電機技報, **56**-7 (1982), 550-554.
31) 伊藤公正：プラスチックの成形加工—加熱と冷却, 工業調査会, (1971) 157-162.

32) 日本塑性加工学会編：プラスチック成形加工データブック第2版, (2002), 214, 日刊工業新聞社.
33) 飯田昌造：高分子特殊加工の最新技術, (1981), 9, シーエムシー.
34) 南智幸：材料科学, **21**-6 (1985), 309.
35) 南智幸：繊維学会誌（繊維と工業）, **14**-9 (1985), 290.
36) 特開昭 61-213122.
37) 特開昭 62-158016.
38) 加工技術研究会：プラスチックフィルム・レジン材料総覧 2012, (2012).
39) 塑性加工技術シリーズ 17 プラスチックの溶融・固相加工—基本現象から先進技術へ—, (1991), 130, コロナ社.
40) 特開 2000-264993
41) 特開 2004-323726
42) US Patent 4473665
43) US Patent 5158986
44) US Patent 5866053
45) Kawaguchi Yasuhiro, Ito Daichi, Kosaka Yoshiyuki, Okudo Masazumi & Nakachi Takeshi：Polym. Eng. Sci, **50**-4 (2010), 835-842.
46) JEPSA 発泡スチロール協会：http://www.jepsa.jp/ (2016 年 5 月現在)
47) 特開 2003-145657
48) 特許第 3655436 号
49) 押出発泡ポリスチレン工業会：http://www.epfa.jp/ (2016 年 5 月現在)
50) 発泡スチレンシート工業会：http://www.jasfa.jp/ (2016 年 5 月現在)
51) 秋元英郎：成形加工, **21**-11 (2009), 654-659.
52) 編集委員会編：プラスチック加工技術便覧, (1969), 558, 日刊工業新聞社.
53) 西村次雄：Plastics Age, **14**-11 (1968), 63.
54) 松岡信一：図解 プラスチック成形加工, (2002) 60, コロナ社.
55) 山口章三郎：プラスチックの成形加工, (1975) 94, 実教出版.
56) 前田禎三・松岡信一：第 22 回塑性加工連合講演会講演論文集, (1971), 57.
57) 日本塑性加工学会編：プラスチック成形加工データブック (1988), 312, 日刊工業新聞社.
58) 日本塑性加工学会編：プラスチックの溶融・固相加工—基本現象から先進技術へ—, (1991), 149, コロナ社.
59) 前田禎三・松岡信一：塑性と加工, **17**-183 (1976), 310.
60) 松岡信一・前田禎三：塑性と加工, **23**-252 (1982), 44.

6 複合材料の成形

　複合材料は，一般に二つ以上の異質で異形の材料から構成され，より高い力学的特性や機能を有する材料のことである．本章では，主として，長繊維および連続繊維を強化材とした複合材料の成形方法と特性，さらに複合鋼板やナノコンポジットについて述べる．短く切った繊維をプラスチックに混入して作られる短繊維強化複合材料については，5章「各種成形加工」の関連項目を参照いただきたい．

6.1 複合材料の創製

　複合材料は，"二つ以上のたがいに異なる材料要素を組み合わせて，個々の要素にない特性を生み出した人工の材料"である．その代表格は，強い繊維をプラスチックで結合して，繊維の特性を生かした繊維強化複合材料である．繊維に荷重を分担させることにより，繊維の強度のオーダーの複合材料を実現できる．

　地球温暖化防止が産業界において大きな課題となっている今日，軽量・高強度・高剛性の複合材料が二酸化炭素排出の抑制に寄与できるということで，自動車をはじめ，さまざまな分野で注目されている．炭素繊維強化プラスチック（carbon fiber reinforced plastics, CFRP）の自動車への本格的な利用は，航空機に次ぐ複合材料産業の第二次革命である．現在のスポーツ用品や航空機部品のCFRP生産技術は完成域に近づいており，これからの課題は短時間・低コスト・低エネルギー・マテリアルリサイクル・低廃棄物を目指した新規量産システムの開発にあるといわれている[1]．これに伴い，複合材料の成形システムそ

のものが，材料システムの開発と合わせて開発が進められている．複合材料の用途拡大は成形技術の発展によると言っても過言ではない．

本章では，長繊維あるいは連続繊維を強化材とした複合材料の成形加工について，従来の成形方法を概説するとともに，量産性を考慮に入れた最近の成形手法についても触れる．

6.2 複合の目的と効果

複合材料は，2種類以上の材料を組み合わせるため，製造プロセスも複雑になり，当然コストもかさむ．それなのになぜ複合化するのか．まず，軽くて強いという点が挙げられる．図6.1に各種材料の比強度（材料の強さと比重との比）[2] を示すが，複合材料がいかに優れているかがわかる．

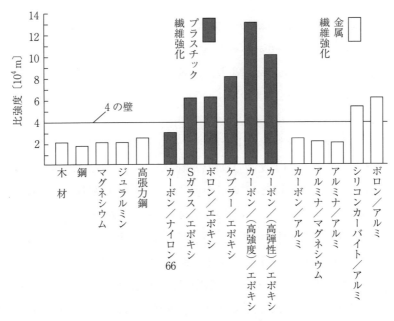

図 6.1 各種材料の比強度 [2]

繊維強化複合材料の基本は，繊維を一方向に引き揃え，プラスチックで固めた一方向繊維強化複合材料である．ここでは，パラメータとして繊維体積含有率 V_f のみを考える弾性率の複合則について考える[3]．**図6.2** のように，繊維相とプラスチック相が層状に配列したものと考え，繰返し単位（ユニットセル）として，繊維板，プラスチック板を貼り合わせたものをイメージする．

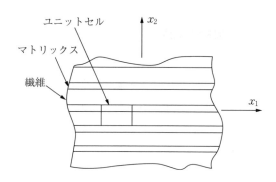

図6.2 一方向繊維強化複合材料の複合則のためのモデル化[3]

繊維方向ヤング率 E_L，繊維方向引張強さ σ_L を考える場合は，繊維方向に引張負荷を受け，複合材料が一体となって変形（負荷方向のひずみが一定の状態で変形）すると仮定することにより，次式が得られる．

$$E_L = E_f \cdot V_f + E_m \cdot (1 - V_f)$$
$$\sigma_L = \sigma_{fu} \cdot V_f + \sigma_{mfu} \cdot (1 - V_f)$$
(6.1)

ここで，E と σ はヤング率および強さ，添え字 f，m がそれぞれ繊維，マトリックスを示す．σ_{fu} および σ_{mfu} は繊維破断が起こった時点での繊維応力およびマトリックス応力を示す．この式が示すように，強化繊維の力学的特性が高く，かつ体積含有率が大きいほど特性が向上することがわかる．

つぎに，設計できる材料である点が挙げられる．それは，複合材料が"異方性"を示す材料であることに起因する．金属，ガラス，プラスチックなど，巨視的に見てすべての方向の力学的性質が等しい材料を等方性材料といい，複合材料は，方向によって力学的性質が異なる異方性材料である．強さの秘訣は繊維にあり，上述のように繊維をたくさん入れると強くなるが，繊維をどの方向に入れるかによって大きな異方性が出る．設計できる材料とは，いい換える

と，設計しなければならない材料ということでもある．異方性を有する繊維強化複合材料の力学的特性については，ここでは割愛するが，文献3)等を参考にしていただきたい．

上記，複合則成立の仮定と関連するが，繊維とプラスチックが界面で強固に結合するような材料選択と成形条件で加工することが重要である．繊維の破壊，熱硬化性プラスチックのアンダーキュアー，残存気泡，残留応力，接着不良などは複合則を満足せず，複合材料としての機能を十分に発揮し得ない．さらに，成形条件が繊維／プラスチック界面特性に影響を及ぼす場合もあり，注意が必要である．

6.3 強化複合のしくみ

複合材料の成形は，強化材（繊維）と母材（プラスチック）を，設計案に従って混合・配置し，かつ同時に部品としての形状を形作る作業である．材料を作ることと，形を作ることが同時進行するため，材料設計（繊維，プラスチックの選択），成形設計（成形方法，成形条件の選択），構造設計との間のフィードバックとトレードオフが必要である．これを"材料と成形の同時性"という[4]．実際の部品開発においては，材料，成形，構造は独立した存在ではなく，有機的に結び付けることにより初めて高性能で低コストな複合材料部品を製作することができる．

図6.3に複合材料の成形の流れを示す．繊維強化複合材料の成形過程は，〔1〕強化繊維の配置，〔2〕プラスチックの含浸，〔3〕賦形（形状の付与），〔4〕樹脂の硬化（熱硬化性プラスチック）あるいは固化（熱可塑性プラスチック）に分割して考えることができる．〔2〕〜〔4〕を成形の3要素と称する．

〔1〕 **強化繊維の配置**

繊維配置方法として，設定された方向に繊維を置く，あるいは，マンドレル等に巻き付ける方法が挙げられる．乾いた繊維を使用する場合，位置の保持が困難であるため，繊維の束にプラスチックを含浸させてタック性（弱い接着

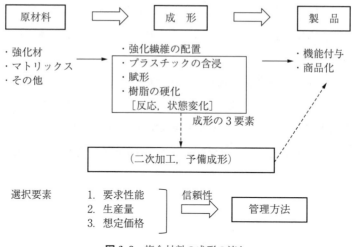

図 6.3 複合材料の成形の流れ

性)をもたせたプリプレグを使用したり,テンションを付与するなどの方法がとられる.また,織る・編む・組むといったテキスタイル加工技術を使うことにより最終製品に近い形状(near-net-shape)を有する強化形態をあらかじめ作製する.

〔2〕 プラスチックの含浸

含浸とは,強化材の周囲の空気をマトリックス樹脂と置換することである.ストランドの周囲の空気がマトリックス樹脂と置換することをwet-throughといい,フィラメントの周囲の空気とマトリックス樹脂が置換し,強化材の周囲に空気層がなくなることをwet-outという.含浸における大きな問題はボイド(気泡)と含浸不足である.いずれも材料欠陥となって強度低下等の原因となる.含浸過程を成形プロセスの中で行う方法と,中間材料を用いて含浸を成形プロセスから切り離した方法の2種類がある.

〔3〕 賦　　　形

繊維とプラスチックの混合物を型に押し付けて最終的な部品形状に形成する過程を賦形と呼ぶ.開放型(オープンモールド法),密閉型(クローズドモールド法)の2種類があり,この形態によって,複雑形状,サイズの自由度,形

状精度が決まる.

〔4〕 **樹脂の硬化あるいは固化**

熱硬化性プラスチックの場合は樹脂の硬化,熱可塑性プラスチックの場合はプラスチックの冷却・固化により,初めて型から離型させることができる.硬化過程における問題は,プラスチックの収縮および繊維／プラスチック間の剛性,熱膨張率差による残留応力である.

成形方法の種類と特徴については,次節以降で概説するが,複合材料の作り方にはさまざまな方法があり,部品の要求性能,コストによって最適な材料および成形システムを選択することが重要である.

6.4 熱硬化性プラスチックの成形方法と特徴

6.4.1 オープンモールド（開放型）法

オープンモールド法とは,成形型は雄,雌いずれか一面を使用し,反対側はシリコンや高分子フィルムなど,柔軟膜を使用する成形方法である.

〔1〕 **ハンドレイアップ法**

すべての繊維強化複合材料成形の基本となる技術である.6.3節の〔1〕強化繊維の配置,〔2〕プラスチックの含浸,〔3〕賦形,〔4〕樹脂の硬化をすべて人の手で行うことを原則としている.強化繊維基材へ液状プラスチックを刷毛,あるいは含浸用ローラー（綿ロール,ブラシロールなど）などのきわめて簡易な工具で含浸し,積層する手法である.成形型は雄,雌いずれか一面でよい.したがって,オープンモールドで常温,常圧で成形加工ができる.基材の積層構成を目的に応じて選択できるのみならず,数百トンにも及ぶ巨大な船舶から数平方 cm の小形成形品まで,成形サイズの選択が自由である.一方,人手によるため生産性は必ずしも高くない.

〔2〕 **スプレーアップ法**

スプレーアップ法は,ガラス繊維とプラスチック,硬化剤を同時に吹き付けて成形品をつくる成形方法であり,ハンドレイアップ法の積層工程を効率化さ

せたものである．図 6.4 にスプレーアップ法の概念図を示す．ガラスロービングを回転式カッターで 25 mm 前後にカット（チョップ）し，硬化剤を混合した樹脂をスプレーガンで同時に成形型に吹き付ける成形方法である．ハンドレイアップ法に比べると生産性はよいが，作業者の熟練度が要求される．

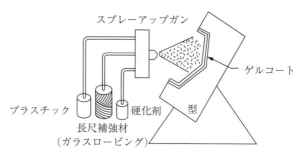

図 6.4　スプレーアップ法の概念図

〔3〕　オートクレーブ法

高性能・高品質な複合材料の成形加工法として，特に，航空宇宙産業分野では，加熱加圧して硬化させるオートクレーブ法が主流となっている．オートクレーブとは，所謂，圧力釜であり，窯の中で加熱し，ガスによる圧力を負荷して成形する．オートクレーブ成形とは，成形治具上にプリプレグを積層し，その上にバギングフィルムをかぶせ真空引きにより減圧した後，オートクレーブで加熱・加圧し，硬化後，成形品を得る方法である．

〔4〕　フィラメントワインディング法

フィラメントワインディング法（filament winding, FW）は，プラスチックが含浸された繊維を回転する金型（マンドレル）の外表面に巻き付け，その後，樹脂を硬化する成形方法である．おもに圧力容器，タンク等の球形容器や，パイプ等の円筒形状に適した成形方法である．大別すると，繊維にプラスチックを含浸するタイミングにより，ウェット法とドライ法に分けられる．ウェット法は巻き付けられる直前に，装置の上で繊維に低粘度プラスチックを含浸する方法であり，ドライ法はあらかじめプラスチックが含浸されたプリプレグを使用する方法である．

6.4.2 クローズドモールド（密閉型）法

クローズドモールド法とは，一対の型（雄型および雌型）を使用する成形方法である．プレス型の場合，板厚精度は非拘束であり，厳密には密閉型ではないが，本章においては一対の型を使用するものは密閉型に分類している．

〔1〕 圧縮成形法（プレス成形法）

雄雌一対の型で材料が固化するまで圧力をかけて成形する方法である．材料をはめあい精度の高い型内に封じ込めて圧力をかけるため，マッチドダイ（精密金型）法とも呼ばれる．常温〜80℃付近で成形硬化させるコールドプレス法と100〜150℃程度に加熱して成形硬化させるホットプレス法とに大別される．どのような成形材料を成形するかによって，以下のように分類される．なお，プリフォームを用いたマッチドダイ法については，本項では，〔3〕液体複合材成形法に分類している．

（a） **SMC成形**　SMC（sheet molding compound）は，樹脂，充てん剤，硬化剤，顔料，離型剤，増粘剤等から成るコンパウンドと強化材である．プラスチックには不飽和ポリエステルが使用されるのが一般的であり，寸法精度と面精度の向上のために，低収縮剤が併用して使われる場合が多い．充てん剤は，一般的に炭酸カルシウムと水酸化アルミニウムが使用されている．強化材は，通常ガラス繊維が用いられており，1インチのチョップドストランド状で20〜30%含有するのが一般的である．CFRP用SMCも近年実用化が進められている．

（b） **BMC成形**　BMC（bulk molding compound）は，不飽和ポリエステルを主成分として，低収縮剤，硬化剤，充てん剤，離型剤等を均一に混合したマトリックス中に，補強材としておもにガラス繊維を混入した成形材料である．圧縮成形法のほかに，トランスファー成形，射出成形によっても成形される．

SMCとBMCは，一般的に材料としての形状の違いにより呼称が区別されている．**表6.1**にSMCとBMCの標準的な組成と性能を示す．

表6.1 SMCとBMCの標準的な組成と性能

		SMC	BMC
組成〔%〕	樹脂成分（低収縮剤を含む）	25～35	20～30
	充てん材	35～45	55～75
	補強材	25～35	10～25
	その他（硬化剤，離型剤等）	3～5	3～5
成形品比重		1.7～1.9	1.8～2.0
成形収縮率〔%〕		0～0.3	0.0
曲げ強さ〔MPa〕		140～250	120～160
線膨張係数〔ppm/K〕		10～30	15～30
絶縁抵抗〔MΩ〕		10^8	10^8

〔2〕 **引抜き成形法**

引抜き成形は1960年代から行われている方法であり，長手方向に連続繊維を引き揃えて導入するため，物性上も高強度，高弾性率が実現できる方法である．図6.5に引抜き成形装置の概念図を示す．ガラスロービング等連続した強化繊維を平行に引き揃え，これにプラスチックを含浸させた後，成形品の横断面と同じ形状をした型に導き，加熱・硬化して引き出す．ロッド，パイプ，アングル，チャンネルなどの異形断面を有する複合材料を得る．

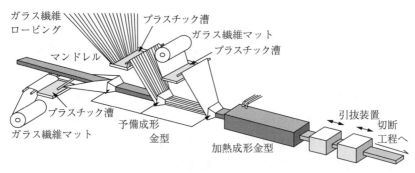

図6.5 引抜き成形装置の概念図[5]

〔3〕 **液体複合材成形法**（liquid composite molding，**LCM**）

リキッドモールディング成形，リキッドレジンモールディング成形，レジンインジェクション成形と呼ばれることもある．

液体複合材成形法は，積層したプリフォーム，もしくは，ある程度製品形状に賦形したプリフォームに，後からプラスチックを注入充てんさせて加熱硬化し成形する方法である．マトリックスの注入圧，型構造の差異により，つぎの三つに分類される[6]．

（**a**）　**RTM 法**（resin transfer molding）　　マトリックスを比較的高い圧力（0.3～0.8 MPa）で注入する．型は両方とも高剛性 FRP 型をおもに使用する．

（**b**）　**VaRTM 法**（vacuum assisted resin transfer molding）　　真空圧力で型の変形を防止しながら，マトリックスを比較的低い圧力（0.1～0.3 MPa）で注入する．型は両方とも低剛性 FRP 型をおもに使用する．

（**c**）　**RIM 法**（resin infusion molding）　　マトリックスを真空圧のみで吸引する．型は，どちらか一方のみ低剛性 FRP 型を使用し，他方はフィルムを使用する．

RTM 成形法は，脱オートクレーブ成形法の一つとしても注目を集めている．図 6.6 にオートクレーブ成形および RTM 成形の工程概要を示す．オートクレーブ成形は，工程が複雑である一方，RTM 成形は工程が簡便で自動化に適

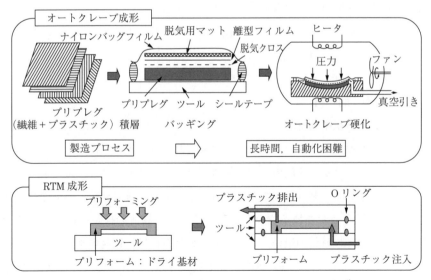

図 6.6　オートクレーブ成形および RTM 成形の工程概要[7]

していると考えられる．また，近年，低粘度速硬化エポキシ樹脂と高圧（10 MPa 以上）でプラスチックを型内に注入する HP–RTM 法（high pressure RTM）を組み合わせることにより，ハイサイクル成形が可能となっている．

6.5 熱可塑性プラスチックの成形方法と特徴

　熱可塑性プラスチック複合材料は，成形においてプラスチックの化学変化を伴わないため，高速成形加工が可能な材料として期待されている．しかし，熱可塑性プラスチックの溶融粘度は，融点以上に加熱しても硬化前の熱硬化性プラスチックと比較してきわめて高いため，熱可塑性プラスチックを強化繊維束に含浸させることが困難である．繊維とプラスチックを複合化（成形）するにあたって，その成形性と取扱い性の観点から，成形方法に応じた中間材料を経由して複合材料が製造されることが多い．特に近年では，自動車，産業機械等のより広い分野での利用を可能とするため，成形のハイサイクル化が重要視されており，あらかじめ繊維の近傍にプラスチックを配置することにより高い含浸性を有する中間材料が重要な役割を担っている．

　本節では，熱可塑性プラスチック複合材料の成形加工技術について，ハイサイクル化の観点から概説する．

6.5.1　中　間　材　料

〔1〕 シート状中間材料

　繊維基材に熱可塑性プラスチックが含浸されたシートの総称であるが，熱可塑性プラスチックが半含浸のもの，繊維基材にプラスチックフィルムまたはプラスチック不織布を貼り付けただけのものもある．繊維の種類と熱可塑性プラスチックの組合せで多種多様なものがある．まず繊維の種類には，ガラス繊維，炭素繊維等の材料の違い，さらに繊維の長さには，連続繊維，長繊維（繊維長さ：数十 mm），短繊維（繊維長さ：数 mm 以下）がある．連続繊維には，一方向繊維，織物などがある．

織物で強化したシート状中間材料を，オルガノシートと呼ぶこともある．また，後述（6.5.2項　プレス成形の〔1〕）のスタンピング成形が可能なシート状中間材料を，スタンパブルシートと呼ぶこともある．従来，スタンパブルシートとは，熱可塑性プラスチックをガラス長繊維マットで強化したシート状中間材料の総称であったが，近年，スタンピング成形法が連続繊維強化熱可塑性プラスチック複合材料のハイサイクル成形法の一つとして利用されていることから，その定義が拡張されてきている．

〔2〕　**繊維状中間材料**

テキスタイル加工性を有し，かつ含浸性に優れた中間材料として，繊維状中間材料が開発されてきた．繊維状中間材料は，未含浸，あるいは半含浸状態であるため柔軟性があり，テキスタイル加工および成形加工上の取扱いが容易である．さらに，作製に溶剤を使う必要がないため，さまざまな熱可塑性プラスチックを適用できる可能性がある．このことより，一方向プリプレグを短冊状にしたプリプレグテープ，強化繊維と混合した混繊糸（commingled yarn），母材プラスチックを粉末化し強化繊維に付着したパウダー含浸糸（powder impregnated yarn），組紐技術，撚糸技術等を用いることにより，強化繊維をプラスチック繊維でカバーリングしたカバーリング糸の開発が行われている．

6.5.2　プレス成形

〔1〕　**中間材料の加熱を型外で実施するスタンピング成形法**

スタンパブルシートは，あらかじめ熱可塑性プラスチックを含浸したプリプレグ板であり，変形しにくい．プレス成形によって所要の形状に成形するためには，成形の前に，プラスチックが流動する温度まで加熱しなければならない．加熱方法には，近赤外あるいは遠赤外線ヒーターを用いた輻射加熱，加熱ヒーターを用いた熱伝導による加熱等がある．

図6.7にスタンパブルシートを用いたプレス成形の概念図を示す．スタンパブルシートに可塑性を与え，続いて温度調整した金型（40～80℃）に投入

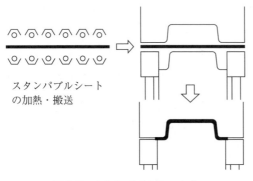

図 6.7 スタンパブルシートを
用いたプレス成形の概念図[8]

したのち,圧縮成形機で圧縮して成形品に加工する.近年では,連続繊維強化熱可塑性プラスチック複合材料のハイサイクル成形方法として,このスタンパブルシートの成形法を応用した方法が採用されている.中間材料の加熱を型外で実施するスタンピング成形法は,型占有時間を短縮できるためハイサイクル成形が実現可能である.

〔2〕 **金型の加熱・冷却時間を短縮する急速加熱冷却成形法**

連続繊維強化熱可塑性プラスチック複合材料の成形方法として,加熱圧縮成形法が考えられるが,中間材料を型内で融点以上に加熱し含浸させ,融点以下に冷却し離型するため,金型の加熱・冷却時間が長くなる.このため,金型を急速に加熱冷却する高速成形加工技術の開発が行われている.

高速で金型を昇温する技術として,金属材料の熱処理などに用いられる電磁誘導加熱がある.これは,高周波による表皮効果を用いて導体表面に電流を集中させ,渦電流による発熱を利用する技術である.**図 6.8** に電磁誘導加熱圧縮成形の模式図を示す[9].本装置は,コイルに交流電流を流し磁界を発生させ,コイルの中の非加熱物(電磁誘導体)の表面に渦電流を誘起し,電流の流れる部分が発熱(ジュール熱)する原理(電磁誘導加熱)を応用した技術である.上下の金型を囲うように設置されたコイルに電流を流し,磁界を発生させ,電磁誘導によって金型表面のみが加熱される.また,金型内の冷却パイプに冷却水を通すことで金型を冷却することが可能である.金型表面のみを加熱するため熱容量が小さく,従来の加熱圧縮成形法と比べて成形サイクルを大幅に短縮することができる.さらに,本成形システムを用いると,素材である炭素繊維に誘導電流が流れ発熱するため,金型からの熱伝導だけではなく炭素繊維その

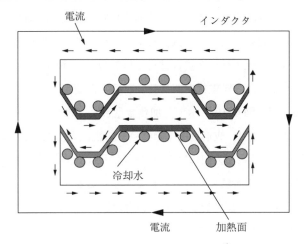

図 6.8 電磁誘導加熱圧縮成形[9]

ものが加熱され，炭素繊維束へのプラスチックの含浸が促進される[9]．これにより加熱圧縮成形に比べて，低い成形圧力，短い温度保持時間でプラスチックを含浸させることができる．

6.5.3 引抜き成形法

引抜き成形法を熱可塑性プラスチック複合材料に応用すると，圧縮成形機を用いた型内成形のように金型を加熱・冷却する必要がなく，温度勾配を設けた金型の中を，材料を連続的に引き抜くことで成形が可能となる．熱可塑性プラスチック複合材料の引抜き成形システムの模式図を**図 6.9**[10] に示す．基本的

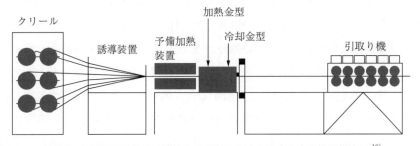

図 6.9 連続繊維強化熱可塑性複合材料のための引抜き成形機の模式図[10]

には，プリフォーム誘導システム，予備加熱装置，加熱・冷却金型，引取り機から構成される．成形には，強化繊維およびプラスチックから構成される連続繊維強化熱可塑性プラスチック複合材料の作製のため，種々の中間材料（6.5.1項　中間材料の「〔2〕　繊維状中間材料」参照）が使用される．

金型部の模式図を図6.10に示す．加熱金型および冷却金型から構成されている．加熱金型の役割は，成形温度まで材料を加熱し，含浸に必要な圧力を付加することである．加熱金型入口にはテーパー部が設けてあり，これによって中間材料を最終成形品の断面積よりも多く充てんすることが可能であり，含浸に必要な圧力を付加することが可能となる．冷却金型の役割は，反りやボイドの発生を抑制するために複合材料を型内冷却し，また，結晶化を制御することである．

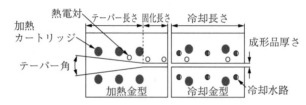

図6.10　加熱金型および冷却金型

6.5.4　液体複合材成形

通常，熱可塑性プラスチックは，強化繊維に含浸させる工程において，重合反応が完了した高分子（ポリマー）の状態で提供されるため，溶融粘度が高く含浸が困難であるため，6.5.1項で述べたように中間材料を使用した成形が一般的である．一方で，モノマーの段階で強化材に含浸させ，含浸後に反応させて，反応後は架橋構造を有さない熱可塑性プラスチックとなる現場重合型の熱可塑性プラスチックをマトリックスとする複合材料の研究が活発に行われている[11]．これら現場重合型樹脂を利用すると，低粘度な液状樹脂を注入するだけで済む熱硬化性プラスチック複合材料の成形法，液体複合材成形（6.4節参照）が適用可能となり，複雑で大形の成形品であっても短時間で成形できる可能性が高い．

6.5.5 ハイブリッド成形

　連続繊維強化熱可塑性プラスチック複合材料の長所は，高い力学的特性を有する一方で，繊維を流さない成形方法では加工性に限界があり，複雑形状への適用が困難である．そこで，連続繊維および不連続繊維のたがいの長所を活かした，連続繊維＋長繊維（不連続繊維）からなるハイブリッド成形手法の開発が活発に行われている．連続繊維から構成されるプリプレグなどの中間材料を赤外線加熱炉など予備加熱炉で加熱し，射出成形機にインサートして裏面に長繊維強化熱可塑性プラスチックを射出成形し，リブ等を付与する．これにより，高剛性・高強度・複雑形状を同時に実現する一体成形を可能にする．

6.6　複　合　鋼　板

　プラスチック系複合材料は，複合形態から分類すると，前節の繊維強化プラスチック（FRTS, FRTP）のほかに，フィラー充てん強化プラスチック（FP）およびラミネートプラスチック（LP）がある．ラミネートプラスチックには積層複合シートやラミネートフィルムをはじめ，クラッド，接合，積層等によ

Coffee Break

繊維長

　複合材料では，繊維長が成形性，成形品物性と密接に関連するが，繊維長の定義は適用分野で異なる．連続繊維は文字どおり連続した繊維であり，関係者一致の定義である．一方，長繊維の定義は，熱可塑性分野と熱硬化性分野で異なり，熱可塑性分野ではペレット長さの標準3～4mmを超える長さが一般に長繊維と呼ばれ，熱硬化性分野では，数十mmを超えないと長繊維と呼ばれない．

　プラスチック関連JIS（ISO）試験規格では繊維長の定義がまちまちであったが，最新のJISでは加工前に投入する繊維長が7.5mm以下を短繊維，7.5mmを超える場合に長繊維と分類している．しかし，熱可塑性分野で多用される射出成形では，成形品中の繊維長分布は成形条件や金型形状に大きく依存し，成形品は配向した多層構造を形成するため，加工前の繊維長で成形品物性を予測することは困難である．

る制振鋼板および軽量鋼板と呼ばれる複合鋼板がある．これらは，機能や特性が異なる材料を2種類以上，組み合わせて創製する複合材料で，おもに積層鋼板が中心である．制振性，軽量性，加工性などに優れることから，環境調和に沿った部材，部品のものづくりに適用されている．

加工用としての複合鋼板は，プラスチック材を振動吸収材（ダンピング材）として用いた制振鋼板と，プラスチックを利用することによる軽量化を目的とした軽量鋼板（軽量ラミネート鋼板）があり，その構造概要を図6.11に示す．いずれもサンドイッチ構造を有し，制振鋼板のプラスチックコアの割合は，使用する環境や温度条件などによって制振性や遮音特性を発揮できるように設計する．

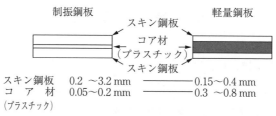

図6.11　複合鋼板の概要

図6.12は，制振鋼板と鋼板単体の制振性能を比較したもの，および図6.13は軽量鋼板の鋼板体積割合と弾性率の関係を示したものである[12]．例えば，軽量鋼板を用いて曲げ加工を行う場合，曲げ弾性率の点から鋼の板厚割合が40％以上で最も効果的であることが知られている．

一般に，複合鋼板の曲げ加工は，プラスチックコアのせん断変形に伴って曲げモーメントが誘起され，フランジに折れ曲がりが生じる．この対策として，スキン鋼板の一方の板厚および降伏点を他方より大とする．曲げ外側鋼板の伸びが変形限界を超えるとただちに破断が生じる．さらに，絞り加工では，プラスチックコアの板厚が大きいほどダイス肩にかかる曲げ戻し抵抗が増加するため，限界絞り比（LDR）が低下する．絞り加工におけるフランジしわは，制振鋼板ではプラスチックコアが厚いほどしわが増大し，軽量鋼板では曲げ剛性が

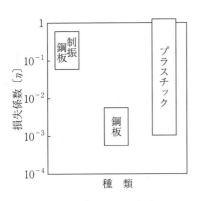

図 6.12 制振鋼板と鋼板単体の制振性能の比較

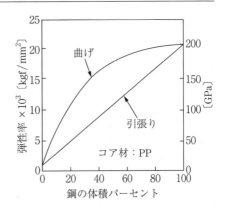

図 6.13 軽量鋼板の鋼板体積割合と弾性率の関係[12]

大となり，しわを抑制する[13]．

6.7 ナノコンポジットの成形

21世紀に入り，充てん材の品質やそのサイズの調整技術は目覚ましい進歩を遂げた．このおかげで従来では量産困難であったナノコンポジットも量産可能となり，少ないながら高機能製品への使用が始まっている[14]．ナノコンポジットとは，サイズが 1〜100 nm である充てん材（ナノ充てん材）を母相中に分散させた複合材料の総称である．その特徴として，従来の複合材料と比べて，きわめて少ない充てん量で高機能性を発現できることが挙げられる．しかし，高機能性発現のためにはナノ充てん材の分散状態を精密に制御する必要があり，ナノコンポジットの設計は材料と成形の両面から考える必要がある．本項では，現状までによく使用されているナノ充てん材やナノコンポジット作製に適した成形方法について説明する．

6.7.1 ナノ充てん材

ナノ充てん材として使用されている充てん材は形状で分類され，繊維状と粒

子状に分かれる．繊維状のナノ充てん材としては，カーボンナノチューブやセルロースナノファイバーが挙げられる．粒子状のナノ充てん材としてはシリカ粒子，カーボンブラックや酸化チタン粒子などが挙げられる．繊維状のナノ充てん材は，長さと径の比（アスペクト比）が大きいために補強剤や導電性付与剤として使用される．また，粘土（クレイ）のような扁平状の充てん材も存在し，これも補強剤や機能性付与剤として使用される[14]．粒子状のナノ充てん材も同様な特徴を有するが，アスペクト比が小さいために補強効果は期待できない．

また，ナノ充てん材はそのサイズが従来の充てん材と比べて小さいために，少ない量でも充てん材間の距離が近くなる．そのため，量を多く充てんすると充てん材の凝集が生じて，ナノコンポジットとしての機能が損なわれてしまう．したがって，ナノ充てん材の充てん量を多くすることが難しい，このことがナノコンポジットのさらなる高機能化に対する弊害となっている．

6.7.2 ナノコンポジットの成形方法

ナノコンポジットは従来の複合材料と比べて，少ない充てん材で高い物性を得ることができる．ただし，そのためにはナノ充てん材の分散状態を安定して

Coffee Break

RIM, LIM

　複合材料（本章）では，RIM は resin infusion molding であるが，一般には reaction injection molding（反応射出成形）を示す．これらの成形法では，成形原料は液状（2液）であるが，類語として LIM（liquid injection molding, 液状射出成形）がある．LIM はシリコーン原料をおもに用いて成形時に反応を伴うため，reaction injection molding と同じである．両者の相違は不明確であるが，現場では，ウレタン，エポキシ，エステル，ナイロン，ジシクロペンタジエンなどの反応射出成形を RIM，シリコーンやゴムの反応射出成形を LIM として使い分けている．

　全体から見れば，本章の resin infusion molding はマイナーとなる．

精密に制御する必要がある．ナノコンポジットの量産技術の一つとして，高せん断加工法が挙げられる．これは従来の溶融混練法に類似した手法であるが，印加するせん断ひずみ速度が大きく異なり，最大で3 000/sec 程度の高いせん断ひずみ速度で混練することが可能である．高せん断加工法はバッチ式が主流であったが，現在では帰還機能を設けたスクリューを用いての2軸溶融押出しにより，連続式で成形することも可能となっている．

引用・参考文献

1) 金原勲：塑性と加工, **55**-642 (2014), 1-2.
2) 末益博志編著：入門複合材料の力学 (2009), 9, 培風館.
3) 荻原慎二：塑性と加工, **55**-642 (2014), 587.
4) 日本複合材料学会編：複合材料活用辞典, (2001), 454-459, 産業調査会.
5) 日本複合材料学会編：複合材料活用辞典, (2001), 480, 産業調査会.
6) 福田博・邉吾一・末益博志監修：新版 複合材料・技術総覧, (2011), 312, 産業技術サービスセンター.
7) エヌ・ティー・エス編：CFRPの成形・加工・リサイクル技術最前線, (2015), 15, エヌ・ティー・エス.
8) 米山猛：塑性と加工, **55**-642 (2014), 10-14.
9) 田中和人・小橋則夫・木下陽平・片山傳生・宇野和孝：材料, **58**-7 (2009), 642-648.
10) Carlsson, A. & Åström, B. T.：Composites Part A: Applied Science and Manufacturing, **29**, 5-6 (1998), 585-593.
11) 中村幸一・邉吾一・平山紀夫・西田裕文：日本複合材料学会誌, **37**-5 (2011), 182-189.
12) Dicello, J.A.：SAE Technical Paper Series 800078, Soci., Automotive Engineers, INC.
13) 日本塑性加工学会編；プラスチック成形加工データブック・第2版, (2002), 274-276, 日刊工業新聞社.
14) 中條澄；ナノコンポジットの世界, (2000), 32.

7 塑性加工

　プラスチックを溶融しないで固体のまま，金属の塑性加工と同様の方法で加工することを塑性加工（または固相加工）と呼ぶ．塑性加工（forming）は，溶融成形（射出成形・押出し成形など）に比べて，（1）加熱-冷却工程が不要（たとえ導入しても簡易的なものでよい），（2）成形に要する機械はプレスのみで装置も安価，（3）成形のサイクルが短い，などの利点が大きい．しかし，実際には塑性加工によって実用化，商品化された例はごくわずかである[1]．この理由は，プラスチックの塑性変形特性が1.3節で述べたように複雑な要因により，金属の塑性加工をそのまま応用することが難しいためである．したがって，それぞれのプラスチックの塑性変形特性をうまく利用して加工するか，あるいはその特性に合わせた最適な加工法を開発するなど，双方に工夫と対策が求められている．

7.1 鍛造加工

7.1.1 加工法

　プラスチックの鍛造（forging）は，多品種少量生産に適し，スクラップがでない，熱エネルギーの損失が少ない，バリの発生が少ない，製品の力学的な強さが向上するなどの利点が多い．

　鍛造加工には，自由鍛造，型鍛造，据込み鍛造などがある．**図7.1**に，その概要を示す．図（a）の自由鍛造は，一対の平らな工具によって材料を押しつぶす鍛錬作業であり，図（b）の型鍛造は，上下一対の所定の金型を用いてプレス機械で押しつぶす加工法で，鍛錬効果と形状成形の面で大きく異なる．特に後者は，単純な形状から複雑なものまで，いろいろな形状の鍛造品が

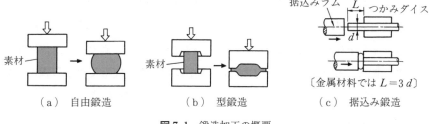

図7.1 鍛造加工の概要

製造できる．一般に採用される形状は対称形が多く，また加圧したときの彫り型の空間を完全に，かつ容易に満たすような金型設計が要求される．各種歯車などの加工に最適である．また図（c）の据込み鍛造は，棒材の端部，または中間部を軸方向に押しつぶして製品化するもので，加工部の組織微細化や繊維（鍛流線）の流れが連続するため強度的にも安定する．ねじ，ボルトなどの頭部加工に最適である．さらに，プラスチックに引張や延伸加工によって白化やくびれが生じる材料も，圧縮加工では，このような現象も発生しないため，熱可塑性プラスチックに適した加工法の一つといえる．

7.1.2 特　　徴

プロセスが単純という点から冷間鍛造（cold forging）が望ましいが，実用に際してひずみ回復などの点で不安が残る．現行では寸法の安定性と精度のよい熱間鍛造（hot forging）が実用化されている．例えば，冷間における高密度ポリエチレンの単軸圧縮試験では除荷後のスプリングバックに比べて，その経時変化のほうが大きいことが問題である．そこで，これらをできる限り少なくするためにプラスチックの種類を選択したり，あるいは加工法を工夫するなどの検討が図られている．また，高温あるいは熱間塑性加工では，金型を利用すると幾分速い速度で成形でき，その上，溶融状態で流動性の悪いプラスチックでも容易に成形できるなどの利点がある．

熱間鍛造では，素材の加熱で温度制御などに難しさはあるが，製品の精度や強度に不安がないため，実用化されることが多い．さらに，鍛造によって得ら

れた製品は分子配向が高くなり，力学的な強さや機械的性質が向上する．

このように，力学的な強さや寸法精度の向上のみでなく，図7.2に示すように，従来の射出成形品に比べてコストが約数分の1と安価である，溶融粘度の大きい材料でも加工できる，分子量の大小に関係なく成形できる，種々の複合材料も容易に加工できるなど，利点も多く広範囲に応用できる．

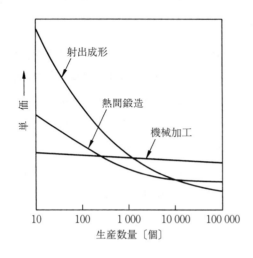

図7.2 射出成形，熱間鍛造および機械加工における生産数量による生産コストの比較例

7.1.3 加 工 例

ブロック状の材料では，素材と金型を加熱し，より流動性を高めて加工すると，任意の肉厚製品や複雑な形状の鍛造品が得られる．例えば，丸棒素材から歯車[2]や押しボタン[3]を鍛造する場合，素材の最適温度は，結晶性プラスチックは融点（T_m）近傍，非結晶性プラスチックではガラス転移温度（T_g）近傍であることが実証されており，これによって得られた鍛造品の寸法安定性はきわめてよい．

難加工材の超高分子量ポリエチレンを用いて，スノーモービル用スプロケットや車輪の製造例がある．

一方，据込み鍛造では，図7.1（c）に示したように，つかみ工具を用いて材料をしっかり固定し据込みを行うため，加工部以外は素材のままである．加

工度が過剰に大きいことや，素材の表面や内部に欠陥があると，据込み後，割れやきずが発生し，据込み後の径に比例して大きくなる．その一例を図7.3に示す．金属材料では，据込み三原則が経験則として残っているが，プラスチックでは圧造据込み比 $S\ (=L/d)$ を一つの目安としている．

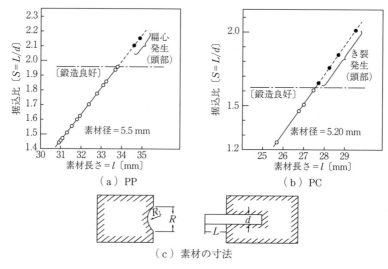

図7.3 据込み鍛造品（PP，PC）の据込比 S と素材長さ L の関係[4]

7.1.4 関連技術（転造加工）

鍛造加工に類似する手法に転造加工がある．鍛造は主としてブロック状の素材に軸方向またはその垂直方向から圧力を加えて変形させる．これに対して転造は，素材（棒状プラスチック）に相対的な回転を伴って半径方向に圧力を加え変形させる加工である．

図7.4に示すように，素材をダイスに挟み，相対的に回転あるいは往復運動させる方法で，ねじ，ボルトや歯車などの成形に用いられる．通常，ねじの転造では，図（a）のように一対の平ダイスを用いる往復式と，図（b）のように丸ダイスを用いる回転式がある．

往復式は，小物ねじの量産に適し，回転式は，精度の高いねじまたはボルト

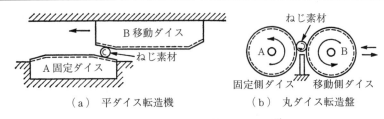

図7.4 一般的な転造機とその概要[5]

の成形に適している．転造加工の特長は，機械加工（切削加工）に比べて加工時間が極端に短く生産性が大であり，その上，一つの鍛錬効果もあり構造破壊を伴わないため強度的にも安定する．

平ダイスの場合，転造速度（移動速度）が小さい領域では，ねじ山の盛り上がりが少なく，転造速度の増加とともに，ねじ山の盛り上がりは急激によくなる．その後，顕著な変化もなく安定に向かう．この傾向は，丸ダイスでも同様である．

また，冷間では転造速度が寸法精度に大きく関与する．加工中，特にある値

Coffee Break

塑性加工は有効

　塑性加工は，物体に力を加えて変形させ任意の形にする方法．金属で多用されている加工技術．プラスチックでは溶融成形（射出成形など）で板や棒状の一次加工品（素材）を作り，これを再加工（二次加工）する分野．プラスチック材料は，通常，室温で引張，荷重を取り除くと同時にスプリングバックで元の形状近くまで回復する．逆に長く荷重をかけ続けるとクリープ変形する．さらに環境温度によっても大きく左右される．したがって，使用環境や環境温度などを無視して，金属の代替として採用することは厳禁．射出成形を含む溶融成形（一次加工）のみでは得られない多くの利点がある場合のみ有効である．このために，プラスチックの特性を充分把握した上で採択することが肝要．上記の現象を最小限にするための方策は熱間（または高温）加工である．製品の強度や精度に不安がないため採用も多い．また，上記の性質を逆手にとった斬新な技術も開発されており，金属と同様に冷間塑性加工法が適用できればコスト低減やリサイクルなどに大きく貢献できる．

以上になると，素材とダイス間の摩擦熱や素材の塑性変形熱によって熱回復が生じ，形状の維持が困難となる．この場合，素材の種類，素材径，工具形状，転造速度および温度によって，最適な加工条件が存在する．これまでに従来の方式に改良を加えた転造機を試作した例がある[6]．素材の融点以上に加熱した熱工具と反対側に備えた冷却・固化用の冷工具からなるもので，絶妙の温度コントロールで良好な歯車が成形できたが，商業化には至っていない．

7.2 押出し加工

固体押出し加工法は，金属加工において，棒材や管の製造に広く利用されている．プラスチックのフィルム，シート，棒，管状成形製品は，通常，材料を融点以上に加熱し，溶融状態でダイから押出し，冷却して賦形が行われる（5.3節参照）．一方，プラスチックでも，金属加工のように，固体状態の材料に高圧力をかけて，ダイから押出す，固体押出し加工も可能である[7]~[11]．この方法で，高度な分子鎖配向を付与することにより，物性の向上が期待できる．

7.2.1 固体押出しの種類

固体押出し加工法は，図7.5に示すように，ラム（直接）押出し法と静水圧（間接）押出し法に分類できる[12]．前者では，ピストン-シリンダー形の装置を用いて，ピストンで素材ビレット（丸棒）に荷重を加えて，ダイから押し出す．後者では，圧力媒体を介して，ビレットに高圧をかけて，固体状態で押

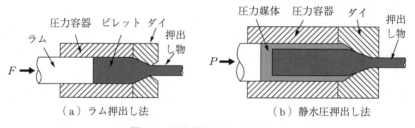

図7.5　固体押出し加工の概略図

し出す．液圧押出しとも呼ばれる．これらの方法には，それぞれ特徴があるが，特に，潤滑状態，負荷圧力の面などで差異がある．

通常，固体押出しでは，材料を高圧力下から常圧下に押し出すが，高圧力下へ押し出す差圧押出し法もある [13),14)]．また，押出し荷重の低減と，押出し物に有効な伸張変形を付加する目的で，押出し物に一定の張力を掛けながら押し出す方法も行われる [15)]．さらに，2種の材料でシース・コアを形成するビレットの共押出しも可能である [16)]．

7.2.2 加 工 法
〔1〕装　　置

基本的には，圧力容器（シリンダー），ピストンやダイからなる押出し容器が用いられる．押出しのための加圧は，一定荷重または一定速度でピストンを駆動できる油圧プレス機や機械プレス機が用いられる．押出し容器は，使用される温度において，十分な耐圧を必要とする．また，静水圧押出しでは，液圧を用いるため，シリンダーとピストンの間およびシリンダーとダイの間の圧力シールが必要である．

〔2〕ビレット（素材）

固体押出しに用いるビレットは，射出成形，押出し成形や圧縮成形など，溶融成形で作製した丸棒や機械加工した丸棒が用いられる．静水圧押出しの場合には，ビレット先端に，ダイ入口の形状に合わせたノーズ部を形成することで，押出し初期の圧力媒体のシールを可能とする．

〔3〕圧 力 媒 体

静水圧押出しに用いる圧力媒体は，押出し温度および圧力下で，気化あるいは固化しない液体を選ぶ．通常は，グリセリン，ひまし油やシリコーン油などから，材料が膨潤または溶解しないもの，クラックの発生などの影響を与えないものを選択する．圧力媒体が存在することで，ビレットとシリンダーの間の摩擦はなくなり，また，ダイとビレットの間の摩擦にも影響を与える [17)]．

7.2.3 加 工 条 件

固体押出しの成否には,圧力容器などの装置構成やダイ角度,ダイ径などの装置条件が影響を与える.さらに,押出し温度,押出し圧力,押出し速度や押出し比(変形比)などの押出し条件の設定・選択が重要である.これら押出し条件の設定には,素材ビレットの結晶性や熱的性質,力学的性質および高次構造が関係してくる.押出しの成否,押出し物の良否にかかわるこれらの成形要因[18]を図7.6に示す.

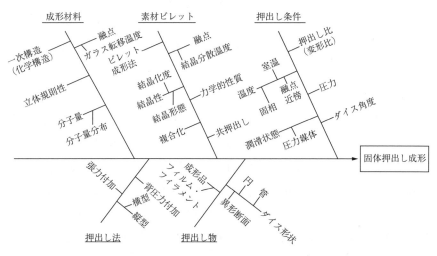

図7.6　固体押出しにおける成形要因[18]

プラスチックは常温で変形能を示すものもあり,常温押出し加工も可能である[2].しかし,押出し温度の選択は,条件選択のうちでも,重要な項目の一つであり,プラスチックの塑性変形を有効に利用するには,素材の融解温度以下で,適切な温度範囲を選択する必要がある.高密度ポリエチレン(PE-HD)のように,結晶自体が滑りや細分化を起こしやすい材料は,固体押出しが比較的容易である.条件を選んでも,加工がきわめて困難な材料もある.また,一般に,非晶性のプラスチックでは,高い押出し比を達成することは難しい.図7.7には,各種結晶性プラスチックの静水圧押出しにおける成形温度範囲の概略[18]を示す.

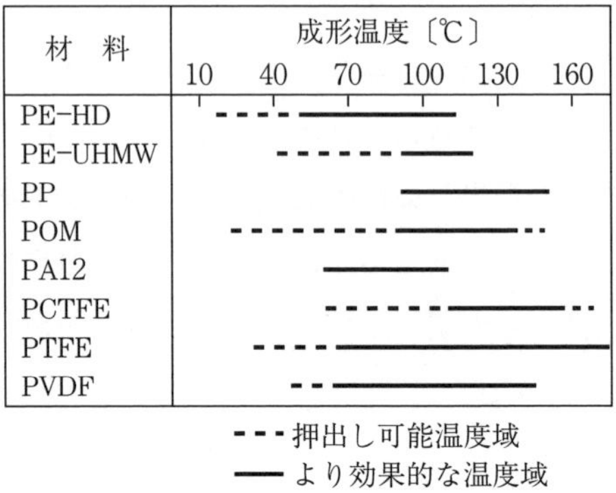

材料	成形温度〔℃〕
	10　40　70　100　130　160
PE-HD	
PE-UHMW	
PP	
POM	
PA12	
PCTFE	
PTFE	
PVDF	

- - - 押出し可能温度域
── より効果的な温度域

図7.7 静水圧押出しにおける成形温度範囲[18]

7.2.4 特　　　徴

固体押出しは，材料に大変形を与えることから，賦形のみならず，分子鎖配向付与と材料の物性向上の面で特徴がある．固体押出しでの変形比は，素材ビレットの断面積 S_o と押出し物の断面積 S の比である押出し比 $R=S_o/S$ で表される．ダイ出口の断面積 S_d を使って求める公称の押出し比 $R'=S_o/S_d$ も使われる．プラスチックの場合，押出し条件によって，ダイ・スウェルや押出し後の弾性回復が生じることがあり，一般に，$R \leq R'$ である．

押出し比 R が高くなるに従い，微結晶の選択的な配向や分子鎖の押出し方向への配列が生じ，引張強さ，弾性率や硬さなどが向上する．表面も平滑になり，材料によっては，透明性が向上する．

固体押出しでは，ダイの出口形状の選択により，異形断面の押出しが可能である[18]．**図7.8**には，プラスチックの固体押出し製品の例を示した．マンドレルを併用することで，管状の押出し[19]や拡管[20]も可能である．

こうした異形断面を有し，断面積の大きい押出し物に分子配向を付与できることも，固体押出し加工の大きな特徴の一つである．

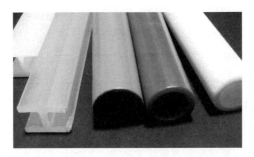

図7.8　固体押出し製品の例（異形断面製品，管）

7.3　引抜き加工

　プラスチックのフィルムや繊維は，延伸加工（5.6節参照）で，分子鎖の配向が付与されることによって，力学的性質などの性能が改善される．また，超延伸法によって，高弾性率・高強度材料を得ることができる．断面積の大きい材料を対象にして，分子鎖の配向を付与することのできる延伸加工の一形態として引抜き加工法がある．圧延と並んで，フィルムやシートなど，長尺の材料の加工方法として，物性の向上が可能である．

7.3.1　引抜き加工法の種類

　プラスチックの引抜き加工は，図7.9に示すように，ダイ引抜きと，ダイの役目を加熱ヒーターで置き換えたダイレス引抜きに分けることができる．前者は，金属の線材の生産に用いられる方法を応用したプラスチック丸棒の引抜き加工[21]と，ロールを用いたシートの引抜き[22]とがある．後者のダイレス引

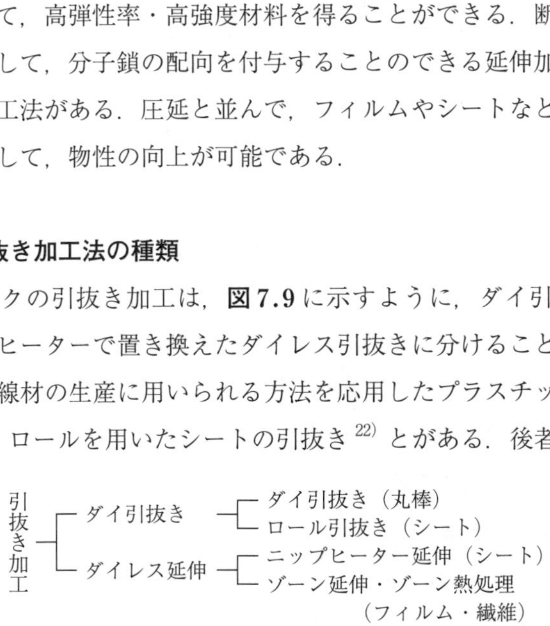

```
                ┌ ダイ引抜き ─┬ ダイ引抜き（丸棒）
引抜き加工 ─────┤             └ ロール引抜き（シート）
                │
                └ ダイレス延伸 ┬ ニップヒーター延伸（シート）
                               └ ゾーン延伸・ゾーン熱処理
                                  （フィルム・繊維）
```

図7.9　プラスチックの引抜き加工の分類

抜きは，局部加熱を利用したもので，リング状ヒーターを用いたゾーン延伸[23]およびニップヒーターに素材を接触させて延伸するニップヒーター延伸[24]がある．いずれも，延伸点を一定位置に固定する効果によって，材料に分子配向を付与できることが特徴である．

〔1〕 ダイ引抜き

丸棒の大変形を可能にする加工法に，ダイ引抜きがある．図7.10にその原理図を示すように，簡単な装置構成である．ヒートブロックを設置したダイを通して，プラスチックの素材丸棒を引き抜く．プラスチックのダイ引抜きは，PPでの結果が報告されて以来，おもに結晶性プラスチックの引抜き加工による物性向上について多くの報告がある[21),25]．マンドレルを併用し，ダイ引抜き加工で，軸方向と周方向に二軸延伸したパイプも得られる[26]．

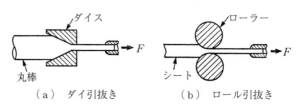

(a) ダイ引抜き　　(b) ロール引抜き

図7.10　引抜き加工の概略図

引抜き力のための張力付加は，一定速度の引取りが可能な装置を用いる．直径 D_0（断面積 S_0）の丸棒を直径 D_1（断面積 S_1）のダイに通して引き抜くが，引抜きに要する力が F のとき，F/S_1 が製品の破断強さを上回ると，ダイ出口以降で破断を起す．しかし，プラスチックの場合には，ダイの温度および予熱温度を適切に選択することで，素材丸棒の変形抵抗が低下し，かつ，得られた製品の破断強さは分子配向によって高まり，一度に大きな変形比（$\lambda = S_0/S_1$）を付与することが可能となる．

〔2〕 ロール引抜き

図7.10に示すような一対のロールの間隙からシートを引き抜く方法は，高配向シートを得る加工法として有用である[22]．圧延加工（7.4節）のように，ワークロールをモーターで駆動する必要がなく，張力を掛けるための機構また

は巻取機と組み合わせる．加工するプラスチックシートの材料特性，特に，熱的性質および力学的性質に合わせて，ロール温度やロール間隙を適切に設定することで，引抜きシートを製造することができる．引抜きは，多段パスで行う必要はなく，1回のパスで，大変形を付与することができる．プラスチックシートをロール間隙から引き抜くことで，高分子鎖が引抜き方向に高度に配向し，弾性率や引張強さが向上する．また，張力が付加されたままで，室温まで冷却されるので，弾性回復も少ない．

〔3〕 ニップヒーター延伸

プラスチックのシートやフィラメントに張力を掛けて延伸すると，ネッキング現象を伴って変形することが多い．1か所にくびれが生じ，そのくびれが伝搬して，材料全体に変形が及ぶ．材料の種類，分子量および雰囲気温度によって変形比が定まり，自然延伸比 λ_N と呼ばれている[24]．ニップヒーターをプラスチックフィルムに接触させて延伸することで，延伸比を高めることができる[27]．加熱槽内で延伸する場合と比較して，延伸点を固定化することができる．温度を高めると，高分子鎖の分子運動が活発になり，容易に変形する．一方，温度が高すぎると，分子鎖の流動が起こり，有効な分子配向を付与することができない．

〔4〕 ゾーン延伸

ダイレス引抜きとして知られている金属加工に類似した方法が，プラスチックのゾーン延伸[23]として応用された．繊維状の材料または丸棒をリング状のヒーターを用いて，一部分を加熱しながら張力を加えて延伸する．延伸後に，一定応力を負荷したまま，リング状のヒーターを往復させて，熱処理を行うゾーン熱処理[23]の工程も加えることや，ゾーン延伸とロール間延伸の組合せ[28]により，分子配向および結晶化度をより高めることも行われる．ゾーン延伸とロール間延伸の組合せもある．繊維状の材料を局部的に加熱して延伸する方法として，レーザー加熱延伸法[29]も高配向付与が可能で，強度向上のための加工法として応用されている．

7.3.2 特　　徴

引抜き加工（ダイ引抜き，ロール引抜き）は，長尺で比較的断面積の大きな材料（丸棒，シート）を延伸し，高い延伸倍率を付与できる方法として特徴がある．延伸倍率の制御は，ダイ径，またはロール間隙によって調節される．

引抜きの方向に，分子鎖がよく配向し，弾性率や引張強さが向上する．PE[30]，PP[22]，PE-UHMW[31] などポリオレフィンのほか，PET[32]，POM[33]，PEEK[34] など，エンジニアリングプラスチックでも，分子配向の効果が大きい．図7.11 には，生分解性プラスチックシート（PLLA および PLLA/PCL ブレンド）の引抜き加工に伴う延伸倍率と引張強さの関係[35]を物性向上の例として示した．同様な配向付与の加工法として，7.2 節で解説した固体押出し加工と比較すると，引抜き加工は長尺の材料の連続生産技術が可能である．

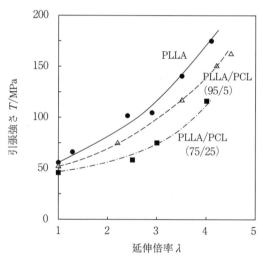

（ロール温度：70℃
PLLA：ポリ乳酸
PLLA/PCL：ポリ乳酸とポリεカプロラクトンとのブレンド）

図7.11　生分解性プラスチックシートのロール引抜きよる延伸倍率と引張強さの関係

7.4 圧延加工

7.4.1 加工法

射出成形や押出し成形などで製造された板や棒状の材料を，同一速度で回転する一対のロールの間に通して，所要の断面形状と寸法の製品に加工する工程を圧延加工（rolling）という．金属材料と同様に形状や寸法の賦与と材質改善効果が期待できる．

〔1〕 板 圧 延

図7.12に示すように，板状の材料を回転するロールの間に通して，板厚 H から H_1 に減少させる加工である．機械的強度に優れたいろいろな厚さの板状製品が得られる．

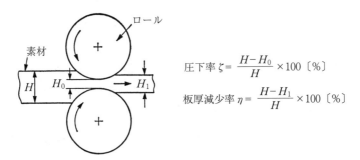

圧下率 $\zeta = \dfrac{H-H_0}{H} \times 100$ 〔%〕

板厚減少率 $\eta = \dfrac{H-H_1}{H} \times 100$ 〔%〕

図7.12 板圧延の概要

一般に，板材の加工度は，圧下率 $\zeta \left[=(H-H_0)/H \times 100 \right]$ の大小で表される．プラスチック材料は，ロールを通過した後，材料の弾性回復（スプリングバック）が大きいので，圧延された製品の厚さ H_1 は，ロール間隔 H_0 よりいくぶん増加する．したがって，製品の厚さを目的とする場合，圧下率より板厚減少率 $\eta \left[=(H-H_1)/H \times 100 \right]$ を採用するほうが実用的である．

〔2〕 棒圧延（孔型圧延）

図7.13に例示するように，数種の孔型ロール，すなわち菱形と角（diamond-

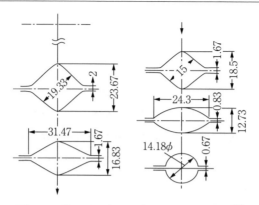

図 7.13 棒圧延の孔型例（菱形と角の組合せ）[36]

square）の組合せで，最終的に直径約 14 mm の丸棒に圧延するものである．通常，孔型圧延では，菱形からつぎの孔型へ入れるには 90°回転させて，適当なパス回数をとりながら，逐次，断面減少率を増していく．

棒材の圧延加工では孔型の設計が最も重要で，孔型の数を少なくすることは圧延能率を向上させることでもある．しかし，極端に大きな断面減少率で圧延する，すなわち一度（1 パス）に大きな変形を強いることは加工品の折損をはじめ，圧延機本体やロールの損傷にもつながる．**図 7.14** に，板圧延（a）および孔型圧延（b）による圧延材の破断例を示す．図（a）では耳割れが生じ，図（b）では中央部に空孔が生じたり，ボトム部に破断開口が生じたりする．

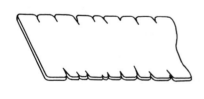

(a) 板圧延による耳割れ
    (圧下率 80 %，ABS)

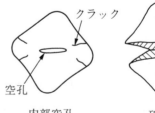

(b) 孔型圧延による破断
    (工具断面減少率 45 %，HDPE)

図 7.14 圧延材の破断例

7.4.2 特徴と加工例

金属材料に比べてプラスチック材料は，ロール通過後の弾性回復が大きい．その一例を**図 7.15**に示す．同図は，棒圧延材の弾性回復率を示したものであり，断面減少率の増加とともに，その弾性回復率（天地方向）は増大する．この傾向は，板圧延の場合も同様である．

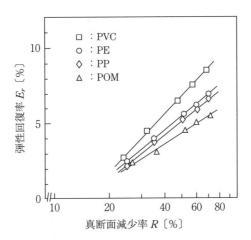

図 7.15 各種プラスチック材料の真断面減少率と弾性回復率の関係（孔型圧延）[36)]

圧延に伴う断面減少率と，圧延材の機械的強度およびマクロ的な内部構造には密接な関係がある．すなわち，圧延により板厚減少率あるいは断面減少率が増加するにつれて圧延方向に球晶が大きく延伸し，これと同時に配向が進み高配向化する[37)]．この結果，圧延材の引張強さ（圧延方向）も向上する．その一例を**図 7.16**に示す．同図は，POMの素材と板圧延材（一方向圧延）の公称引張応力-伸びひずみ線図（圧延方向と同方向）を比較したものである．圧下率あるいは圧延断面減少率が増大するにつれて，その引張強さは大きく向上する．

これに対して，圧延方向に対し45°方向や直角方向のそれぞれの強度は，顕著な差がなく，素材のそれに比べてもほぼ同程度か，あるいは若干低い値である．この傾向は，ほかの材料についても同様である．

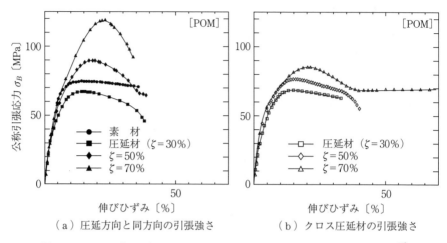

(a) 圧延方向と同方向の引張強さ　　(b) クロス圧延材の引張強さ

図 7.16　POM の板圧延における圧下率と圧延材の引張応力-伸びひずみ線図 [38]

7.4.3　異方性とその対策

　圧延による断面減少率の増加に伴って圧延材にかなりの異方性 (aeolotropy) が生じる．例えば，板圧延の場合，圧延方向，厚さ方向およびロール軸方向（圧延方向に対して直角方向）では，機械的性質が大きく異なる．この異方性は，金属材料では焼鈍しなどの熱処理である程度除去できるが，プラスチック材料は，この種の処理は熱回復が極端に大きいため不可能である．そこで，圧延方向およびその方向に直角方向の2方向に対して交互に圧延を行う，クロス圧延法により異方性を少なくできることが実験で明らかになった．

　一般に，プラスチック圧延は材料が破壊しない限度内で，大きな板厚減少率を採用し，少数回パスのクロス圧延で所要の板厚を得る工程が理想的である．

　クロス圧延板は，未圧延材に比べて圧縮強さは弱く，反面，引張強さが増大する．これは深絞り性の目安である M 値（7.7節参照）が大きくなることであり，その加工性の向上が期待できる．しかし，板圧延では，圧延機のロール幅で板の大きさが制限される．そこで，この問題を解決する方法として，二軸延伸法が考案され，長尺の板圧延を可能にした [39]．また，孔型圧延で得られ

た棒状圧延材（予変形材）を，冷間鍛造用素材として利用することが考案された[40]．この予変形材を鍛造用素材として応用した場合，圧縮加工後の弾性回復や経時変化を著しく小さくできることが示された．

7.5 せん断加工

7.5.1 種類

プラスチック材料の二次加工において，せん断加工が占める割合は大きい．押出し材，フィルム，シートのせん断・打抜き・穴あけ，射出成形品のゲート切断，積層板・薄板からの打抜き・穴あけや熱成形品などのトリム加工など，一般には，最終製品の直前工程にせん断加工は広く組み込まれている．

その基本原理は，一対の工具により挟まれた素材を，工具間隙の局所的なせん断変形・き裂進展により，間隙を構成する二次的工具輪郭に沿ってせん断分離するものである．そのための加工形態と工具の分類は，柔軟な素材を切るのによく用いられるナイフ刃（くさび刃）による突切りなど[41]一部の例外を除いて，ほとんどが金属材料のせん断加工[42]に準じたものとなっている．ただし，通常のプラスチック材料に比べて強化材の入った複合材料のせん断には，特別の配慮が必要となる．そこで以下では両者を分けて扱う．

7.5.2 熱可塑性プラスチックのせん断加工

慣用せん断法によるプラスチックの切口形状は，その分離過程によっておおむね図7.17の3種類に大別される[43]．これらは，材料間に明瞭に区別されるものではなく，同一材料でも材料温度やせん断速度により遷移する[44]．速度と温度の影響は顕著で，高速打抜きでは概して切口面が改善され[45]，また板押えや逆押えを付与して小さなクリアランスで打ち抜くことも有効であることが知られている[43]．

しかしながら，プラスチックのせん断切口は平滑になりにくく，慣用せん断の手法ではその寸法精度は金属のせん断加工に比べて1桁から2桁低い値にと

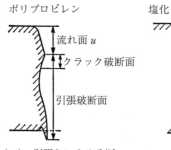
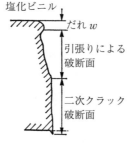
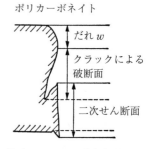

（a）引張りによる分断
　　（類似形態：PE，PA6，POM）

（b）クラックの貫通による分断（類似形態：PS）

（c）クラックの成長と二次せん断による分断
　　（類似形態：celluloid）

（加工条件：クリアランス5％　打抜き直径：32 mm，材料支持，常温）

図7.17　プラスチック材料のせん断分離形態と切口形状 [43]

どまっている．さらに切口面に沿って割れ，停留き裂，だれやかえりなどの欠陥が残留しやすく，こうした切口面の改善と精度の向上を目的としたさまざまなせん断加工法が試みられてきた（**表7.1**参照）．その一部は今日すでに実用に供されている．

一般に熱可塑性プラスチックのせん断過程は金属の場合と類似しているため，シェービングや高速せん断などの金属の精密せん断の手法が顕著な効果を表している．プラスチック固有の諸特性を生かしたせん断手法としては，低い変形抵抗を活用したナイフ刃切断が広く知られており，さらに低い熱伝導率・熱軟化点を積極的に活用した振動仕上げ抜きも提案されている．いずれも適用材料の汎用性，平滑な切口面や高い寸法精度に特色を有している．

7.5.3　複合材料のせん断加工

プラスチックの複合材料では，強化材とプラスチックとの強度の差が大きいほど，そのせん断加工性が損なわれていく．とりわけプリント基板やFRPに代表される熱硬化性プラスチックの積層板および長繊維強化複合材料では，板状の成形品が大半を占めるため，せん断切口面の精度向上が大きな課題とされてきた．

7.5 せん断加工

表 7.1 熱可塑性プラスチックのせん断切口改善一覧

加工法		No.	文献例 適用材料	内容紹介	切口改善の方法と効果
ナイフによる突切り		46)	PC, ABS, PP, PA, PVC	20 mm, 30 mm 径の突切り	紙, 布, 皮革などの切断に供されるナイフ状工具による押込み切断. 100 分台の精度可能.
		47)	ABS, PC	工具摩耗, 棒管材の切断	
精密せん断の手法	シェービング	48)	PVC, PE, PC	16 mm 径, 段付工具による打抜き	切口面の不良部分を切削除去.
	高速せん断	45)	PP, PE, PVC, ABS, PC	16 mm 径, 5 m/s の打抜き	プラスチックの速度効果を利用して変形域を集中.
	仕上げ, 精密打抜き	46)	ABS	20 mm 径による慣用打抜きとナイフとの比較	刃先のR付与, 拘束条件を高め, 割れを抑制して全面せん断の平滑切口を実現.
振動せん断の手法	振動仕上げ	49)	PVC, PA, PP, POM, PTFE, FR-PBT, スタンバブルシート	8 mm 径, 30〜50 Hz, 24 種類の材料へ適用	振動対向工具を用いてせん断領域の局所的軟化による分離をはかるとともに, 切口面の工具側面性状転写を達成.
		50)	AC, PC, ABS	8 mm 径打抜き	
	振動ナイフ切断	51), 52)	PE-Form, PS-Form, PC	50〜60 Hz パイプスリット加工, 22 kHz 励起パターン制御加工	振動付与による工具と材料間の摩擦減少効果を活用した変形の低減, 摺動熱の凝着抑制による平滑切口面を実現.

PC:ポリカーボネート, PP:ポリプロピレン, PA:ナイロン, PVC:ポリ塩化ビニル, PS:ポリスチレン, PE:ポリエチレン, POM:ポリアセタール, AC:アクリル
文献の詳細は各 No., 章末の「引用・参考文献」を参照.

系統的な研究がなされているフェノール樹脂積層板のせん断加工を例に, 複合材料の切口と欠陥種類を**図 7.18**に示す. 一般に切口は, だれ b, 一次割れ面の切削せん断面 a および一次と二次割れから成るえぐれ破断面 c で構成される. 小穴抜きでは, 穴周辺に層間剥離によるくまどり, バルジや表面割れを生じやすい. くまどりやバルジは, 小さなクリアランスで増大することが知られている[55]. 一方, ガラス繊維強化複合材料では切口面全域に繊維が突出し, 切口面性状を問わない特殊な用途を除いて一般にプレスせん断は適用されていない.

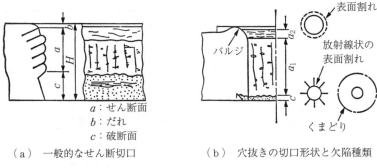

(a) 一般的なせん断切口　　　a：せん断面　b：だれ　c：破断面

(b) 穴抜きの切口形状と欠陥種類

図7.18　フェノール樹脂積層抜きのせん断加工[53),54)]

複合材料のプレスせん断における高精度化の試みとして，欠陥を内包しやすい切口面を，いかに平滑にかつ周辺部に損傷を残さずに仕上げるかを指向するものである．公表された報告などによると，これまでに表7.2の各種方式が試みられてきた．これらは以下の三つに大別できる．（1）加熱，加圧により材料を延性化し，き裂発生とその成長を抑制させながらせん断する，（2）き裂の発生と成長方向を積極的に制御することによってせん断する，（3）形成された破断面と内部欠陥部位を切削機構によって削り取り，平滑な加工面に仕上げる，などの方法である．これらの改善方法を模式的に図7.19に示した．実用上，加熱せん断と加圧せん断が多用されている．

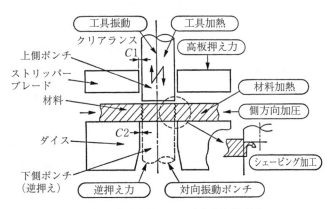

図7.19　複合材料の切口改善方法模式図

表 7.2 複合材料のせん断切口改善方法

分類	加工法	適用材料	文献例	切口改善の方法と効果
加熱せん断	加熱ポンチによる打抜き	紙フェノール, 紙エポキシ	56)	ポンチ周辺の材料軟化による亀裂抑制と仕上げ効果.
	材料加熱による打抜き	紙フェノール, 紙エポキシ	55)	材料の延性化による亀裂発生・成長の抑制.
振動せん断	振動式上下抜き	紙フェノール, 紙エポキシ, フェライト	57)	振動対向工具を用いて一次割れを交差させ二次割れを板面に垂直に貫通.
	振動仕上げ抜き	GFRP, CFRP, KFRP, 紙フェノール, 紙エポキシ	49) 58) 59)	振動対向工具を用いて, せん断領域の局所的熱軟化をはかり, 無理のないせん断分離を達成.
	超音波振動打抜き (I)	紙フェノール, 紙エポキシ	56) 60)	板面に平行な一次割れ生成を利用. 穴あけはポンチ側, 外形抜きはダイス側を振動.
	超音波振動打抜き (II)	複合積層（ガラスエポキシ）	61)	せん断後に穴内面プラスチックを軟化させ, せん断切口に塗布.
加圧せん断	圧縮打抜き	紙フェノール, 紙エポキシ	62)	板面方向の圧縮により一次割れ角度を板面垂直方向に変化. 材料延性向上効果も重畳.
	高板押え面圧付加による打抜き	紙フェノール, 紙エポキシ	63)	せん断領域を圧縮応力状態に保ち, 常温打抜き時の穴間クラック生成を抑制.
シェービング	シェービング加工	FRP, 紙フェノール, 複合材全般	48)	切口面不良部位を切削により除去, 2工程が必要.
	段付け工具による打抜き	同上	48) 64)	同上. 1行程で打抜きと切口改善実現.
	同一工具による二度抜き	GFRP（穴あけ加工のみ）	65)	小穴開け時の穴収縮分をシェービング代とし, もう一度同一工具で除去.

7.6 曲げ加工

　一般に, プラスチックはスプリングバックや形状の経時変化・温度変化が大きいため, 普通に曲げ加工を行っても曲げ角の精度が保てない. この問題を解決する一つの方法として板材の曲げに関して接触加熱曲げ[66)]が提案されている. これは加熱した逆圧プレートを材料の曲げ部外側へ押し付けてから曲げを行

う方法で，き裂の発生を押え，白化を少なくするとともにスプリングバック，経時変化をゼロにすることができる．2，3 mm の板を曲げるのに要する時間は，接触加熱時間を含めて1秒以下である．

薄鋼板でプラスチックをサンドイッチした制振鋼板と呼ばれる材料が開発されている．これらの材料は曲げ加工において，プラスチック層にせん断変形が集中して，表裏鋼板の間にずれが生じたり，フランジが曲げ部外側で急激に屈曲したりする形状不良が発生する[67]．**図7.20** にポリプロピレンを深絞り用鋼板でサンドイッチした積層鋼板を U 曲げする過程を示す．ダイス肩部で屈曲が生じているのがわかる．この屈曲はプラスチック層の塑性変形抵抗が表裏鋼板のそれに近ければ発生しない．

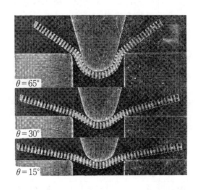

図7.20 ポリプロピレンコア軽量鋼板の U 曲げ成形過程

7.7 深絞り加工

7.7.1 加工法

図7.21 に示すように，金属材料の深絞りに利用されるパンチとダイスを用いて，熱可塑性プラスチックの薄板からカップ状の製品をつくる方法を絞り加工（drawing）という．熱硬化性プラスチック材料には適さない．

絞り加工は，図（a）のように，材料の周辺が順次ダイス穴に向かって移動しながら変形する．すなわち，ダイス面上でパンチの断面に沿って縮み，逆にこれと直角方向に伸びながら容器に変形する．また，図（b）のように，絞

7.7 深絞り加工

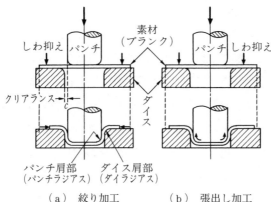

(a) 絞り加工   (b) 張出し加工

図 7.21 絞り加工および張出し加工の概要

り加工に対して二軸引張変形による張出し加工を利用することも可能である．材料の周辺の縮み量は小さく，逆にパンチに接する材料中央部の二軸方向の伸びにより成形される．

絞り性を評価する一つの方法として，金属材料と同様の限界絞り比（LDR）があり，**表 7.3** に各種プラスチック材料の円筒深絞り加工における限界深絞り比（割れずに絞れる最大の素板直径／パンチ直径）の値を示す．いずれの材料も限界絞り比 2 前後で，軟鋼板と比べても大きな差もなく良好な円筒絞り製品が得られる．

表 7.3 代表的なプラスチック材料の M 値と LDR[68]

材料	σ_B 〔MPa〕	σ_C 〔MPa〕	M 値	限界絞り比 LDR
ABS	35	49	0.719	1.86
PS	13	34	0.381	1.60
PE	23	26	0.884	2.12
PP	32	39	0.812	1.98
PC	69	74	0.935	(2.0)
PA (Ny6)	39	33	1.21	(2.24)

( )：同値以上の値がある

M 値 $= \left|\dfrac{\sigma_B}{\sigma_C}\right|$ （引張圧縮降伏応力比，σ_B：引張降伏応力，σ_C：圧縮降伏応力）

7.7.2 特徴と絞り性

一般に，成形後のスプリングバックや経時変化によって，製品形状は工具形状から大きく外れる．図7.22は，ダイ肩半径と製品高さおよび製品口径の関係を例示する．結晶性プラスチック（PE, PP, PA）は，ほかのプラスチックに比べて，ダイ肩半径が大きくなると幾分，口拡がりの割合が大きくなり，製品高さも減少する傾向である．通常，クリアランス（工具間の隙間）の大小によってその値が大きく変化し，若干のしごき（負のクリアランス）を加えることで，形状精度は大きく向上する．ここで，深絞り性を評価するパラメーターとして M 値（＝引張降伏応力（σ_B）/ 圧縮降伏応力（σ_c））が提案されている[70]．M 値の大きいプラスチック材料ほど限界絞り比は大となり，深い絞り製品が得られる．

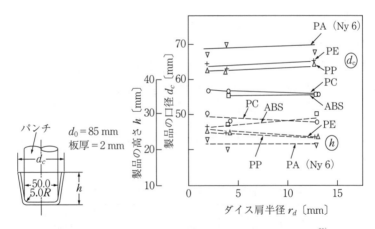

図7.22 ダイス肩半径と製品高さおよび製品口径の関係[69]

これまでに，深絞り製品の寸法精度や形状安定性を向上させるために調査・研究された事例は多い．例えば，しごきを加える深絞りやハイドロフォーム法[71]では，製品の形状精度が優れることが実証されている．また，予変形材の有効利用とコスト低減の観点から，板状プラスチックを冷間圧延加工し，その圧延材（予変形材）を深絞り加工用素材として利用することが提案された[38]．さらに，従来の圧空成形に類似した固相圧空成形法[72]が提案され，融

点より 20 〜 30℃低い温度域で加工するもので，張出し成形に近い．このように，いろいろ考案，試行されているが，実用化の域に達していないのが現状である．

引用・参考文献

1) 松岡信一：図解 プラスチック成形加工，(2002)，90，コロナ社．
2) 大柳康・山口章三郎・安田栄・松井正・望月茂：塑性と加工，**17**-183（1976），296．
3) 薄井潔・相田宏・加藤雅一・渡辺望：塑性と加工，**17**-183（1976），288．
4) 松岡信一：図解 プラスチック成形加工，(2002)，92，コロナ社．
5) 日本塑性加工学会編：プラスチックの溶融・固相加工，(1991)，191，コロナ社．
6) 新井敏正：塑性と加工，**17**-183，（1976），304．
7) Buckley, A. & Long, H. A.：Polym. Eng. Sci., **9**-2（1969），115-120．
8) 前田禎三：プラスチックエージ，**15**-11（1969），55-61．
9) 牧野内昭武・清水則之：塑性と加工，**13**-134（1972），187-195．
10) 今田清久：塑性と加工，**14**-148（1973），412-421．
11) 堀尾政雄：日本レオロジー学会誌，**1**-1（1973），28-36．
12) 金綱久明・中山和郎：繊維と工業，**38**-6（1982），271-278．
13) Davis, L. A.：Polym. Eng. Sci., **14**-9（1974），641-645．
14) Nakayama, K. & Kanetsuna, H.：J. Appl. Polym. Sci., **23**-9（1979），2543-2554．
15) Hope, P. S. & Parsons, B.：Polym. Eng. Sci., **20**-9（1980），589-596．
16) 亀田恒徳・金元哲夫：レオロジー学会誌，**21**-344（1993），156-162．
17) 中山和郎・金綱久明：高分子化学，**30**-344（1973），713-719．
18) 中山和郎・金綱久明：合成樹脂，**30**-4（1984），2-6．
19) 仲村栄基・中山和郎・金綱久明：塑性と加工，**25**-287（1984），1075-1079．
20) 中山和郎・金綱久明・木田雅士・正岡恒博・仲村栄基・清野坦・中田晋作：塑性と加工，**25**-287（1984），1099-1104．
21) Coates, P. D. & Ward, I. M.：Polymer, **20**-12（1979），1553-1560．
22) 海藤彰・中山和郎・金綱久明：高分子論文集，**42**-4（1985），231-239．
23) Kunugi, T., Ito, T., Hashimoto, M. & Ooishi, M.：J. Appl. Polym. Sci., **28**-1（1983），179-189．
24) Laughner, M. P. & Harrison, I. R.：J. Appl. Polym. Sci., **33**-8（1987），2955-2958．

25) Hope, P. S., Richardson, A. & Ward, I. M.：J. Appl. Polym. Sci., **26**-9（1981），2879-2896.
26) 中丸雅史・田中智彦・Ulas Ibrahim・植松武文：成形加工, Vol.**10**-6（1998），394-398.
27) Laughner, M. P. & Harrison, I. R.：J. Appl. Polym. Sci., Vol.**36**-4, 899-905（1988）
28) 高橋哲也・田中豊秋・亀井良祐・奥井徳昌・高広政彦・梅本晋・酒井哲也：繊維学会誌, **44**-4（1988），165-170.
29) 奥村航・木水貢・大越豊：繊維学会誌, **66**-6（2010），147-155.
30) Kaito, A., Nakayama, K. & Kanetsuna, H.：J. Appl. Polym. Sci., **30**-3（1985），1241-1255.
31) Kaito, A., Nakayama, K. & Kanetsuna, H.：J. Appl. Polym. Sci., **30**-12（1985），4591-4608.
32) 中山和郎・宮下喜好・海藤彰・金綱久明：高分子論文集, **43**-1（1986），25-30.
33) Kaito, A., Nakayama, K. & Kanetsuna, H.：J. Appl. Polym. Sci., **32**-2（1986），3499-3513.
34) Kaito, A. & Nakayama, K.：J. Polym. Sci.; Part B: Polym. Phys., **32**-4（1994），691-700.
35) Nakayama, K. & Shimizu, H.：HTPM-IV,（2006）.
36) 松岡信一：塑性と加工, **23**-260（1982），861-865.
37) 松岡信一：図解 プラスチック成形加工,（2002），138, コロナ社.
38) 松岡信一・芝原正樹：材料システム, **15**（1996），81-86.
39) 前田禎三・後藤喜代治：塑性と加工, **14**-145（1973），159-163.
40) 前田禎三・松岡信一：塑性と加工, **22**-244（1981），467-474.
41) 例えば，永澤茂：塑性と加工, **53**-622（2012），968.
42) 日本塑性加工学会編：最新 塑性加工要覧,（1986），200, コロナ社.
43) 北條英典ほか：塑性と加工, **9**-88（1968），304.
44) 升森宏介ほか：塑性と加工, **10**-98（1969），180.
45) 前田禎三ほか：塑性と加工, **17**-183（1979），316.
46) 前田禎三ほか：塑性と加工, **11**-115（1970），617.
47) 前田禎三ほか：塑性と加工, **17**-183（1979），329.
48) 前田禎三ほか：第22回塑性加工連合講演会講演論文集,（1971），83.
49) 横井秀俊ほか：生産研究, **36**-2（1984），32.
50) Yokoi, H. et al.：Advanced Technology of Plasticity 1984, **2**（1984），821.
51) 石川憲一ほか：精密機械, **46**-2（1980），153.

52) Nagasawa, S. et al.：Procedia CIRP, **6**（2013），546.
53) 北條英典ほか：精密機械，**27**-12（1961），798.
54) 非金属材料のせん断加工性専門委員会：精密機械，**27**-12（1961），788.
55) 前田忠正：精密機械，**27**-12（1961），807.
56) 上内信也ほか：塑性と加工，**10**-99（1960），261.
57) 北條英典ほか：塑性と加工，**5**-38（1964），203.
58) Nakagawa, T. et al.；Proc. of 9th North American Manufacturing Research Conf., (1981), 207.
59) 横井秀俊ほか：塑性と加工，**25**-279（1984），335.
60) 神馬敬ほか：第36回塑性加工連合講演会講演論文集，(1985)，535.
61) 岡崎康隆ほか：第38回塑性加工連合講演会講演論文集，(1987)，309.
62) 北條英典：精密機械，**30**-11（1964），838.
63) 山田収ほか：昭和61年度塑性加工春季講演会講演論文集，(1986)，27.
64) 松野健一ほか：第25回塑性加工連合講演会講演論文集，(1974)，407.
65) 中川威雄ほか：第30回塑性加工連合講演会講演論文集，(1979)，561.
66) 中川威雄ほか：塑性と加工，**16**-172（1975），379.
67) 由田征史ほか：塑性と加工，**26**-191（1985），394.
68) 松岡信一：図解 プラスチック成形加工，(2002)，116，コロナ社.
69) 前田禎三・大塚宣夫・牧野内昭武：塑性と加工，**10**-103（1969），598-603.
70) 牧野内昭武・前田禎三：塑性と加工，**10**-104（1969），656-661.
71) Ball, M. et al：Europian plastic News, (1974), 58.
72) Buckley, A. et al：Polym. Eng. Sci., **9**-2（1969), 115.

8 接着・接合

　プラスチック材料の接合方法は多岐にわたるが，大別して（1）機械的締結，（2）融着接合，ならびに（3）接着剤を用いた接合に分類できる．

8.1　機械的締結

　機械的締結とは，ねじ，ボルト・ナット，リベット，ならびにピンなどの，機械的に被着物を固定する方法を意味する．広範な種類の材料を接合でき，プラスチック材料も例外ではない．強固な接合が可能であるが，被着物が先に破損する場合もあり，特にプラスチック材料では注意が必要である．

　近年では，プラスチック部材の一部に機械的締結部を一体で設ける手法が広範に用いられており，例えば"スナップフィット"は好例である[1]．このほか，取外し可能な面ファスナーも，プラスチック材料を用いた機械的締結方法の一種である[2]．

　機械的締結方法は，後述の接着接合と併用される場合も多く，この組合せによる相乗効果が期待できる[3]．

8.2　融着接合

　プラスチック材料の多くは，熱溶融により接合が可能である．この現象は"融着"と呼ばれる．加熱のみで接合が可能なため，経済的かつ合理的な手法として広範に用いられている．

8.2.1 加熱方法による分類

プラスチック材料の融着接合は，加熱手段により以下のように分類される．

〔1〕 **ヒーター等を用いる方法**

電熱ヒーター等を用い，フィルムやシートを加熱し，溶融と圧接を行う．

〔2〕 **ホット・ゼット溶接**

熱風もしくは火炎で溶接棒を溶融し，被着物の接合面に塗布し接合を行う．金属の溶接と同様の原理である．

〔3〕 **摩 擦 圧 着**

接合面での摩擦熱により被着物を界面で溶融し接合する．

〔4〕 **超 音 波 溶 接**

超音波を用いて，被着物の内部もしくは界面を溶融し接合する．

〔5〕 **高 周 波 溶 着**

プラスチック材料に高周波を印加し，誘電現象に起因する熱により被着物の内部もしくは界面を溶融し接合する．

〔6〕 **射 出 接 合**

溶融プラスチック材料をほかの被着物表面に射出成形するとともに，その熱を利用して融着を行う．

〔7〕 **レ ー ザ ー 溶 接**

レーザーを用いて被着物を加熱し融着する．プラスチック材料どうしやプラスチック材料と金属の接合に用いられる[4]．金属をレーザーで加熱するケースや，プラスチック材料の吸収しにくい波長を用いて被着物越しに界面を加熱するケースなどが報告されている．

〔8〕 **FSW**

プラスチック材料と金属を融着する場合，回転する棒状工具を金属被着物に押し付け，その摩擦熱に加熱する方法が提案されている[5]．しかし，金属どうしのFSWとは異なり，プラスチック材料の場合は単なる熱融着である．

プラスチック材料は溶融すれば容易に接合できるかというと，現実はそれほど単純ではない．一般的に溶融したプラスチック材料の表面は，その内部より

も熱力学的に安定であり，接着を生じにくい．したがって，界面を混ぜ合わせる処置が強度の増加に貢献する．例えば，摩擦圧着や超音波溶接は，ほかの融着方法よりも高い接合強さを示す場合が多い．

8.2.2 融着接合と材料

　プラスチック材料は，熱可塑性プラスチックと熱硬化性プラスチックに分類される．熱可塑性プラスチックは直鎖状高分子が絡み合った構造をもち，加熱により溶融し低い粘度を示す．一方，熱硬化性プラスチックは三次元的な架橋構造を有し，加熱により軟化は生じるものの，その溶融粘度はきわめて高い．このため，熱可塑性プラスチックの融着接合は容易であるが，熱硬化性プラスチックのそれは難しいか不可能である．

　熱可塑性プラスチックでも，同種材であれば融着は容易であるが，異なるプラスチック材料間の融着は，その組合せに大きく依存する．一般的に，"似たものどうしは着きやすい"という法則が知られている．これは，"融点が近い"，"溶融粘度が似ている"，などの理由にもよるが，これ以外にも高分子どうしの相溶性が大きなファクターを占めている．もちろん同種材料は相溶しやすい．

　金属と熱可塑性プラスチックを融着する場合，熱可塑性プラスチックが極性官能基を多く有する場合は比較的高い接合強さが得られる．一方，極性官能基を表面にあまり有しない材料，例えばPEやPPなどは，熱融着してもほとんど金属に接合しない．これは，金属と樹脂の熱融着が，界面での分子間力による接着現象であることを示している．

　近年では，金属表面を化学エッチングにより粗面化し，その凹凸に熱可塑性プラスチックを導入して接合強さを向上する手法が注目されている．この場合，金属表面の面積が増大し，かつアンカー効果が期待できるため，極性官能基を表面にあまり有しないプラスチック材料でも，比較的高い接合強さが得られている[6]．

8.3 接着剤を用いた接合

プラスチック材料が表面に極性官能基をもつ場合，接着剤を用いて接合できる可能性が高い．このため，プラスチック材料の接合に接着剤はきわめて広く用いられている．

8.3.1 接着剤の種類と特徴

接着剤とは，通常液体であり，必要に応じて硬化し得る物質であって，かつ化学的に活性である必要がある．具体的には，極性官能基を有する高分子材料が多い．これらが被着物の表面に濡れ広がることにより，分子間力や水素結合により分子レベルでの引力が生じ，その後に固化することにより高い接合強さを発現する．**表8.1**に，接着剤のおもな種類とその特徴を示す．

表8.1 接着剤のおもな種類とその特徴

種類	せん断強さ	ピール強さ	耐熱性	備考
エポキシ接着剤	◎	△	○	高強度，高信頼性
アクリル接着剤	◎	◎	△	速硬化，油面接着
ポリエステル接着剤	○	△	△	硬化収縮大きい
ポリウレタン接着剤	○	◎	△	柔軟，低温特性良好
シリコーン接着剤	△	○	◎	耐熱接着剤
ゴム系接着剤	○	○	×	強度部材には不向き

◎：充分良好　○：良好　△：やや不適　×：不適

8.3.2 プラスチック材料の接着

プラスチック材料の接着接合にも，融着と同様の原則が当てはまる．すなわち，極性官能基が表面に多い材料ほど接着性が高く，また，"似たものどうしは着きやすい"．この観点は汎用性が高く有用なものである．

プラスチック材料間の類似性は溶解度パラメータ（solubility parameter，SP値とも呼ぶ）を用いて表すことが多い．同種材料ではSP値は同一となり接着

しやすく,異種材料ではSP値が大きく異なってくるため接着しにくい.このため異なるプラスチック材料を接着する場合には,両材料の中間のSP値を有する接着剤が選定されるケースが多い.

プラスチック材料の中でも熱硬化性プラスチックは,それ自体に極性官能基が多いため,比較的接着しやすい.例えば,エポキシ樹脂は元来接着しやすく,しかも同種のエポキシ接着剤で接合すれば,SP値はほぼ同一なので,きわめて高い接着強さを示す.

一方,熱可塑性プラスチックの接着性はその表面に存在する極性官能基の種類と密度に大きな影響を受ける.例えば,融着の節で述べたPEやPPは,接着し難いプラスチックの代表格である.この場合,表面はおもに非極性の官能基に覆われており,しかも化学的な反応性も低い.

物質表面の極性官能基の有無と密度は,そのぬれ性でおおむね評価できる.具体的には物質表面に水滴を滴下し,その接触角を調べればよい.物質のぬれ性が良好な場合は水滴が薄く平らになり,ぬれ性が悪い場合は水滴が丸くなり弾かれやすい(**図8.1**).これは,物質表面の極性官能基と水滴中の水分子との分子間力に起因する現象であり,分子間力が強い,または相互

図8.1 表面上の水滴形状と接触角(ぬれ性)

作用している官能基の数が多い場合は,その表面のぬれ性が高くなる.したがって,接着しやすい材料か否かを簡単に判断するためには,水滴を滴下し,その形状を見るのが有効な手法である.例えば,PEやPPは水滴を弾きやすく,実際に接着性も低い.

表8.2に各種プラスチック材料と,それに適する接着剤の例を示す.これはあくまで一例であり,同種のプラスチック材料でも,添加剤の有無や種類などで接着性は大きく変化する.したがって,実際の材料で接着試験を行うこと

8.3 接着剤を用いた接合   241

表8.2 各種プラスチック材料に適用される接着剤の種類

	ABS	PA	PC	PET	PP*
ABS	1, 2, 3, 4, 5, 9	2, 3, 4, 5	2, 4, 5	2, 4, 5, 6	2, 7
PA	—	1, 2, 3, 4, 5, 8	4, 5	2, 4, 5, 8	2, 3, 8
PC	—	—	1, 4, 5, 7, 9	1, 4, 5	7
PET	—	—	—	1, 2, 4, 5, 8	2, 8
PP	—	—	—	—	2, 3, 8

1：ゴム系，2：ウレタン，3：エポキシ，4：シアノアクリレート，5：アクリル，6：ブチラール，7：ホットメルト，8：ポリエステル，9：ドープセメント（溶剤接合含む），＊：表面処理が必須

が推奨される．

8.3.3 接 着 工 法

プラスチック材料の接着プロセスは以下の〔1〕〜〔4〕の順となる場合が多い．

〔1〕 プラスチック材料表面の汚染・異物除去

溶剤等を用いて材料表面の洗浄を行う．このとき，材料表面を溶解しない溶剤を選定する必要がある．また，溶解しないまでも，溶剤が材料にクレーズを引き起こす場合もあるので，注意が必要である．

〔2〕 表 面 処 理

極性官能基が表面に少ないプラスチック材料の場合は，なんらかの表面処理により極性官能基を導入する必要がある．多くの場合，プラスチック材料表面を酸化することにより，極性官能基を導入する．手法としては，火炎処理，コロナ処理，プラズマ処理，オゾン処理，UV処理，酸化剤薬液による処理などが挙げられる[7]．この処理の後に，プライマー処理を施す場合も多い．プライマーとは，接着剤を塗布する前に，接着面に薄く塗布する化学薬剤で，接着面と接着剤の橋渡しの役割を呈する．例えば，PPをウレタン接着剤で接合する場合は，まず火炎処理によりPP表面に極性官能基を導入し，その上にイソシアネート系プライマーを塗布し，その後ウレタン接着剤で接合する場合が多い．

〔3〕 接着剤の塗布

表面に液状の接着剤を塗布する．接着剤には1液と2液のもの，さらには湿

気硬化型など数多くの形態があり，使い方に注意が必要である．例えば，2液の接着剤であれば，その混合比率や可使時間を厳密に管理する必要がある．また，作業環境もきわめて重要なファクターで，例えば気温や湿度は管理するのが望ましい．この点に注意を払わないと，接着剤の硬化不良や界面剥離が生じかねない．

〔4〕 被着物の接合および接着剤の硬化

接着剤を被着物に塗布した後に，それらを重ね合わせ，接合を行う．また，この後に接着剤の硬化を行う．このとき注意すべき点を以下に示す．

（1） 接着剤を塗布したら速やかに接合を行う．
（2） はみ出した接着剤はあまり神経質に取り除かない．
（3） 接合後は被着物を仮固定し，接着剤の硬化が完了するまで相互に動かさない．仮固定には，あまり強い力をかけない．
（4） 加熱硬化が必要な接着剤については，適切な温度管理を行う．

いずれも，接着接合は作業者の知識や経験，技能に頼るところが大きいので，その信頼性確保も含めて，事前に十分な検討が必要である[8]．

引用・参考文献

1) 綿貫啓一：日本接着学会誌，**43**-4（2007），149-157．
2) クラレファスニング株式会社，マジックテープ®のしくみ：http://www.magic-tape.com/secret/shikumi.html
3) 原賀康介・佐藤千明：自動車軽量化のための接着接合入門，（2015），39-48，日刊工業新聞社．
4) 塚本進・錦織貞郎・広瀬明夫：溶接学会誌，**76**-5（2007），350-352．
5) 早川直哉・平田弘征，茅野林造・三上欣希・山口富子・小関敏彦・佐藤嘉洋：溶接学会誌，**82**-5（2013），370-378．
6) メック株式会社，AMALPHA（アマルファ）：メックの樹脂金属接合技術：http://amalpha.mec-co.com/
7) 原賀康介：高信頼性接着の実務，（2013），153-161，日刊工業新聞社．
8) 原賀康介：高信頼性を引き出す接着設計技術，（2013），日刊工業新聞社．

9 　金型設計と CAE

　プラスチックは，溶かす，流す，固めるというプロセスを経て製品となる．すなわち，流動を伴う変形加工法を用いて製造されている．成形条件や金型形状が適切でない場合は，ウエルド，未充てん，ヒケなどの欠陥を発生するため，CAE (computer aided engineering) ソフトにより流動・固化挙動との関連を机上検討して，事前に欠陥防止策を講じることが有効である．プラスチックの材料形態とそれに応じた成形加工法の組合せは多岐にわたり，CAE 手法も分化と進化が続いている．

　プラスチック製品の約 9 割は熱可塑性プラスチックを射出成形して生産されている．このため，CAE を必要とするユーザー数がもっとも多い分野であり，ソフト開発の歴史も長く，商用ソフト数も多い．ここでは，射出成形 CAE の流動・固化解析技術を中心に述べる．

9.1　射出成形の CAE システム

　射出成形の CAE システムとは「金型内の溶融プラスチックの充てん・保圧・冷却の各工程における挙動，離型後収縮などの現象をコンピューター上で再現するシミュレーション技術」のことである[1]．期待効果としては，(1) 成形プロセスにおける不良現象解明，(2) 最適化技術による原価低減，(3) 試作回数削減による開発期間の短縮とコスト削減が代表的なものである．

　図 9.1 に射出成形 CAE の要素技術を示す．各工程で解析内容と使用方程式が異なっている．また，物質の移動現象や変形現象を取り扱う総合的な力学体系の上に成り立っていることがわかる．これに，プラスチック材料特有の非線形挙動を表す構成方程式を加えて複雑な形状を解析する必要があり，かなり

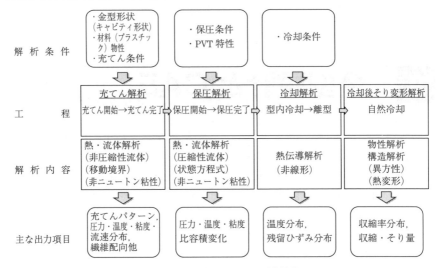

図 9.1 射出成形 CAE の要素技術

Coffee Break

3C（CAD，CAE，CAM）

　プラスチックの成形加工分野に 3C（CAD，CAE，CAM）が普及し，設計時間や加工時間が大幅に短縮され大きな成果を上げているが，3C の関係者からは，将来に対する課題が提起されている．CAD では，製品設計において，最初の段階から詳細設計，個別設計が開始され，本来の目的である機能設計や全体最適化がおろそかになることが問題視されている．D の意味が本来の Design ではなく Drawing と化しているとの指摘もある．

　CAE も設計時に適用されるケースは少なく，試作品の検証や不具合発生時に適用されることが多い．プラスチック成形加工では，射出成形において樹脂流動解析，反り変形解析，金型冷却解析等で活用され成果を上げているが，本来のメリットであるパラメータ設計が実施されている例は多くなく，検証 CAE の域を出ていない現状がある．

　CAM はマシンニングセンタの機能・性能向上により，3D-CAD と一体になり，金型加工や樹脂加工に広く適用されているが，部分最適化に止まり製品の全体最適設計とかい離している場合がある．

　3C は，導入期，普及期を経て，次期への新しい展開が期待されている．

難度の高い技術分野の一つである[1]．

ここで取り扱う式は三次元の偏微分方程式であり厳密解は求められない．したがって，有限差分法，有限要素法，体積要素法，境界要素法などの数値解析手法により離散化し，反復法により連立方程式の近似解を求めていく[2]〜[6]．近年のコンピューター能力の飛躍的な向上により，このようなソルバー部の計算も早くなり，解析データ作成時のプリプロセッサ，解析結果表示のポストプロセッサはGUI（graphical user interface）の充実により非常に使い勝手のよい画面になっている[7]．また，メッシュ自動作成機能も備わっている．

射出成形CAEソフトの大きな特徴は，数千種類という膨大な材料データベースが格納されていることである．これにより，名称，メーカー名，グレードなどを呼び出せば物性値や特性が確認でき，すぐに解析に移れるという利便性がある．

9.2　プラスチック流動シミュレーションの経過と現状

非ニュートン流体を対象とした流動解析の試みは1960年代に入って世界各国で本格化し，比較的単純な金型流路を対象とした各種解析法が提案された[8]．射出成形のCAEを目的とした研究で代表的なものは，1974年に発足した米国コーネル大のプロジェクトCIMP（Cornell injection molding program）である[9]．ここでは射出成形実験での各種計測と，この結果に基づくシミュレーション手法の開発を進め，実用性と必要精度を兼ね備えた流動解析手法の基礎を確立した．これとは別に，最初から商品化を目指したソフトウェアを開発する動きがあり，1970年代後半に商用射出成形CAEソフトが世界で初めて上梓された[8]．この段階で対象としたのは図9.1の充てん解析のみであった．

その後，コンピューター能力の向上ならびに適切なモデル式の構築と相まって，保圧，冷却，冷却後の反り変形解析まで行うシステムの標準化が各国で進められた．わが国独自開発の商用CAEソフトもある．現在では，どの商用ソフトも図9.1のすべての工程での三次元解析が可能で，膨大な材料データベー

スを格納している [10)～14)]. さらに，取扱いが難しい繊維配向や結晶化状況などについては予測手法改良の検討が続けられている [15),16)].

9.3 プラスチック流動シミュレーションの理論

9.3.1 充てん解析

図9.2に充てん解析のフローを示す．ここでは，プラスチックが金型のスプルー，ランナーという湯道を流入してから，製品形状を有するキャビティを充てん完了するまでの挙動を計算する．支配方程式は質量，運動量，エネルギー保存則と応力支配因子を記述する構成方程式になる [1),17)～19)]. 構成方程式中の粘度は基本的には温度，せん断速度の関数となるので，これらの状態を逐次粘度式モデルに代入して構成方程式の応力を計算し，保存則の式でつぎの状態を求めていく．なお，プラスチックは厳密には圧縮性であるが，これを考慮すると計算時間が膨大になること，圧縮性を考慮しなくても充てんパターンの予測にはほとんど影響しないことから，充てん解析では非圧縮性流体として取り扱っている [1),19)].

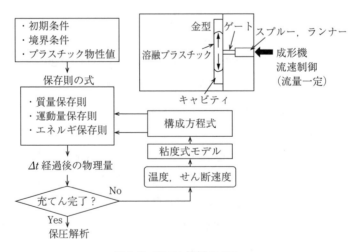

図9.2 充てん解析のフロー

〔1〕 質量保存則の式

質量保存則は閉じた系の質量は一定であるという物質保存の原理を示したものであり，次式で示される．

$$\frac{\partial \rho}{\partial t} + \rho(\nabla \cdot \boldsymbol{v}) = 0 \tag{9.1}$$

ここで，t：時間，ρ：密度，$\boldsymbol{v}$：速度ベクトルである．充てん解析では非圧縮性流体として取り扱うので次式の形を用いる．

$$\nabla \cdot \boldsymbol{v} = 0 \tag{9.2}$$

〔2〕 運動量保存則の式

運動量保存則の式は，流体要素の運動量の増加はそれに働く外力の総和に等しいというニュートンの運動の第二法則を数学的に記述したものであり，次式となる．

$$\rho\left(\frac{\partial \boldsymbol{v}}{\partial t} + \boldsymbol{v} \cdot \nabla \boldsymbol{v}\right) = -\nabla p + \nabla \cdot \boldsymbol{\tau} + \rho \boldsymbol{g} \tag{9.3}$$

ここで，p：圧力，$\boldsymbol{\tau}$：偏差応力テンソル，$\boldsymbol{g}$：重力ベクトルである．自由表面が少なく，外部から強制的に高圧を加える射出成形の金型内の流動では重力の影響は小さいので，式（9.3）の重力項は省略される場合がある．

〔3〕 エネルギー保存則の式

エネルギー保存則の式は熱力学の第一法則を数学的に記述したものであり，次式となる．

$$\rho C_v \left(\frac{\partial T}{\partial t} + \boldsymbol{v} \cdot \nabla T\right) = \lambda \nabla^2 T + \boldsymbol{\tau} : \nabla \boldsymbol{v} + \Delta H_c \tag{9.4}$$

ここで，C_v：定容比熱，T：温度，λ：熱伝導率，ΔH_c：結晶性プラスチックでの固化時の潜熱である．式（9.4）の右辺はある領域における熱の出入りと湧き出し状況を示し，左辺はそれに基づき流速により領域からもち去られる熱量を考慮して温度変化率を求める形になっている．なお，非晶性プラスチックでは固化時の潜熱項は不要になり，結晶性プラスチックでも流動中はほとんど固化温度以上なので充てん解析では省略される．

〔4〕 構成方程式

プラスチックは高分子であり，その溶融体は厳密には粘性と弾性の特性を併せもつ粘弾性流体[20),21)]となる．これを取り扱う構成方程式も存在するが，計算時間が膨大になるとともに充てん過程のような高速領域では解が安定しにくいという問題がある[20)]．一方，射出成形のように先端部以外のプラスチックが金型壁に接触している境界条件では，せん断変形起因の流動が支配的になる[17)]．この場合，応力はそのときの変形速度との関係で決まるとみなしても大きな誤差は生じないことがわかっている．したがって，構成方程式は次式となる[19)]．

$$\tau = \eta \dot{\gamma} \quad (9.5)$$

ここで，τ：せん断応力，η：粘度，$\dot{\gamma}$：せん断速度である．

〔5〕 粘度式モデル

このモデルは非常に多くの形が存在する[1),19)]が，ここではその代表的なものを示す．式（9.6）は粘度のせん断速度依存性を表す Cross モデルと呼ばれる式であり，式（9.7）は温度依存性を表す Andrade の式である[22)]．

$$\eta = \frac{\eta_0}{1 + \left(\dfrac{\eta_0 \dot{\gamma}}{\tau^*}\right)^{1-n}} \quad (9.6)$$

$$\eta_0 = a \exp\left(\frac{b}{T}\right) \quad (9.7)$$

ここで，η：粘度，η_0：ゼロシェア粘度，$\dot{\gamma}$：せん断速度，n：構造粘度指数，T：温度，τ^*, a, b：係数である．この粘度式モデルの特性例を図9.3に示す．

一般に熱可塑性プラスチックはせん断速度が大きくなると粘度が低下し，逆にせん断速度が非常に小さくなると粘度が飽和する特性を示す[1),19)]．Cross モデルはこの特性をうまく表せる形になっているため，商用ソフトで標準的に用いられている[1)]．Andrade の式は分子動力学において Arrhenius の式より導かれる最も一般的な理論式[22)]であり，熱可塑性プラスチック粘度の温度依存性もうまく表せることが多く，こちらも標準的に用いられている[1)]．なお，式

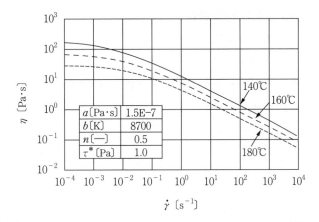

図 9.3 Cross モデルと Andrade の式を組み合わせたときの特性例

(9.6) と式 (9.7) の組合せをまとめて Cross-Arrhenius モデルと呼ぶこともある[1]．

充てん解析で予測できる欠陥としては，流動先端部の会合により生じるウェルドラインの位置，未充てん箇所（ボイド残存）などである．

9.3.2 保圧解析

プラスチックの充てんが終わると，プラスチック移動によるプラスチック側からの熱の供給がなくなり，プラスチックの冷却が始まる．この過程でプラスチックが収縮するので，この収縮分を補うために成形機側から圧力制御を行い，成形品にヒケが発生しないようにする[1]．ヒケはわずかであっても外観不良になることが多く，ほかの部品との接続の際に合わせ面が不均一になると製品として機能しない場合もある．したがって，保圧工程ではわずかなヒケを予想するために，状態方程式[23]を用いて比容積の変化の解析を行う．なお，この工程ではプラスチックの流動は停止しているので保存則の式は簡略化でき，圧縮性を考慮した計算も容易となる．ここでは状態変化特性とそのモデル化について述べる．

〔1〕 プラスチックの PVT 特性

プラスチックの比容積は温度と圧力により変化し，これが P(圧力)-V(比容積)-T(温度) 特性と呼ばれる[1),23)]．これは最終製品の反り，残留ひずみにも影響を及ぼす重要な状態変化特性になる．図 9.4 と図 9.5 にそれぞれ非晶性プラスチックと結晶性プラスチックの PVT 特性例を示す[23)]．いずれもある温度近傍を境にして特性が異なっている．また，非晶性と結晶性で予測式を変える必要があることがわかる．つぎに，CAE においてこの両者の PVT 特性を表す代表的な式について述べる．

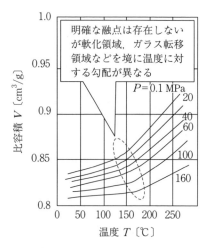

図 9.4　非晶性プラスチックの PVT 特性例

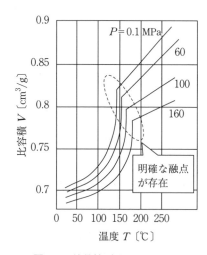

図 9.5　結晶性プラスチックの PVT 特性例

〔2〕 Spencer-Gilmore の式

気体の状態方程式（van der Waals の式）を基にして作られたのが Spencer-Gilmore の式[1),23)]であり，非晶性プラスチック用状態方程式モデルとして使われている．これを次式に示す．

$$(P+\pi_i)(V-\omega) = R_m T \tag{9.8}$$

ここで，P：圧力，T：温度，V：比容積，π_i, ω, R_m：係数である．図 9.4 に示したように，圧力が同じ場合，ある温度を境にして傾きの異なる二組みの直

線を表す必要があるため，係数の数は最大で六つとなる．

〔3〕 Tait の 式

図9.5に示したように結晶性プラスチックの場合は温度と比容積の関係は非線形になっている．この特性を表すためのモデルが Tait の式[1),23)]であり，融点の温度 T_m を境にして以下の2種類の形になっている．

（a） $T \leq T_\mathrm{m}$ のとき

$$V(P, T) = \beta(A_0 + A_1 T + A_2 T^2) \tag{9.9}$$

$$\beta = 1 - 0.0894 \ln(1 + P/B(T)) \tag{9.10}$$

$$B(T) = B_0 \exp(-BT) \tag{9.11}$$

（b） $T \geq T_\mathrm{m}$ のとき

$$V(P, T) = \beta V_0 \exp(\alpha T) \tag{9.12}$$

係数は A_0，A_1，A_2，B_0，B，V_0，α の七つとなる．なお，図9.5に示したように T_m は圧力に依存して変化する場合が多く，この特性まで顧慮した修正 Tait の式も用いられている．

上記の状態方程式を用いて，充てん完了時からのプラスチック各部の圧力と温度変化の状態を追跡し，保圧終了時の比容積の分布が計算される．この結果はつぎの型内冷却⇒離型⇒自然冷却での熱収縮解析を経て最終製品の反り，変形，残留応力状態が求められる[19)]．なお，ガラス繊維入りや分子配向性の強いプラスチックの場合は，充てん解析の段階から繊維や分子の向きを考慮した解析が行われる[24),25)]．先に述べたようにこの解析は非常に難しいため，モデルの改良が進められている[15),16)]．

9.4 プラスチック流動シミュレーションの適用例

射出成形で作られるプラスチック部品のショートショット（成形機スクリューの動きを途中で止めて固化させたサンプル）と商用 CAE ソフトを用いてシミュレーションを行った例を**表9.1**に示す．ゲートから出たプラスチックは最初は放射状に広がり始めるが，キャビティ内には障害物が設置されてお

表9.1 解析事例（充てんパターン）

スクリュー ストローク	10 mm	15 mm	20 mm	25 mm
実機ショート ショット結果				
解 析 結 果				

り，途中からその部分で流れが遅くなり，流動先端は障害物を避けるように分割される形状となる．解析ではその実際の状況をよく表している．

引用・参考文献

1) 日本塑性加工学会編：流動解析—プラスチック成形, (2004), コロナ社.
2) 片岡勲・安田秀幸・高野直樹・芝原正彦：数値解析入門, (2007), コロナ社.
3) 河村哲也：数値シミュレーション入門, (2006), サイエンス社.
4) 河原睦人：有限要素法流体解析, (1985), 日科技連出版社.
5) 田上秀一・家元良幸：成形加工, **17**-3 (2005), 167-175.
6) 姫野武洋：成形加工, **17**-5 (2005), 100-108.
7) 宮崎寿：成形加工, **17**-5 (2005), 322-330.
8) 伊藤忠編：射出成形, 210-214, (1993), プラスチックスエージ.
9) Wang, K. K. *et al.*：Computer-Aided Injection Molding System, Progress Reports 1-15 (1975-1990), Cornell Injection Molding Program, Cornell University
10) Moldflow Analysis Services CAE Services Corporation：http://www.caeservices.com/ (2015年6月現在)
11) Moldex3D Plastic Injection Molding Simulation Software：http://www.moldex3d.com/en/ (2015年6月現在)

12) 樹脂流動解析ソフトウェア―3D TIMON―：http://www.3dtimon.com/ （2015年6月現在）
13) CYBERNET：http://www.cybernet.co.jp/ （2015年6月現在）
14) Simpoe-Mold Dassault Systèmes：http://www.3ds.com/products-services/simulia/products/simpoe-mold/ （2015年6月現在）
15) 後藤昌人・田中久博・井上尊勝：射出成形による長繊維配向解析とX線CT観察による検証，成形加工 **27**-15 （2015），55.
16) 中原祐介・渡邉綾子・Gunawan Arief：成形加工 **27**-15 （2015），57.
17) McKelvey, J. M.：Polymer Processing, （1962）, John Wiley and Sons, Inc.
18) Dealy, J. M. & Wissbrun, K. F.：Melt Rheology and its Plastics Processing, （1999）, Kluwer Academic Publishers.
19) 中野亮：成形加工，**17**-10 （2005），675-683.
20) 井上良徳：豊田中央研究所R&Dレビュー，**29**-1 （1994），29-38.
21) 高橋雅興：成形加工，**17**-7 （2005），467-474.
22) 佐伯準一：成形加工，**18**-4 （2006），280-289
23) 大柳康・佐藤貞夫・久保田和久：成形加工，**2**-4 （1990），340-349.
24) 道井貴幸・山部昌・青木現・久保田豊：成形加工，**17**-8 （2005），563-570.
25) 佐藤和人・山部昌・古橋洋：成形加工，**17**-11 （2005），779-787.

10 リサイクル

　地球資源の枯渇，気候変動などの環境問題に対応する技術として，リサイクルがある．廃棄物の分別回収が世界的に行われるようになり，大量に消費されている容器包装，飲料容器のリサイクルが行われている．最近では，大型の家電や自動車など使用済み製品のリサイクルが法律で義務化され，従来の金属やガラスに加え，プラスチックのリサイクルが推進されている．リサイクルでは，ライフサイクルアセスメント（life cycle assessment，LCA）により，環境負荷を定量的に評価し，負荷低減を推進している．プラスチックのリサイクルでは，分別・選別技術と物性改善技術が重要である．

10.1 プラスチックリサイクル

　わが国では，2000年の循環型社会形成推進基本法の制定により，3R（リサイクル，リデュース，リユース）や廃棄物の適正処理が推進され，循環型社会形成への取組みが進められている．それに伴い，個別物品の特性に応じたリサイクル関連6法が制定された．そのうちプラスチックリサイクルに関連する法律は，2015年段階で，容器包装にかかわる分別収集及び再商品化の促進等に関する法律（容器包装リサイクル法，2000年完全施行），特定家庭用機器再商品化法（家電リサイクル法，2001年完全施行，2015年一部改正），使用済自動車の再資源化等に関する法律（自動車リサイクル法，2003年完全施行）が施行されている．プラスチックは，自治体や事業者（家電メーカー，自動車メーカー）の責任のもと，金属やガラスとともにリサイクルが推進されている．
　プラスチックリサイクルは，マテリアルリサイクル，ケミカルリサイクル，

サーマルリサイクルの三つに大別されることが多いので，この分類に従う．マテリアルリサイクルは，廃プラスチックを分別，洗浄して，破砕機で粉砕し，その破砕物を原材料として再生利用する方法である．ケミカルリサイクルは，廃プラスチックを熱や触媒などの化学的手段を用いて，化学的に分解させ，油化またはガス化させ，化学原料や燃料（高炉・コークス炉原料）として利用する方法である．サーマルリサイクルは，廃プラスチックを燃焼させて，熱源としてエネルギーを回収し，蒸気，温水，電気として有効利用する方法である．廃プラスチックの各リサイクル量と有効利用率を図 10.1 に示す[1]．廃プラスチックの有効利用率は，循環型社会形成推進基本法の制定時（2000 年）の 46 ％に比べて，2013 年度は 82 ％となり，廃プラスチックは，リサイクルによる有効利用がかなり進んでいる．

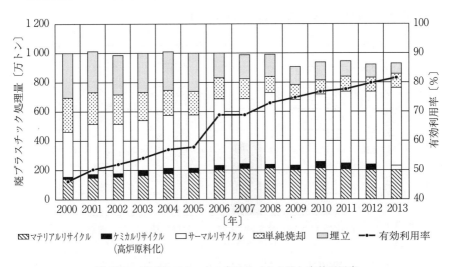

図 10.1　廃プラスチックの各リサイクル量と有効利用率

10.2　プラスチックリサイクルの LCA

プラスチックリサイクルにおける環境負荷を定量的に評価する手法として，

LCAが広く用いられている.LCAは,製品やサービスのライフサイクル全体(原材料の採掘,素材の製造,製品の生産,物流,消費,再利用,廃棄処理)にわたって環境への負荷を定量的に評価する手法である.LCAの原則および枠組みは,ISO 14040およびJIS Q 14040で制定されている.

プラスチックリサイクルにおけるLCAについて,製品バケット法により評価した家電製品のプラスチックリサイクルの事例を**図10.2**に紹介する[2~3].なお,製品バケット法とは,各リサイクル手法のプロセスで不足する産物を新規製造によって補い,アウトプットが等価となるように設定して評価する方法である.本事例は,使用済み家電製品を回収して得られた混合プラスチックのリサイクルに対して,マテリアルリサイクル,ケミカルリサイクル(高炉原料化),単純焼却,埋立について,地球温暖化への対応を重視し,温室効果ガス排出量(CO_2排出量換算)で評価したものである.

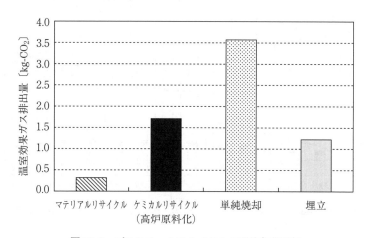

図10.2 プラスチックリサイクルの環境負荷評価

マテリアルリサイクルでの温室効果ガス排出量は,ケミカルリサイクルに比べて約83%,焼却に比べて約92%,埋立に比べて約76%削減できることから,マテリアルリサイクルは,そのほかのリサイクルに比べて,最も環境負荷低減効果の高いリサイクル方法である.

10.3 家電製品のプラスチックリサイクル

2001年4月に施行された「特定家庭用機器再商品化法（家電リサイクル法）」により，家電製品4品目（冷蔵庫，エアコン，テレビ，洗濯機）に再商品化率50〜60％が設定され，家電製品メーカーに再商品化が義務付けられた．それ以降，冷凍庫（2004年），液晶式・プラズマ式テレビ（2009年），衣類乾燥機（2009年）の追加や再商品化率の引き上げがあり，2015年4月からは，エアコンや洗濯機・衣類乾燥機では，80％以上の再商品化率が求められ，プラスチックリサイクルの重要性が高まっている．各家電製品の再商品化重量と再商品化率を図10.3に示す[4]．家電製品の再商品化処理台数，再商品化重量，再商品化率は，法施行当初の2001年度で830万7000台，21万1000トン，66％に対して，2014年度実績で1147万5000台，40万7000トン，84％であり，再商品化処理台数だけでなく，再商品化重量や再商品化率の向上が顕著である．

また，素材別では，鉄・銅・アルミニウム・ブラウン管ガラス以外で，プラスチックを中心とした有価物が分類される「その他有価物」の再商品化重量お

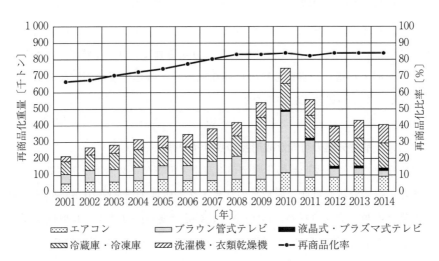

図10.3 各家電製品の再商品化重量と再商品化率

よび再商品化重量の構成比率は，図 10.4 に示すように，2001 年で 7 462 トン，3.5 ％に対して，2014 年度実績で 11 万 9 578 トン，29.3 ％であり，再生資源としてのプラスチックの活用が進んできていることがわかる[4]．

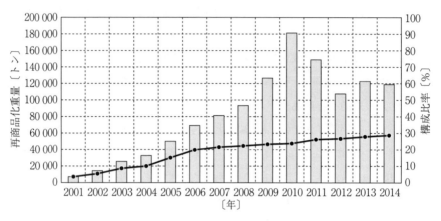

図 10.4　その他有価物の再商品化重量の推移

　家電製品で使用されているプラスチックは，PP，PS，ABS の汎用プラスチックが 60 ～ 70 ％を占めており，法施行当初は，サーマルリサイクルが中心であったが，高度分別技術が積極的に開発され，環境負荷低減効果の高いマテリアルリサイクルが中心になりつつある．マテリアルリサイクルの処理工程は，プラスチック成形品の解体の難易度で分類されており，冷蔵庫・野菜ケースや洗濯機・水槽等の解体分離の可能な成形品と解体分離の困難な成形品では，リサイクルの処理工程が異なる．

10.3.1　解体分離の可能な成形品のリサイクル

　解体分離の可能な成形品の代表例が冷蔵庫・野菜ケースおよび洗濯機・水槽である．解体分離の可能な成形品のリサイクル処理工程を図 10.5 に示す．両成形品とも単一素材（材質：PP）の大型部品である．リサイクル処理工程では，まず成形品を回収して，異物除去工程にて，テープ等の付着物を除去し，乾式もしくは湿式粉砕工程（洗浄工程を含む）により，サイズが 20 mm 以下

チックの物理的性質を利用した選別方法とプラスチックの組成を個々に判別して選別する方法に分類される．プラスチックの物理的性質を利用した選別方法は，水比重選別と静電選別を組み合わせた方式で，水比重選別で PP，静電選別で PS と ABS を選別している [11,12]．一方，個々のプラスチックの組成を判別して選別する方法は，図 10.6 に示すように，近赤外線を照射したときのプラスチックごとの吸光スペクトルの違いを利用して，PP，PS，ABS の 3 種類のプラスチックを選別する方法や X 線を照射した時の X 線透過像のコントラ

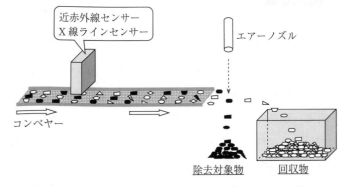

図 10.6 プラスチックの組成を個々に判別して選別する方法

Coffee Break

厄介者

使用済み家電製品や廃自動車のプラスチックマテリアルリサイクルは，フレーク形状でプラスチックの分別や選別が多段階で行われるが，最も厄介なのは，静電気や粘着力でフレークに付着する微小のゴム，エラストマー，金属，セラミックなどの異物である．これらは mm 以下のサイズであり，最新の選別方法でも除去することは非常に困難であり，リサイクル材に混入すると，物性低下や短寿命化の原因となる．この厄介者排除には，レガシー（古典）技術が活躍する．「目には目を」ではないが，付着する微小異物の排除には，擦り落とすという泥臭い技術の適用が効果的である．

プラスチックのリサイクルプラントは，最先端技術でプロセスが構築され，自動化・無人化されているが，肝心要の厄介者排除は，レガシー技術が押さえている．

10.3 家電製品のプラスチックリサイクル

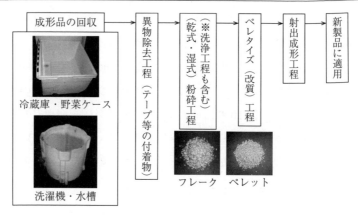

図 10.5 解体分離の可能な成形品のリサイクル処理工程

のフレークを得る．つぎに，得られたリサイクルフレークをペレタイ[ズ（改]質）工程により，酸化防止剤等の必要な添加剤を所定量添加して，リ[サイクル]ペレットを得る．最終的に，得られたリサイクルペレットを射出成形工[程によ]り，所望の成形品を製作し，新製品に適用する．家電メーカー各社から[，冷]蔵庫，エアコン，洗濯機等の家電製品への適用例が数多く報告されてい[る．]しかし，解体分離の可能な成形品は，単一成形品の回収であることか[ら，]量が限られる．

10.3.2 解体分離の困難な成形品のリサイクル

解体分離の困難な成形品は，破砕して金属類を分別した後，簡単な[洗浄を行]い，混合プラスチック（フレーク）として高炉還元剤やダウングレ[ード材料]として再利用されてきた．混合プラスチックフレークの回収量（約[ト ン）]は，解体分離の可能な成形品から回収されるプラスチックフレー[クの回収量]（約 600 トン）の約 10 倍以上であることから[11)]，マテリアルリサイ[クル可能]になれば，環境負荷低減効果が大きい．しかし，混合プラスチック[フレークは，]大量でつ形状が均一でないことから，高純度に選別することが[難しい．]

混合プラスチックの選別は，全体の 60 ～ 70 ％を占める汎用[樹脂の]PP，PS，ABS の 3 種類が中心となる．プラスチックの選別方[法は，]

ストの違いで，臭素系難燃剤含有プラスチックを選別する方法が実用化されている[11～13]．また，ラマン分光法を利用したプラスチックの識別方法も実用化されている．

混合プラスチックのマテリアルリサイクルは，前述の選別方法を組み合わせて装置化し，**図 10.7** に示すような，リサイクル処理工程を確立して，"家電製品から家電製品への自己循環リサイクル"を実現している[11,12,14]．なお，リサイクルプラスチックの適用量は，冷蔵庫やエアコンの全プラスチック量の約 1 割を占めている[15]．

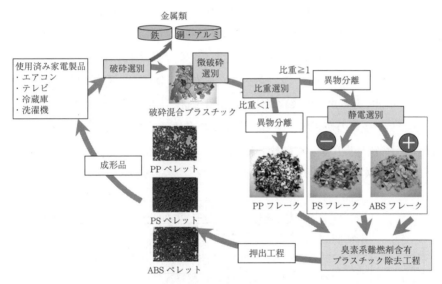

図 10.7 混合プラスチックのリサイクル処理工程

10.4 自動車のプラスチックリサイクル

自動車は近年の CO_2 削減，燃料効率向上に対し，軽量な素材の適用が増している．その中でも，プラスチックの使用量はこの 10 年で 1.5 倍ほどになり，車体重量の 10 % 程度を占めるようになってきている．ここでは自動車由来の

プラスチックのリサイクルの現状と課題について述べる.

10.4.1 自動車リサイクルの現状

現在の自動車のリサイクルは使用済自動車（廃車）に由来するものと，補修後廃棄されるバンパーなどの市場から部品として回収されるプラスチックに分けられる．使用済自動車のリサイクルについては，2005年に施行された自動車リサイクル法に基づき対応がなされている．自動車1台当りのリサイクルのフローを図10.8に示す．自動車のリサイクルにおいて，バッテリーやタイヤなどは解体される前に事前に取り外されリサイクルされ，鉄やアルミなどの金属は破砕後の選別装置で材料別に回収が可能でありスクラップとしての流通ルートが構築されている．これらのリサイクルで自動車重量の約83％がリサイクルされている．一方，プラスチックやガラスなどは，解体工程で取り外すことも可能であるが，作業費用に対して再生材としての価値が低く，回収されないことが多いのが現状である．自動車の車体は必要な部品を取り外した後は，大型の破砕機によって破砕され，鉄，アルミ，銅などが選別機により回収される．プラスチックやガラスは選別が難しく，破砕機からの最終残渣物として

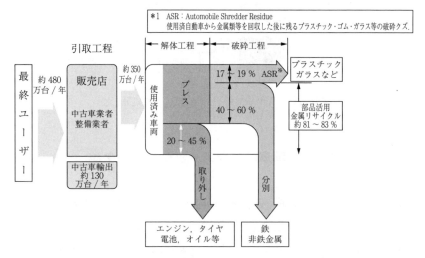

図10.8　自動車リサイクルフロー

回収され，自動車破砕残渣（automobile shredder residue，ASR）として処理される．ASRからプラスチックを選別する方法としては，家電のプラスチックリサイクルなどで使用されている比重選別や近赤外線選別，ラマン分光式選別を組み合わせた技術が実用化されているが，設備費が高いため事業としての展開が限定されている．また，回収されたプラスチックの品質も高くないため海外への輸出やコンテナ，パレットなどの射出成形品への適用が主流となっている．

一方，ASR内のプラスチックを燃料として活用し，熱エネルギーやガスとして回収されるサーマルリサイクルで処理されるものが多い．2014年にはASRのサーマルリサイクルも含めた，自動車1台当りのリサイクル率はほぼ99％となっている．しかし，化石燃料への依存を減らすため，資源循環の考え方からマテリアルリサイクルでのプラスチックの再利用が欧州や日本で志向されてきている．

10.4.2 バンパーのリサイクル技術

使用済自動車から回収されるプラスチックとは別に，事故などで損傷し交換されたバンパーなどが大量に排出される．これらの使用済バンパーは手作業で取り外されていることから単一素材として回収でき，リサイクル材としての品質を確保できることから，自動車メーカーが回収し自動車部品に再利用している．バンパー材はポリプロピレンにゴムやタルクなどを添加し，剛性や衝撃強さなどが改質され高機能な材料となっており，通常のポリプロピレンよりは高付加価値の材料としての部品適用ができるメリットがある．

しかし，バンパーは大多数が塗装されており，リサイクル材として使用する場合に，この塗料が基材であるポリプロピレンに対して異物となり，伸びや衝撃特性の低下をもたらす．リサイクル材を射出成形した場合，塗料が成形品表面に現れ，外観不良や塗装した場合の平滑性不良になるため，適用部品が限定される．また，黒色であるためほかの色への着色が難しく，意匠部品への適用が難しいなどの欠点がある．

この塗装膜を除去できればバンパー材としてバージン材と同等の物性が得ら

れることから，塗装を剥離する技術が各種開発されてきた．代表的方法としては精米の原理を用いて塗装膜を物理的に剥離する方法があり，1990年代から実用化されている．また，溶剤を用いて塗装膜を膨潤させ剥離させる方法や溶剤で膨潤させたのち，機械的な摩擦で剥離させる方法などが開発され実用化されている．しかし，塗装膜を剥離させることは1工程追加されることになり，加工費が追加されるため，より付加価値の高い用途への適用が必要になる．

塗装を除去せずに，二軸混練機などを用いて微細に粉砕して使用することが可能ではあるが，バージン材より物性が低下するため，適度な耐衝撃性などが必要な部品への適用が行われている．また，意匠性を補うためにサンドイッチ射出成形を用いてスキン層をバージン材で成形し，コア層にリサイクル材をポリエチレンで改質した材料を用い成形する方法[16]も実用化された．

10.4.3　自動車部品へのリサイクルプラスチックの適用状況

自動車部品への適用拡大が進むプラスチックのリサイクルは，1990年代に積極的に技術開発が行われ，いろいろな部品への適用が検討された．しかし，最近ではバージン材の価格低下とリサイクル部品の回収・再生コストの上昇により再生材を使用するメリットが薄れてきており，自動車部品への再利用については限られた適用となっている．

回収されたバンパーからのリサイクル材は**図10.9**に示すように，耐衝撃性が求められる部品への適用ができるため，エンジンアンダーカバー，フロアーカバーやフェンダーライナーなどの耐チッピング性を要求される部品への適用が多い．また，ポリプロピレンのバージン材と混合して，自動車の内装部品であるセンターコンソールに使用された事例もある[17]．バンパーからバンパーへという水平リサイクルを行うため，塗装膜を十分に除去し，バージン材に一定の比率で混ぜて使用している事例もある[18]．

内装部品のポリプロピレンは物性的には優れてはいないが，クリップなどの金属や他プラスチックの部品を確実に除去できれば，塗装膜がないためリサイクルしやすい材料となる．

10.4 自動車のプラスチックリサイクル

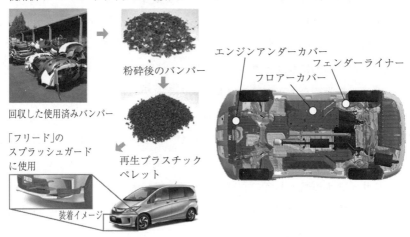

図 10.9 バンパーリサイクル材の適用部品

Coffee Break

等比級数

　プラスチックのリサイクルでは，バージン材に一定量のリサイクル材を混合して使用される場合が多く，複数回繰り返されるリサイクル材の量は，等比級数的に含まれることになる．リサイクル率 r（＜1）で n 回のリサイクルを経た場合，それぞれ $(1-r)r,\ (1-r)r^2,\ \cdots\ (1-r)r^{n-1},\ r^n$ のリサイクル材が含まれることになる．r を 0.3（リサイクル率 30 %）とすると，5 回目で 0.21（1：回数），0.063(2)，0.018 9(3)，0.005 67(4)，0.002 43(5) をそれぞれ含むことになる．一方，初期物性 S_0 が 1 回のリサイクルで s の物性低下を起こすと仮定すると，n 回リサイクル品の物性は $S_n = S_0 - \{(1-r^{n+1})/(1-r)\}s$ で示され，$n \to \infty$ とすると，$S_n = S_0 - \{1/(1-r)\}s$ となり，$r=0.3$ では，$S_n = S_0 - 1.43s$ となる．$s=0.1$（10 % 低下）とすると，$S_n = 0.857$ となり，初期物性の約 86 % を保持することになる．実際に 5 回のリサイクル実験を行った結果は，各回数でほぼ同一の物性が得られている．このケースは，スプールランナーなどのリサイクルで，熱履歴のみを与えた結果であり，使用済み家電製品や廃自動車のマテリアルリサイクルの場合には，付着汚染物質や成形品表面の劣化層，塗料などが異物となり，これらの影響を取り除くことが物性維持に最も重要となる．

10.4.4 自動車部品へのリサイクルプラスチックの課題

自動車にはポリプロピレン以外にもいろいろな材料が使われているが，単品として取外しが経済的に合わないため，一番多くの部品に使用されているポリプロピレンが主体的にリサイクルされている．一部の解体業者ではテールレンズのアクリル樹脂や，ヘッドランプレンズのポリカーボネートを回収しているが，ほとんどが海外に輸出され活用されている．鉄などの金属材料は破砕すれば選別機により効率的に回収が可能であるが，プラスチックは多くの種類があり，また異材質との接着などにより，容易に分別することができない．これにより，リサイクル原料としての回収を難しくしている．プラスチックのリサイクルを行う上で単一材料に分別することが非常に重要であり，異物の除去にかかるコストと，大型の部品であるため輸送コストがかかることがマテリアルリサイクルの促進を阻害する要因となっている．金属材料と同様に破砕品から材料を自動選別できるようになれば，自動車のプラスチックリサイクルが促進されると考えられる．

引用・参考文献

1) 一般社団法人 プラスチック循環利用協会編：2013 年 プラスチック製品の生産・廃棄・再資源化・処理処分の状況，(2014)．
2) 廣瀬悦子・藤崎克己：日本 LCA 学会研究発表会講演要旨集, (2011), 422-423.
3) 三菱電機株式会社：平成 21 年度産業技術研究開発委託費（プラスチック高度素材別分別技術開発）事業報告書, (2011).
4) 一般財団法人 家電製品協会編：家電リサイクル 年次報告書 平成 26 年度版（第 14 期), (2015).
5) Matsuo, Y., Fujita, A., Minegishi, A., Iwata, S., Iseki, Y., Takagi, T. & Ishii, T.：Transactions of the Materials Research Society of Japan, **29**-5 (2004), 1587-1860.
6) 高木司・岩田修一・井関康人・松尾雄一・藤田章洋：三菱電機技報, **78**-11 (2004), 735-738.
7) 高木司・岩田修一・井関康人・松尾雄一・長谷部雄一：三菱電機技報, **79**-5

(2005), 317-320.
8) 隅田憲武・福嶋容子：成形加工, **17**-8 (2005), 532-536.
9) 西川浩二：プラスチックエージ, **52**-12 (2006), 99-102.
10) 高田憲孝・多賀健二・上山大治郎：東芝レビュー, **59**-1 (2004), 34-37.
11) 松尾雄一・中慈朗・遠藤康博・井関康人・高木司：成形加工, **23**-10 (2011), 604-609.
12) 井関康人・筒井一就・小木曽正実：プラスチックエージ, **56**-12 (2010), 48-52.
13) 小島環生・宮坂将稔：パナソニック技報, **57**-1 (2011), 31-33.
14) 井関康人：プラスチックエージ, **59**-12 (2013), 57-62.
15) 三菱電機株式会社　環境への取組　環境特集　プラスチックリサイクルのヒミツに迫る　6 % から 70 % へ―高いリサイクル率を実現：http://www.mitsubishielectric.co.jp/corporate/eco_sp/plastic_sp/challenge/index.html （2016 年 8 月現在）
16) 竹内淳・幕田実・大金仁・濱邊健二・青木修：Honda R&D Technical Review, **8** (1996), 186-193.
17) 浅利満頼：プラスチックエージ, **60**-12, 52-58.
18) 新田茂樹・伊東加奈子・森脇健二・古田和広・田中宣隆・松田祐之・山崎和重・小出朋：マツダ技法, 30 (2012), 229-233.

11 試験・評価方法

　プラスチックは，材料分析技術，成形条件−構造−物性の研究，試験・評価方法に支えられて発展してきた．分析・試験・評価の手法は，プラスチックの原材料の製造から，成形加工，製品に至る工程に対応して多岐にわたっており，また，近年の測定機器の進歩も著しい．原材料の化学構造の分析や材料の流動性，熱的特性，成形性の評価，成形材料の材料試験など，さまざまな試験・評価方法がある[1]．成形用材料の製造において，品質管理や商取引のために，さらに，製品製造においては，プラスチック材料，グレードからの材料選択に性能評価が生かされる．製品に目的の性能を付与し，信頼性の高い製品を成形するためにも，試験・評価技術は，きわめて重要である．

11.1 材料試験方法

11.1.1 標　準　化

　プラスチックの試験・評価は，再現性があり，材料間で，また試験室間で比較が可能な共通性のあるデータを得るために，適正に行われる必要がある．試験室内での併行精度および試験室間での再現精度のあるデータを取得するために，国際規格（ISO）および日本工業規格（JIS）に，国際的に通用する標準的試験方法が定められている．また，EN 規格（欧州統一規格），ASTM 規格（アメリカ合衆国），BS（イギリス），DIN（ドイツ）など各国に規格がある．
　ISO 規格および JIS には，プラスチックの共通的試験方法の規格，材料規格，製品規格がある[2),3)]．試験方法を規定している ISO 規格および JIS を評価項目別に分類して，**表 11.1** にまとめて示した．表には，製品規格などに規定され

ている記載項目や一般的・共通的な項目も，一部含めている．また，基本性能に加え，成形品の評価方法（11.2項）に関する項目も一部含めている．

表11.1 プラスチックの試験・評価方法に関する日本工業規格（JIS）および国際規格（ISO）の分類

	評価方法	日本工業規格 JIS	国際規格 ISO		評価方法	日本工業規格 JIS	国際規格 ISO
データの取得・提示	シングルポイントデータ 成形材料	K7140-1	10350-1	成形性	平行平板振動レオメータ	K7244-10	6721-10
	シングルポイントデータ 長繊維強化	K7140-2	10350-2		成形収縮（熱硬化性）	—	2577
	マルチポイントデータ 機械的特性	K7141-1	11403-1	分子量・粘度	分子量・分子量分布（SEC）	K7252-1〜-4	16014-1〜-4
	マルチポイントデータ 熱特性，加工特性	K7141-2	11403-2		分子量・分子量分布（MALDI-TOF MS）		10927
	マルチポイントデータ 特性への環境影響	K7141-3	11403-3		溶液粘度（毛細管粘度計）	K6933, K7367-1〜-3, -5	307, 1628-1〜-6
一般	標準雰囲気	K7100	291		粘度（液状）（回転粘度計）	K7117-1, -2	2555 3219
	試験片	K7139	20753		粘度（落球）		12058-1
	試験片（機械加工）	K7144	2818	機械特性（静的）	引張特性	K7161-1, -2, K7127	527-1〜-3
	試験片直線寸法	K7153	16012		引張特性（高速）	—	18872
	射出成形試験片	K7152-1〜-5	294-1〜-5		曲げ特性	K7171	178
	圧縮成形試験片	K7151	293		圧縮強さ	K7181	604
	射出成形試験片（熱硬化性）	K7154-1, -2	10724-1, -2		曲げこわさ	K7106	—
	圧縮成形試験片（熱硬化性）	—	295		ねじり剛性		458-1, -2
	厚さ測定（フィルム・シート）	K7130	4593		せん断（打抜き）	K7214	—
成形性	設計データ取得	K7170	17282		引裂き強さ（フィルム・シート）	K7128-1〜-3	6383-1〜-3
	流動特性（キャピラリーレオメータ法）	K7199	11443		クリープ特性（引張）	K7115	899-1
	流動性（MFR, MVR）	K7210-1, -2	1133-1, -2		クリープ特性（曲げ）	K7116	899-2
	PVT	—	17744	疲労	疲れ試験	K7118	—
	伸張粘度	—	16790 20965		疲れ試験（平面曲げ）	K7119	—

表 11.1 (つづき)

	評価方法	日本工業規格 JIS	国際規格 ISO		評価方法	日本工業規格 JIS	国際規格 ISO
機械特性（衝撃）	シャルピー衝撃	K7111-1, -2	179-1, -2	熱的性質	DSC（一般原理）	—	11357-1
	アイゾット衝撃	K7110	180		融解温度（融解，結晶化）	K7121	3146, 11357-3
	引張衝撃	K7160	8256		ガラス転移温度	K7121	3146, 11357-2, 6721-11
	振子形試験機	B7739	13802				
	パンクチャー衝撃	K7211-1, -2	6603-1, -2		転移熱	K7122	11357-3
	落錘衝撃（フィルム・シート）	K7124-1, -2	7765-1, -2		比熱容量	K7123	11357-4
					熱伝導率，熱拡散率	—	22007-1〜-6
動的機械特性	動的機械特性 通則	K7244-1	6721-1		酸化誘導時間	—	11357-6
	ねじり振子	K7244-2	6721-2		反応温度，反応熱	—	11357-5
	曲げ振動-共振曲線	K7244-3	6721-3		結晶化速度	—	11357-7
	非共振強制振動法 引張，曲げ，せん断，ねじり	K7244-4〜-7	6721-4〜7		線膨張率（TMA法）	K7197	11359-1, -2
	非共振強制振動法 圧縮振動	—	6721-12		ぜい化温度	K7216	974
	超音波伝搬法	—	6721-8		低温ぜい性（フィルム・シート）	—	8570
	パルス伝搬法	—	6721-9	熱安定性	熱安定性（オーブン法）	K7212	—
	振動減衰特性	K7391	—				
破壊	破壊靱性（GIc, KIc）	—	13586, 17281	熱的性質（耐熱性）	加熱寸法変化（フィルム・シート）	K7133	11501
	疲労クラック伝播	—	15850		熱重量測定	K7120	7111, 11358-1〜-3
	モードI平面ひずみクラック停止	—	29221		軟化温度（TMA法）	K7196	11359-3
硬さ・表面	ボール押込み硬さ	—	2039-1		ビカット軟化温度	K7206	306
	ロックウエル硬さ	K7202-2	2039-2		荷重たわみ温度	K7191-1〜-3	75-1〜-3
	デュロメータ硬さ	K7215	868, 21509		ヒートサグ温度	K7195	—
	スクラッチ特性	K7316	19252, 17541	密度	密度，比重	K7112	1183-1〜-3
摩擦・摩耗特性	摩擦係数（フィルム・シート）	K7125	8295		密度（液状）	—	1675
	摩耗輪による摩耗試験	K7204	9352		みかけ密度	K7365	60, 61
	研磨材による摩耗試験	K7205	—		かさばり係数	—	171
	滑り摩耗	K7218	6601				

11.1 材料試験方法

表11.1 （つづき）

	評価方法	日本工業規格 JIS	国際規格 ISO		評価方法	日本工業規格 JIS	国際規格 ISO
物理化学的性質	耐薬品性, 浸せき効果	K7107, K7114	175	燃焼性	標準着火源	K7342	10093
	薬品応力き裂	K7108	22088-1〜-6		着火温度	K7193	871
	有機溶剤抽出物質	—	6427		酸素指数	K7201-1〜-3	4589-1〜-3
	吸水率	K7209	62		燃焼ガスの分析	K7217	
	水分含有量	K7251	15512		煙の発生	K7242-2	5659-1, -2
	ぬれ張力	K6768	8296		垂直の炎の広がり（フィルム・シート）	K7340	12992
	ガス透過度	K7126-1, -2	2556, 15105-1, -2		垂直燃焼性（可とう性フィルム）	K7341	9773
	水蒸気透過度	K7129	15106-1〜-7	耐火性（電気機器）	グローワイヤ試験	C60695-2-10, -11	IEC 60695-2-10, -11
	灰分	K7250-1, -2, -4	3451-1〜-5		グローワイヤ燃焼性試験	C60695-2-10〜-12	IEC 60695-2-10〜-12
	粉体流出性	—	6186		グローワイヤ着火温度指数	C60695-2-10〜-13	IEC 60695-2-10〜-13
光学的性質	全光線透過率	K7361-1, K7375	13468-1		着火性	C60695-2-20	IEC 60695-2-20
	全光線反射率	K7375	—		異常発生熱	C60695-10-2	IEC 60695-10-2
	ヘーズ	K7136	14782		試験炎 −炎確認試験	C60695-11-3, -4	IEC 60695-11-3, -4
	屈折率	K7142	489				
	像鮮明度	K7374	17221		試験炎 −ニードルフレーム	C60695-11-5	IEC 60695-11-5
	黄色度, 黄変度	K7373	17223				
電気的性質	絶縁破壊強さ	C2110-1〜-3	IEC 60243-1〜-3		試験炎 −水平, 垂直燃焼	C60695-11-10	IEC 60695-11-10
	トラッキング指数	C2134	IEC 60112				
	抵抗率（4探針法）	K7194	3915		試験炎 −燃焼性試験	C60695-11-20	IEC 60695-11-20
	体積抵抗率 表面抵抗率	—	IEC 60093				

表11.1　（つづき）

	評価方法	日本工業規格 JIS	国際規格 ISO		評価方法	日本工業規格 JIS	国際規格 ISO
長期寿命・耐久性	色堅牢度（日光）	K7101	—	生分解性	生分解性試験試料	—	10210
	色堅牢度（カーボンアーク）	K7102	—		好気的究極分解度（水系培養液中）	K6950 K6951	14851 14852
	耐光性（実験室光源）	K7350-1〜-4	4892-1〜-4		好気的究極分解度（土壌中）	K6955	17556
	塩水噴霧・暴露	K7227	4611		好気的究極分解度（コンポスト条件下）	K6953-1, -2	14855-1, -2
	耐候性（屋外暴露）	K7219-1, -2	877-1〜-3		嫌気的究極分解度	K6960 K6961	15985 13975
	暴露後の特性変化	K7362	4582		崩壊度	K6952, K6954	16929, 20200
	光老化の評価法 FTIR, 紫外可視吸光	—	10640		海中暴露	—	15314
	放射露光量（耐候試験）	K7363	9370	抗菌	かび抵抗性	Z2911	846
	長期熱暴露	K7226	2578		抗菌性	Z2801	22196
	促進暴露（酸性雨を含む）	—	29664	その他	バイオベース含有量	—	16620-1〜-3

なお，表に示した以外に，繊維（GF, CF）強化プラスチックや発泡プラスチックについての試験方法が数多くある．

おもな熱可塑性プラスチックおよび熱硬化性プラスチックのそれぞれの材料に関して，一連の材料規格が制定されている．材料規格には，その材料に関して，取得が必要な特性について，測定項目，測定条件などを規定している．

11.1.2　比較可能なデータ

〔1〕　シングルポイントデータ

材料間で試験データを比較することは，製品開発での材料選択上で重要である．材料の基本的なデータを取得し，提示するために，JIS K 7140-1「プラスチック―比較可能なシングルポイントデータの取得及び提示―第1部：成形材料」が規定されている[3]．試験片作製のための成形方法および記録するための

成形パラメータ，さらに，プラスチックの重要な性能を特徴付けるデータを得るための試験項目，試験条件が示されている．

〔2〕 マルチポイントデータ

一連のマルチポイントデータの規格として，機械的特性（JIS K 7141-1），熱特性および加工特性（JIS K 7141-2），特性への環境影響（JIS K 7141-3）がある[3]．マルチポイントデータの規格には，多くのデータの測定と提示のための試験条件，試験手順を規定している．

〔3〕 試 験 片

材料特性の試験・評価で，適切な測定を行い，再現性のあるデータを得るために重要な要件の一つに，試験片の形状と作製条件がある．材料試験に用いる試験片の形状，寸法について，JIS K 7139「プラスチック-試験片」の規定がある．ダンベル形の多目的試験片は，多くの力学的試験方法などに適用されてお

Coffee Break

ISO 規格

ISO というと，品質マネジメントシステム ISO 9000 シリーズや 環境マネジメントシステム ISO 14000 シリーズを思い浮かべる方も多いが，ISO（国際標準化機構）が 1947 年に設立されて以来，国際規格（ISO）としては，20 000 を超える「規格」が制定されている．ISO には，対応するさまざまな活動分野があり，238 の専門委員会（TC）が開催されている．

プラスチックの分野に対応するのは，ISO TC61 であり，その下に分科委員会（SC）があり，SC1（用語），SC2（機械的性質），SC4（燃焼挙動），SC5（物理・化学的性質），SC6（劣化，耐薬品性，耐環境性），SC9（熱可塑性材料），SC10（発泡プラスチック），SC11（プラスチック製品），SC12（熱硬化性材料）およびSC13（複合材および強化用繊維）がある．これらの SC の中に作業グループ（WG）があり，それぞれ対応した専門分野で技術文書の策定を行っている．プラスチック関係の国際規格として，用語をはじめ，共通的試験方法の規格，材料規格，製品規格として審議され，277 件（2016 年現在）のプラスチック関係の規格が制定されている．わが国では，国が定める標準として，日本工業規格（JIS）があり，ISO 規格への積極的な整合化が進められている．

り，射出成形によるタイプA1（**図11.1**），機械加工および圧縮加工によるタイプA2，A3がある．

図11.1 多目的試験片A1（JIS K 7139）の形状（全長≧170 mm，タブ間距離109 mm，平行部長さ 80±2 mm，中央の平行部の幅10±0.2 mm，厚さ4±0.2 mm）

11.1.3 分子量，成形性

〔1〕 分子量，粘度

プラスチックの成形性および成形品の構造・物性は，原料となるポリマーの分子量に大きく影響を受ける．数平均分子量M_n，質量平均分子量M_w，Z平均分子量M_z，粘度平均分子量M_vの4種の平均分子量がある[4]．一般に，サイズ排除クロマトグラフィー（SEC）を用いて，M_nおよびM_wが測定される（JIS K 7251-1～-4）．分子量分布の指標として，M_w/M_nが用いられる．

また，ウベローデ形毛細管粘度計を用いて測定したポリマーの希薄溶液の固有粘度〔η〕から，粘度平均分子量M_vが求められる．PETなど熱可塑性ポリエステルは〔η〕または粘度数でグレード分けされている．

〔2〕 メルトフローレイト（**MFR，MVR**）

シリンダー内に充てんした試料を規定の温度に加熱溶融した後，規定の荷重を加え，ダイ（長さ：8.000 mm，孔径：2.095 mm）から押し出す（JIS K 7210-1，-2）．押し出された試料の質量を求め，10分間当りのグラム数を，メルトマスフローレイト，MFR〔g/10分〕として表す．または，押し出された試料の体積をメルトボリュームフローレイト，MVR〔cm^3/10分〕で表す．MFRとMVRとは，試験温度での溶融体の密度を用いて，たがいに換算することができる．測定温度，測定荷重，前処理条件などは，関連する材料規格で規定されている．なお，いくつかの材料で，メルトフローレイトと粘度数の間に相関があることが知られている[5]．

〔3〕 溶融粘度

プラスチックのメルトの粘度およびそのせん断速度依存性を知ることは，成

形装置,金型の設計,成形条件の選択にとって重要である.溶融粘度の測定は,キャピラリーレオメータや回転粘度計(平板-平板,円錐-平板)を用いて行われる.JIS K 7199 には,材料ごとに測定温度範囲を定めており,実用成形温度での溶融粘度を知るための参考となる.

押出し成形やブロー成形では,メルトの伸張粘度を知ることが重要である.一定温度,一定応力下での伸張粘度の測定方法(ISO 20965)およびレオメータまたは押出し機に引取り装置を組み合わせた測定(ISO 16790)で伸張流動挙動を把握することも行われる.

〔4〕 **PVT**

プラスチックの成形過程ではメルト(融液)から固化する際に比容積の変化があり,また,射出成形では,100 MPa を越す圧力下での成形であり,温度のみならず,圧力の変化を伴う.メルトの p-v-T(圧力-体積-温度)の関係を求めるために,シリンダーーピストン方式の装置(ISO 17744)が用いられる.成形時の成形収縮率を予測するためにも必要である.

11.1.4 熱的性質

〔1〕 **転移温度,転移熱測定**

材料やグレードの選択にも,成形温度や成形加工条件の設定にも,熱的性質(転移温度および転移熱)を知ることが重要である.示差走査熱量測定(DSC)により,ガラス転移温度 T_g,融解温度 T_m,結晶化温度 T_c などの転移温度や,転移熱,比熱容量を測定する方法がある(JIS K 7120,K 7121,K 7122).融解に伴う転移熱(吸熱)から,材料の結晶化度も評価できる.

〔2〕 **熱変形温度**

一定応力下で試験片を加熱したときに,規定の変形量に達した温度を熱変形温度として耐熱性の指標としている.規定の3点曲げ応力下で,規定のたわみに達した温度を「荷重たわみ温度」(JIS K 7191-1 ~ -3)としている.また,一定試験荷重を負荷した針状圧子を試験片にのせて温度を上昇させて,圧子が試験片に 1 mm 進入した温度を,「ビカット軟化温度」(JIS K 7206)として求める.

11.1.5 機械的性質

〔1〕 静的試験方法

機械的性質のうち,基本となる評価方法に,引張試験(JIS K 7161-1, -2),曲げ試験(JIS K 7171),圧縮試験(JIS K 7181)がある.クロスヘッド(移動架)の移動速度を一定に保つことができる試験機を用いて,試験片に荷重を負荷して変形させる.試験中に,応力とひずみを測定,記録して,弾性率,降伏応力,破壊応力,破壊ひずみなどを算出する.プラスチックは粘弾性体であり,温度と試験速度の影響が大きい.

一般に,引張試験で求まる応力-ひずみ曲線の形から,a)柔らかくて弱い,b)硬くてもろい,c)硬くて強い,d)柔らかくて粘り強い,e)硬くて粘り強いの五つに分類されている[6].

材料に一定の外力を負荷して,生じる変形を時間経過で測定するクリープ試験がある.外力の負荷方法として,a)引張(JIS K 7115),b)曲げ(JIS K 7116),c)圧縮,d)ねじり がある.

〔2〕 衝撃試験

振り子式試験機を用いたシャルピー衝撃試験(JIS K 7111-1, -2),アイゾット衝撃試験(JIS K 7110),引張衝撃試験(JIS K 7160)がある.ノッチ(切欠き)を入れた試験片とノッチなしの試験片が使われる.

フィルムやシートの試験では,落錘衝撃(ダート,パンクチャー)試験(JIS K 7124-1, -2, JIS K 7211-1, -2)もある.

〔3〕 動的機械特性

固体動的粘弾性の測定で,材料に動的なひずみ(または動的応力)を与え,その応答として,動的な応力(または動的ひずみ)を測定する.高低温槽に試験片を設定して,動的貯蔵弾性率 E',動的損失弾性率 E'',損失係数($\tan \delta$)の温度依存性を測定する方法(JIS K 7244-1 〜-7)で,動的機械特性(DMA)測定とも呼ばれる.弾性率の温度変化を簡便に測定できるほか,動的粘弾性パラメータの温度依存曲線から,分子鎖中の局所的な分子運動や T_g, T_m, 結晶領域の運動などを知ることができる.

11.2 成形品の評価方法

11.2.1 基本性能

成形品の寸法（長さ，面積，体積）および形状の測定や形状から生じる特性など，基本性能の評価がある．さらに，反りやひけ，平行度などを含む形状，表面粗さ，うねりなどの表面性状，伸びやたわみなどの測定がある．成形品に荷重や衝撃力が加わったとき，あるいは誤用などで予期せぬ力が生じたとき，クラックや破壊は，ボス・リブの付け根やRの部分など形状が急に変わる部分で起こる可能性があり，形状の把握が重要である．図11.2は射出成形での材料の流動ひずみの様子を示した典型的な光弾性写真である．

図11.2 射出成形品（PS）のゲートからの流動の様子（2枚の偏光板の光軸を直交させ，試料を間に挟んで観察）

11.2.2 物理化学的特性

〔1〕密度，比重

密度測定には，いくつかの方式がある．フィルムやシート，成形品の切片，粒状試料の密度は，密度勾配管法が用いられ，成形品では水中置換法（アルキメデス法）も用いられる（JIS K 7112）．製品の軽量化には，材料の強さに加えて，比重の小さい材料の選択肢もある．試料間の均質性を評価する目的でも密度測定が行われる．また，密度から結晶化度を見積もることができる．

〔2〕吸水性

材料が吸収した水分量を測定する手順が規定されている（JIS K 7206）．PEやPP，PS，PVCなどの吸水率はわずかであり，吸水による寸法変化など実用上，問題はない．しかし，PAのように，吸水率の高い材料もあり，吸水により膨潤状態になると，機械的性質や絶縁抵抗などにも影響がある．

〔3〕耐薬品性

酸，アルカリ，各種溶剤，脂肪油脂類などに接触した場合の外観や物性の低下などの有無を把握することが必要である．プラスチック成形品が薬品に触れた場合，膨潤を引き起こし，あるいはソルベントクラックを生じることがある．耐薬品性試験では，液体薬品に浸せき効果を調べる試験（JIS K 7114）と薬品環境応力き裂（ESC）試験（JIS K 7108）がある．

11.2.3 表面特性

〔1〕硬さ試験

柔らかいプラスチックから硬い表面をもつ材料まで幅がある．用途によって，製品の表面の部材の硬さあるいは耐きず性が重要となる．硬さは変形の種類によって，a）押込み硬さ，b）引かき硬さ，c）反発硬さに大別されている[7]．押込み硬さでは，デュロメータ硬さ（JIS K 7215）やロックウェル硬さ（JIS K 7202-2）が用いられる．

〔2〕耐きず性，耐摩耗性

プラスチックは金属やセラミックスに比較して耐きず性が低く，また，きずの定義，分類も難しい点がある．JIS K 7316「プラスチック—スクラッチ特性の求め方」は，スクラッチ挙動を調査して，生じるスクラッチの種類を分類する方法について規定している．

耐摩耗性では，摩耗輪による摩耗試験（JIS K 7204），研磨材による試験（JIS K 7205），滑り摩耗試験（JIS K 7218）などがある．

11.2.4 光学特性

プラスチックの光学レンズや液晶ディスプレイなどの光学分野や記録記憶材料での用途が広がり，製品の光学特性の必要性が増している．光学用途では，屈折率，アッベ数，複屈折率（JIS K 7142）および位相差の測定が行われ，フィルムやシートでは，光線透過率（JIS K 7361-1，K 7375），ヘーズ（JIS K 7136），像鮮明度（JIS K 7374），成形品では，色調や表面光沢の評価が行われ

る．図 11.3 には，圧延加工した PP シートのヘーズ値の変化を示した[8]．

11.2.5 電気的特性

プラスチックは絶縁材料として利用が多く，絶縁抵抗（体積抵抗，表面抵抗）や絶縁破壊電圧の測定が行われる．用途によっては，放電劣化（部分放電，トリーイング，アーク，トラッキング）の評価も重要となる．

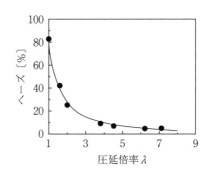

図 11.3　PP の圧延に伴う透明性の向上の例[8]

11.2.6 環境試験，耐久性

製品を安全に，また，長期間利用できるようにするには，耐久性や環境下の材料寿命を把握する必要がある．繰返しの荷重負荷を受ける部材や長期間，振動環境下に曝される成形品については，材料の疲れ試験（JIS K 7119）や振動試験（JIS K 7118）での S-N 特性（応力振幅 S と破断までの繰返し数 N のプロット）の解析が行われる．成形品でウェルドラインや接合部，異物の混入などがあれば，クラックの成長に注意を要する．

屋外で使用されるプラスチック製品も多く，耐候性も重要視される．屋外における直接暴露試験やアンダーグラス暴露試験（JIS K 7219-1，-2）があり，長期間の試験・評価が行われる．実験室光源による促進耐候試験（JIS K 7350-1）では，キセノンアークランプ（K 7350-2），オープンフレームカーボンアーク（K 7350-4），紫外線カーボンアーク，紫外線蛍光ランプ（K 7350-3）などが使われる．

さらに，超促進耐候試験として，メタルハライドランプによる試験もある．図 11.4 には，PC のオープンフレームカーボンアークおよびメタルハライドランプによる促進暴露試験の結果を示した．前者に対して，後者は約 45 倍の促進効果を示していることがわかる[9]．

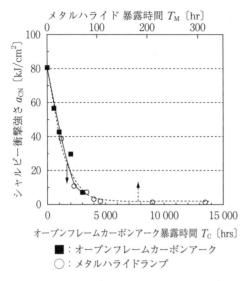

図11.4 PCの促進耐候試験によるシャルピー衝撃強さの変化[9]

プラスチック製品には，表面装飾を施した製品も多く，長期間の使用に伴う腐食などの試験も必要な場合がある．湿熱，塩水ミストに対する特性変化の試験（JIS K 7227）も行われる．プラスチックの長期耐熱性の評価には，長期間高温に暴露されたプラスチックの熱劣化を調べ，時間－温度限界を求める方法（JIS K 7226）がある．

引用・参考文献

1) 最新 材料の性能・評価技術編集委員会編：最新 材料の性能・評価技術（2014），産業技術サービスセンター．
2) 日本規格協会：JISハンドブック26 プラスチックI（試験），（2016）．
3) 日本規格協会：JISハンドブック27 プラスチックII（材料），（2016）．
4) 中島章夫・細田正夫：高分子の分子物性，（1969），化学同人．
5) Woebcken, W. Ed.：Saechtling International Plastics Handbook, 3rd Ed.（1995），Hanser Publishers.
6) Nielsen, L.E. 著，小野木重治訳：高分子の力学的性質，（1965），化学同人．
7) 成澤郁夫：プラスチックの機械的性質，（1994），シグマ出版．
8) Nakayama, K., Qi, K. & Hu, X.：Polymers & Polymer Composites, **9-3**（2001），151-159.
9) Kato, N., Shimada, T., Karino, Y., Ito, S., Sato, K. & Nakayama, K.：The 8th Korea-Japan Plastics Processing Seminar,（2010），49-52.

付　録

付表1　プラスチックの略号

略号・記号	英　名	和　名
ABS	acrylonitrile–butadiene–styrene	アクリロニトリル-ブタジエン-スチレン，ABS樹脂
ASA	acrylonitrile–styrene–acrylate	アクリロニトリル-スチレン-アクリル酸エステル
BR	polybutadiene	ブタジエンゴム
CA	cellulose acetate	酢酸セルロース
CMC	carboxymethyl cellulose	カルボキシメチルセルロース
COC	cycloolefin copolymer	シクロオレフィンコポリマー
CTA	cellulose triacetate	三酢酸セルロース
CR	polychloroprene	クロロプレンゴム
DAP	diallyl phthalate resin	ジアリルフタレート
EP	epoxy resin	エポキシ樹脂
E/P	ethylene–propylene	エチレン-プロピレン
EPDM	ethylene–propylene–diene terpolymer	エチレンプロピレンジエンゴム
ETFE	ethylene–tetrafluoroethylene	エチレン-テトラフルオロエチレン
EVAC	ethylene–vinyl acetate	エチレン-酢酸ビニル
EVOH	ethylene–vinyl alcohol	エチレン-ビニルアルコール
FPM	fluorocarbon rubbers	ふっ素ゴム
LCP	liquid–crystal polymer	液晶ポリマー
MF	melamine–formaldehyde resin	メラミン-ホルムアルデヒド樹脂
NBR	acrylonitrile–butadiene copolymer	アクリロニトリルブタジエンゴム
PA	polyamide [PA6, PA66, PA11, PA12, PA610, PAMXD6]	ポリアミド
PAEK	polyaryletherketone	ポリアリールエーテルケトン
PAI	polyamideimide	ポリアミドイミド
PAN	polyacrylonitrile	ポリアクリロニトリル

略号・記号	英　　　名	和　　　名
PAR	polyarylate	ポリアリレート
PB	polybutene	ポリブテン
PBN	poly（butylene naphthalate）	ポリブチレンナフタレート
PBS	poly（butylene succinate）	ポリブチレンサクシネート
PBT	poly（butylene terephthalate）	ポリブチレンテレフタレート
PC	polycarbonate	ポリカーボネート
PCL	polycaprolactone	ポリカプロラクトン
PCT	poly（cyclohexylenedimethylene terephthalate）	ポリシクロヘキシレンジメチレンテレフタレート
PCTFE	polychlorotrifluoroethylene	ポリクロロトリフルオロエチレン
PDAP	poly（diallyl phthalate）	ポリジアリルフタレート
PDCPD	polydicyclopentadiene	ポリジシクロペンタジエン
PE	polyethylene	ポリエチレン
PE-HD	high density polyethylene	高密度ポリエチレン
PE-LD	low density polyethylene	低密度ポリエチレン
PE-LLD	linear low density polyethylene	線状低密度ポリエチレン
PE-MD	medium density polyethylene	中密度ポリエチレン
PE-UHMW	ultra high molecular weight polyethylene	超高分子量ポリエチレン
PEC	polyestercarbonate	ポリエステルカーボネート
PEEK	polyetheretherketone	ポリエーテルエーテルケトン
PEI	polyetherimide	ポリエーテルイミド
PEK	polyetherketone	ポリエーテルケトン
PEN	poly（ethylene naphthalate）	ポリエチレンナフタレート
PEOX	poly（ethylene oxide）	ポリエチレンオキシド
PES	poly（ethylene succinate）	ポリエチレンサクシネート
PESU	polyethersulfone	ポリエーテルスルホン
PET	poly（ethylene terephthalate）	ポリエチレンテレフタレート
PF	phenol-formaldehyde resin	フェノール-ホルムアルデヒド樹脂
PFA	perfluoroalkoxyalkane resin	ペルフルオロアルコキシアルカン樹脂
PGA	poly（glycolic acid）	ポリグリコール酸
PI	polyimide	ポリイミド
PIB	polyisobutylene	ポリイソブチレン
PIR	polyisocyanurate	ポリイソシアヌレート
PLA	poly（lactic acid）	ポリ乳酸

略号・記号	英　　名	和　　名
PMMA	poly（methyl methacrylate）	ポリメタクリル酸メチル
PMP	poly（4-methylpent-1-ene） polymethylpentene	ポリ（4-メチルペンタ-1-エン） ポリメチルペンテン
PMS	poly（α-methylstyrene）	ポリ（α メチルスチレン）
POM	poly（oxymethylene），polyacetal	ポリオキシメチレン，ポリアセタール
PP	polypropylene	ポリプロピレン
PPE	poly（phenylene ether）	ポリフェニレンエーテル
PPS	poly（phenylene sulfide）	ポリフェニレンスルフィド
PPSU	poly（phenylene sulfone）	ポリフェニレンスルホン
PS	polystyrene	ポリスチレン
PS-HI	high impact polystyrene	耐衝撃性ポリスチレン
PSU	polysulfone	ポリスルホン
PTFE	polytetrafluoroethylene	ポリテトラフルオロエチレン
PTT	poly（trimethylene terephthalate）	ポリトリメチレンテレフタレート
PUR	polyurethane	ポリウレタン
PVAC	poly（vinyl acetate）	ポリ酢酸ビニル
PVAL	poly（vinyl alcohol）	ポリビニルアルコール
PVC	poly（vinyl chloride）	ポリ塩化ビニル
PVDC	poly（vinylidene chloride）	ポリ塩化ビニリデン
PVDF	poly（vinylidene fluoride）	ポリふっ化ビニリデン
PVF	poly（vinyl fluoride）	ポリふっ化ビニル
SAN	styrene-acrylonitrile	スチレン-アクリロニトリル，AS 樹脂
SB	styrene-butadiene	スチレン-ブタジエン
SBR	styrene-butadiene copolymer	スチレンブタジエンゴム
SI	silicone	シリコーン
UF	urea-formaldehyde resin	ユリアーホルムアルデヒド樹脂
UP	unsaturated polyester	不飽和ポリエステル
VE	vinyl ester resin	ビニルエステル樹脂

付表 2　フィラー，強化材，コンポジットの略号

略号・記号	英　　名	和　　名
CF	carbon fiber	炭素繊維
GF	glass fiber	ガラス繊維
CNT	carbon nanotube	カーボンナノチューブ
SWNT	single-walled carbon nanotube	単層カーボンナノチューブ

略号・記号	英　名	和　名
MWNT	multi-walled carbon nanotube	多層カーボンナノチューブ
CNF	carbon nanofiber cellulose nanofiber	カーボンナノファイバー セルロースナノファイバー
FRP	fiber reinforced plastics	繊維強化プラスチック
FRTP	fiber reinforced thermoplastics	繊維強化熱可塑性プラスチック
CFRP	carbon fiber reinforced plastics	炭素繊維強化プラスチック
CFRTP	carbon fiber reinforced thermoplastics	炭素繊維強化熱可塑性プラスチック
GFRP	glass fiber reinforced plastics	ガラス繊維強化プラスチック
GFRTP	glass fiber reinforced thermoplastics	ガラス繊維強化熱可塑性プラスチック
PCN	polymer-clay nanocomposite	ポリマークレイナノコンポジット
BMC	bulk molding compound	バルクモールディングコンパウンド
SMC	sheet molding compound	シートモールディングコンパウンド
GMT	glass-mat reinforced thermoplastics	ガラス長繊維マット強化熱可塑性プラスチック

付表 3　加工法の略称

略号・記号	英　名	和　名
BEM	boundary element method	境界要素法
CAE	computer aided engineering	コンピューター支援工学，(コンピューターシミュレーション)
FEM	finite element method	有限要素法
FDM	finite difference method	差分法
CIP	cold isostatic pressing	冷間等方圧加圧法
LIM	liquid injection molding	液状射出成形
HIP	hot isostatic pressing	熱間等方圧加圧法
RIM	reaction injection molding	反応射出成形
RRIM	reinforced reaction injection molding	強化反応射出成形
SRIM	structural reaction injection molding	構造反応射出成形
RTM	resin transfer molding	レジントランスファー成形

付表 4　測定法の略称

略号・記号	英　名	和　名
DSC	differential scanning calorimetry	示差走査熱量測定
DMA	dynamic mechanical analysis	動的機械測定
MFR	melt flow rate melt mass-flow rate	メルトフローレイト メルトマスフローレイト

略号・記号	英　　　名	和　　　名
MVR	melt volume-flow rate	メルトボリュームフローレイト
P–V–T	pressure-volume-temperature	圧力-体積-温度
SEC	size exclusion chromatography	サイズ排除クロマトグラフィー
SEM	scanning electron microscope	走査電子顕微鏡
TEM	transmission electron microscope	透過電子顕微鏡
TMA	thermo-mechanical analysis	熱機械測定
TG	thermo-gravimetry	熱重量測定
T_g	glass transition temperature	ガラス転移温度
T_m	melting temperature	融解温度
T_c	crystallization temperature	結晶化温度
T_{cc}	cold crystallization temperature	低温結晶化温度

索引

【あ】

アイゾット衝撃試験　276
アスペクト比　206
圧延加工　148, 221
圧下率　221
圧空成形　126, 128
圧縮試験　276
圧縮成形法　195
圧縮比　76
圧縮部　107
圧造据込み比　211
孔型圧延　221
アレニウスの式　41
アンダーカット成形　133

【い】

板圧延　221
板厚減少率　221
板状結晶　56
一次加工　6
異方性　224
インサート成形　133
インジェクションブロー成形　96

【う】

ウレタン樹脂　163
運動量保存則　247

【え】

エアースリップ成形　126
エアーローディング　167
液状射出成形　206
液晶ポリマー　60
液体複合材成形法　196
エネルギー保存則　247
エポキシ樹脂　37
エンゲル法　170
エンジニアリングプラスチック　9, 14
延伸　135
延伸ブロー　121

【お】

応力-ひずみ関係　46
雄型　125, 132
押出し機　130
押出し成形　42

押出発泡成形　161
オートクレーブ法　194
オープンフレームカーボンアーク　279
オープンモールド法　192
オルガノシート　199
温室効果ガス排出量　256
温度均一度　132

【か】

回転成形法　171
化学発泡剤　156
可塑化機構　76
可塑化能力　80, 82
可塑化溶融　77
硬さ試験　278
型締め機構　75
型締めユニット　85
型締め力　80, 82
型鍛造　208
家電リサイクル法　254, 257
金型の設計　100
カバーリング糸　199
ガラス転移温度　12
ガラス転移温度 T_g　52, 210
カレンダー成形　148
環境試験　279
環境負荷　255, 258
間接押出し法　213

【き】

機械的締結　236
キセノンアークランプ　279
気泡径　156
気泡密度　156
球晶　223
球晶構造　56
吸水性　277
急速加熱冷却成形法　200

【く】

クリアランス　232
クリープ試験　276
クリープ変形　7, 212
クロス圧延法　224
クローズドモールド法　192
クロス量　154

【け】

軽量鋼板　204
結晶核剤　58
結晶構造　59
結晶性プラスチック　12, 131, 210, 247
ケミカルリサイクル　254
減圧被覆成形　126, 128
限界絞り比　231
現場重合型樹脂　202

【こ】

コアバック法　162
高圧注入機　164
光学特性　278
高周波溶着　237
合成高分子化合物　8
合成樹脂　3
構成方程式　40, 248
　積分型——　42
　微分型——　42
高せん断加工法　206
高分子化合物　8
固体押出し　213
固体輸送部　107
混合　70
混合度　70
混繊糸　199
コンパウンド　65
混練　64, 70, 79

【さ】

最小所要印加時間　177
再商品化　257, 258
材料と成形の同時性　191
サーマルリサイクル　255, 258
サーモトロピック液晶ポリマー　34
三次元網目構造　9
三次元表面加飾成形　126, 128
三次元プリンター　1
サンドイッチ成形　96

【し】

ジアリルフタレート樹脂　37
ジェッティング現象　183

紫外線カーボンアーク	279	スワールマーク	159	断面減少率	222, 223
紫外線蛍光ランプ	279	【せ】		【ち】	
シシケバブ構造	60	成形収縮率	83	逐次二軸延伸法	139
質量保存則	247	成形の3要素	191	中間材料	198
自動車リサイクル	262	制振鋼板	204	中空成形	118
自動車リサイクル法	262	静水圧押出し法	213	チューブラ法	139
シート押出連動真空（圧空）		製品，金型設計	98	超音波粉末成形	176
成形機	130	製品バケット法	256	超音波溶接	237
シート加熱	132	接着剤	147, 239	超臨界状態	158
シート状中間材料	198	セパレーティングフォース		超臨界流体	156
絞り加工	230		150	直接押出し法	213
射出圧縮成形	97	セラミックヒーター	132	直線式真空（圧空）成形機	
射出圧力	82	繊維強化熱可塑性プラスチック			130
射出成形	40, 243		4	【て】	
射出成形法	74	繊維強化熱硬化性プラスチック		転移温度	275
射出接合	237		4	転移熱測定	275
射出発泡成形	162	繊維状結晶構造体	60	電気的特性	279
射出馬力	80, 82	繊維状中間材料	199	電磁誘導加熱	200
射出ブロー成形	124	センター射出	94	転造加工	211
射出容量	80, 82	せん断	225	テンター	141
射出率	80, 82	せん断発熱	76	【と】	
シャルピー衝撃試験	276	【そ】		同時二軸延伸法	139
自由鍛造	208	塑性加工	208	動的機械特性	276
充てん解析	246	塑性変形特性	44	動的粘弾性測定	13
衝撃試験	276	ソリッドスキン層	156	特殊エンジニアリング	
状態変化特性説明図	56	ゾーン延伸	219	プラスチック	15
状態方程式	53, 250	【た】		特定家庭用機器再商品化法	
ショートショット	251	耐きず性	278		254, 257
ショートショット法	162	耐久性	279	トグル方式	86
シリコーン樹脂	37	耐衝撃性ポリスチレン	24	ドライサイクル	80
シルバーストリーク	159	体積圧縮係数	52	ドライサイクルタイム	82
真空・圧空成形	125	体積弾性係数	52	ドラッグフロー	42
真空成形	126	ダイ引抜き	217	トランスクリスタル	56
真空タンク	133	耐摩耗性	278	トリミング	126
真空併用圧空成形	128	耐薬品性	278	ドレープ成形	126
真空ポンプ	133	ダイレクトブロー	119	【な】	
シングルポイントデータ		ダイレス引抜き	217	ナノコンポジット	205
	272	多孔質プラスチック	156	ナノ充てん材	205
伸長粘度	43	多層成形	96	【に】	
【す】		多層ブロー	122	二材・二色成形	95
据込み鍛造	208	縦延伸	141	二次加工	6
スクリュー	76	多目的試験片	274	二軸延伸法	139, 224
スタンパブルシート	199	単軸スクリュー押出し成形機		二軸スクリュー押出し機	
スタンピング成形法	199		106		106
スチレン-アクリロニトリル		弾性回復	7	ニップヒーター延伸	219
コポリマー	24	弾性回復率	223	【ぬ】	
ストレート成形	126	鍛造	208	ぬれ性	240
スパイラルバリア形		単発真空（圧空）成形機			
ミキシングスクリュー	113		129		
スプリングバック	7, 48	ダンピング材	204		
スプレーアップ法	193				
スライドコア	133				

【ね】

熱拡散率　132
熱可塑性プラスチック
　　9, 11, 238, 243
熱間静水圧成形法　171
熱間鍛造　209
ネッキング現象　46
熱硬化性プラスチック
　　9, 13, 238,
熱成形　125
熱分解型発泡剤　157
熱変形温度　275
熱膨張係数　5
熱膨張性マイクロカプセル
　　156
熱溶融積層法　3
粘　度　41
粘度式モデル　248

【は】

ハイスラー成形　171
廃プラスチック　255
ハイブリッド成形　203
パウダー含浸糸　199
バッチ発泡　160
発泡プラスチック　156
パーティング射出　94
バリア形ミキシングスクリュー
　　112
パリソン　119
張出し加工　231
バンク　151
ハンドレイアップ法　193
反応射出成形　206
汎用エンジニアリング
　　プラスチック　15
汎用プラスチック　14

【ひ】

光造形法　3
引抜き加工法　217
引抜き成形法　196, 201
非結晶性プラスチック　210
微細発泡成形　156
非晶性プラスチック
　　12, 131, 247
ビーズ発泡　159
ひずみ回復特性　48
ひずみ速度　47
引張試験　276
引張衝撃試験　276
非ニュートン流体　39

比引張強さ　4
標準化　268
表面処理　241

【ふ】

フィラメントワインディング法
　　194
フェノール樹脂　37
不均一核生成　58
複合鋼板　204
複合材料　188, 226
複合則　190
輻射加熱　126
賦形圧　52
物理発泡剤　156
不飽和ポリエステル樹脂　37
プラグアシスト
　　リバースドロー成形　127
プラスチックタブレット　178
プラスチックパッケージ　178
プラスチックリサイクル
　　254, 261
フラット法　139
フリーフォーミング　126
プリプレグテープ　199
フルショット法　162
フルート溝付きバリア形
　　ミキシングスクリュー　114
プレス成形　126
プレス成形法　195
プレッシャーフロー　42
ブロー成形　42, 118
分散混合　70, 71
分子量　14, 274
分子量分布　14
噴水効果　59
粉末成形法　170

【へ】

ベント機能　88

【ほ】

保圧解析　249
保圧工程　52
棒圧延　221
ホット・ゼット溶接　237
ホットプレス成形法　171
ポリアミド　28
ポリアリレート　33
ポリイミド樹脂　37
ポリウレタン　37
ポリエチレン　19

ポリエチレンサクシネート
　　27
ポリエチレンテレフタレート
　　26
ポリエーテルエーテルケトン
　　34
ポリエーテルスルホン　32
ポリ塩化ビニリデン　23
ポリ塩化ビニル　22
ポリオキシメチレン　29
ポリカプロラクトン　27
ポリカーボネート　29
ポリスチレン　23
ポリスルホン　32
ポリテトラフルオロエチレン
　　35
ポリ乳酸　27
ポリフェニレンエーテル　30
ポリフェニレンスルフィド　32
ポリブチレンサクシネート　27
ポリブチレンテレフタレート
　　31
ポリふっ化ビニリデン　35
ポリプロピレン　21
ポリマーアロイ　65
ポリメタクリル酸メチル　25

【ま】

前処理　64
曲　げ　229
曲げ試験　276
曲げ成形　126
摩擦圧着　237
マテリアルリサイクル
　　254, 258, 261
マルチポイントデータ　273

【み】

ミキシングヘッド　165
密　度　277

【め】

雌　型　125, 132
メタリング　112
メタリング部　107
メタルハライドランプ　279
メラミン樹脂　37
メルトフローレイト　274

【ゆ】

融着接合　236
ユリア樹脂　37

【よ】

溶解度パラメータ	239
溶融温度 T_m	51
溶融混合	64
溶融成形	65
溶融体フィルム	108
溶融体プール	108
溶融粘度	274
横延伸装置	141

【ら】

ライフサイクルアセスメント	254

【り】

リサイクル	254
リデュース	254
流動特性	39
リユース	254

【落・ラ・ラ・ラ・ラ・ラ・ラ・ラ・ラ・ラ・ラ】

落錘衝撃	276
ラピッドプロトタイピング	3
ラピッドマニュファクチャリング	3
ラミネーション成形	144
ラム押出し法	213
ラメラ	56
ランナー	100

【れ】

冷間加圧成形法	172
冷間静水圧成形法	172
冷間鍛造	209
レーザー溶接	237

【ろ】

ロータリー真空(圧空)成形機	129
ロールクラウン	153
ロールクロス法	153
ロールシート成形機	130
ロール隙間	154
ロール引抜き	218

【A】

ABS	24
ADCA	156
Andrade の式	248
ASR	263

【B】

BMC	89
BMC 成形	195

【C】

CAD	244
CAE	243
CAE 解析	41
CAM	244
CFRP	168
CIP	172
Cross–Arrhenius モデル	249
Cross モデル	248

【D】

Dekker–Lindt らのモデル	107

【F】

FDM	3
fibril	60
FP	203
FRP	8
FRTP	4
FRTS	4
FSW	237

【G】

GUI	245

【H】

HIP	171
hot press 成形法	171
HP–RTM 法	198

【L】

L/D	76
LCA	254
LCP	60
LDR	231
Leonev モデル	41
life cycle assessment	254
LIM	206
liquid injection molding	206
LP	203

【M】

MFR	49, 274
MVR	49, 274
M 値	224, 232

【O】

OBSH	156

【P】

P/D	76
PVT	275
PVT 特性	250

【R】

reaction injection molding	206
resin infusion molding	206
RIM	163, 206
RIM 法	197
R–RIM	166
RTM	168
RTM 法	197

【S】

SMC 成形	195
Spencer–Gilmore の式	250
SP 値	239

【T】

Tadmor らのモデル	107
Tait の式	251
Trouton の関係式	43

【V】

VaRTM 法	197
v–T 曲線	51

【W】

WLF 式	41

【数字】

3D プリンター	1
3R	254
4 本逆 L 型カレンダー	152

プラスチックの加工技術
───材料・機械系技術者の必携版───

Processing technique of plastics
— Handbook of Materials & Mechanical Engineer —

Ⓒ 一般社団法人　日本塑性加工学会　2016

2016年11月18日　初版第1刷発行

検印省略	編　　者	一般社団法人　日本塑性加工学会 東京都港区芝大門 1-3-11 Y・S・K ビル 4F
	発 行 者	株式会社　コ ロ ナ 社 代 表 者　牛来真也
	印 刷 所	萩原印刷株式会社

112-0011　東京都文京区千石 4-46-10
発行所　株式会社　コ ロ ナ 社
CORONA PUBLISHING CO., LTD.
Tokyo Japan
振替 00140-8-14844・電話 (03) 3941-3131 (代)
ホームページ　http://www.coronasha.co.jp

ISBN 978-4-339-04375-4　　（森岡）　　（製本：愛千製本所）
Printed in Japan

本書のコピー，スキャン，デジタル化等の無断複製・転載は著作権法上での例外を除き禁じられております。購入者以外の第三者による本書の電子データ化及び電子書籍化は，いかなる場合も認めておりません。

落丁・乱丁本はお取替えいたします